JN025795

アメリカンビレッジの夜

基地の町・沖縄に生きる女たち

NIGHT IN THE AMERICAN VILLAGE

WOMEN IN THE SHADOW
OF THE U.S. MILITARY BASES IN OKINAWA

アケミ・ジョンソン
AKEMI JOHNSON

真田由美子 訳

紀伊國屋書店

NIGHT IN THE AMERICAN VILLAGE

WOMEN IN THE SHADOW
OF THE U.S. MILITARY BASES IN OKINAWA

BY AKEMI JOHNSON

ネイディーンとニックへ捧げる

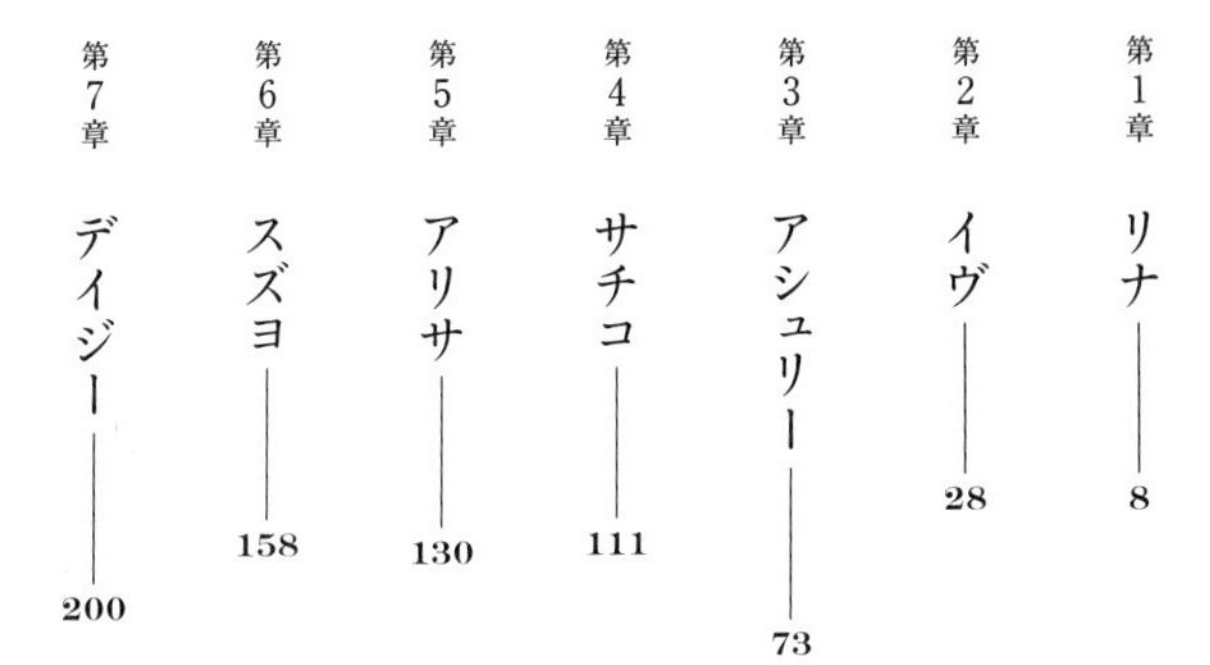

＊〔　〕は訳者による註を示す

OKINAWA ISLAND MAP

ブックデザイン
櫻井 久　中川あゆみ

カバー写真 撮影
岡本尚文
沖縄、米軍基地とフェンスの明かり
写真集
『アメリカの夜 A NIGHT IN AMERICA』より

アメリカンビレッジの夜

基地の町・沖縄に生きる女たち

第1章　リナ

　彼女の死から一年。献花に訪れる人足（ひとあし）は途絶えることがない。仮に設けられた慰霊の場は遺体が発見された場所のすぐそば、恩納村（おんなそん）のカーブの多い二車線道路脇である。道路は両側をうっそうとした雑木林に覆われ、高級ゴルフリゾートの裏手を走っている。私が訪ねた日差しのまばゆいその日の午後は、澄んだ空気がさわやかで、あたりは森閑として、葉擦れやときおり走りすぎるトラックの音、カラスの鳴き声のほか物音ひとつしなかった。

　追悼の場が設置されたのは林へ通じる小道の入り口にある小さな空き地で、誰が持ってきたのか、テーブルが置いてあり、その上に供え物がところ狭しと並んでいた。ランの花、小銭、缶入りソーダ、お茶のペットボトル、水の入ったコップ。ヒナギクの花束、沖縄のいたるところに自生する赤いハイビスカス。それに、目覚まし時計やクリスマスの置物、鉢植えの植物。

スヌーピーのぬいぐるみが一体、「I LOVE YOU!」の文字が縫いとられた真っ赤なハートをぎゅっと抱きしめたまま、哀れ、地面に転げ落ちている。その隣にもいくつもの缶コーヒー。献花台の横には誰かが煉瓦を組み合わせて台座を作り、線香立てを載せている。沖縄の雨は急に降り出し、土砂降りになったかと思うと、灼熱の太陽がぬっと顔を出す。自然界の作用で何もかもがぐしょぐしょに濡れ、色あせ、朽ちていく。それでも花はみずみずしく、つい最近も人がやってきたばかりのようだ。

私が訪問してまもなく、一周忌には献花台がさらにふたつ運びこまれ、セロファンで包んだ何十もの花束が供えられることになる。ある活動家は帰り際、自分が捧げた花嫁の付添人のブーケのようなピンク一色の花束の画像をツイッターに投稿した。献花台をいくら増やしても、花も飲み物もすぐにあふれて、転がり落ちる。

私は献花台の先にある、林の入り口へと歩いていった。沖縄は亜熱帯の島で、植物が繁茂する。都市部ではつる植物がビルの外壁を這い上がり、雑草が屋上で芽を出す。北部の森林地帯にはありとあらゆる緑——下草のシダ類、波打つ青草、ハート形の巨大な葉っぱ、てっぺんがブロッコリーそっくりの高木——がひしめき合い、伸び放題。だが、この林の木々は刈りこまれ、切り落とされた枝が伐採木の根元に山と積まれていた。黄色と黒の立入禁止のテープが、荒れ狂うシダの海の中に立つ木の幹にぐるぐると巻きつけられている。小道は続いているが、鉄条網が行く手を塞ぎ、ここから先は進めない。鉄条網の向こう側には、物が捨てられていた。コンクリートブロック、空き箱、テレビ……。

歩いて車に戻るとき、献花台近くの電柱に貼られたステッカーに目が留まった。英語で書いてある。

NO RAPE
NO BASE
NO TEARS

沖縄本島は南北方向に約一三五キロ、最大幅は約二八キロ、最小幅は約四キロの細長い島だ。本島南部に県庁所在地の那覇があり、北部には大都市の名護がある。日本の最南端の県にあたる沖縄県は大小一六〇の島を有し、その多くは無人島で、九州と台湾の間に弓状に連なり、太平洋と東シナ海の境をなしている。本島最北端の辺戸岬の岩棚に立てば、ふたつの海がぶつかって、海流が渦を巻き、翡翠と紺碧が激しく混ざり合う光景を眺めることができる。

アメリカ人に手っ取り早く説明するのに、私はよく沖縄は「日本のハワイ」だと言っている。それというのも、これらの島は本国のほかの地域から、地理的にも文化的にも歴史的にも遠い存在にあるからだ。どちらももともとは独立王国だったのが征服され、一八〇〇年代に王国が消滅した経緯があった。息をのむほど美しい土地で、白い砂浜と青い海は絵ハガキにはもってこい。その美しさから観光のメッカとなり、固有の文化が利得のために利用され損なわれた。政府が抹消しようとしたものを、復興させようと地元の人々が尽力し、近年、固有の文化や言語が息を吹き返しつつある。それに沖縄は、人によりその数が多いとも少ないとも言われる米軍基地を受け入れるようずっと強いられてきた。

沖縄は日本のどこよりも多くの米軍基地を抱え、この国は世界のどこよりも多くの米軍の構成員を受け入れる。こうした基地の成り立ちは、第二次世界大戦末期に遡る。アメリカ軍がこの島の海岸に上陸し、悪夢のような戦闘が繰り広げられる最中、「本土」攻略の準備のための滑走路の建設が始まった。本土攻略は実現しないまま連合軍の勝利となり、その後アメリカ軍は日本を約七年間占領下に置き、「平和憲法」を施行。日本は再軍備しないことを宣言した。憲法九条は「陸海空軍その他の戦力は、これを保持しない」と謳っている。[*1] 一九五二年の対日講和条約（サンフランシスコ講和条約）の発効で占領が終わり、五四年には日米両国が日米相互防衛援助協定に署名し、二国間の安全保障体制が始まった。軍隊を持たない日本はアメリカの傘の下で保護される代わりに、米軍基地を負担することになる。

今日、日本政府が国内すべての米軍基地の年間経費、数十億ドルを支出しているため、アメリカの負担分は兵士の給与程度にすぎない。[*2] 基地受け入れ国のほとんどはアメリカから資金を受け取っているが、政治学者ケント・カルダーが指摘するように、「裕福だが、かつて米軍の占領下にあって、アメリカという重荷に耐えてきた伝統がある」国はアメリカに費用を支出している。[*3] ドイツ、韓国がそうした国だが、日本は一貫してもっとも巨額の金を払い続けている。異論はあるにせよ、日本政府のいわゆる「思いやり予算」は、アメリカにとって日本の基地存続の財政的なインセンティブなのだ。大統領選中も就任後もドナルド・トランプは日本に対し、米軍基地にもっと金を出せと繰り返し求めていた。

日本の米軍基地が沖縄に集中するようになった理由は、一九五二年発効の対日講和条約が本土の主権だけを回復させたからだ。引き続き沖縄の統治権を獲得した米軍は、その後一〇年かけて本土の基地を縮小し、施政権下にある沖縄の基地を増設した。冷戦時代には、アメリカが世界に在外基地網を構築するなか、米兵は「銃剣とブルドーザー」で沖縄人の土地を強制収用し、数多くの人々を立ち退かせ、軍事施設の建設・拡張工事に邁進した。一九七二年に沖縄は日本に復帰したものの、多くの人がきわめて不公平と考えるほど、本土は基地負担に応じなかった。日本本土にも横田飛行場、横須賀海軍施設といった大規模基地が存在するし、沖縄の基地も一部の土地が返還され、ピーク時に比べると減少してきた。それでも国内にある基地全体の約七〇パーセントが、小さな沖縄に、そのほとんどが本島に依然集中しており、島の人口約一四〇万人に対し、米軍職員と軍属［米軍に雇用された軍人以外のアメリカ人］およびその家族約五万人が暮らす。海兵隊、陸軍、海軍、空軍の四軍種すべてが沖縄に駐留し、なかでも多いのが海兵隊だ。インド・アジア太平洋地域で海兵隊部隊がもっとも集中しているのが沖縄である。[*4] 多くの基地反対活動家は異口同音に、海兵隊は島から出ていけと言い放つ。数の多さもさることながら、海兵隊の駐留は戦略上の本来の目的を果たさないというのがその理由だ。

約一万八〇〇〇人の海兵隊員が沖縄に必要か否かの判断は、安全保障と経済の問題をどう見るかによって違ってくる。米軍基地の必要性として地政学的理由を挙げる人は多い。島の中央に基地があるので、隊員は地域の自然災害にいち早く対応し、そのほかの脅威にも目を光らせることができる。北朝鮮が核兵器や長距離弾道ミサイルを保有し、台頭する中国が日本の領海で示威行為を行なう昨今、米軍駐留は必要不可欠だというのである。その一方で、中国とは親交を深めるべきで、基地のせいで沖縄は有事の際の攻撃対象となり、安全どころか危険を被ることになると考える人もいる。こうした人々は、海兵隊は沖縄を訓練に使っているが、訓練ならどこでもできると指摘する。仮に中国や北朝鮮との有事となれば、対応にあたるのは海兵隊ではなく、空軍だろう。[*5] ともかくも現代のテクノロジーをもってすれば、日本本土から、いやアメリカからであっても海兵隊を即時に、どこへでも派遣することは可能なのだ。沖縄の基地は地域の安全保障のためではなく、日本本土の安全保障のためにある。本土の人々は米軍に保護してもらいたいが、自分の家の裏庭に基地があるのはいやなのだ。そして、そもそも日本はアメリカの保護を必要とするのか、という問題も議論の的になっている。日本国憲法は「陸海空軍（略）は、これを保持しない」と宣言するが、日本は一九五〇年から軍隊［警察予備隊。陸上自衛隊の前身］を持っている。自衛隊は安倍晋三政権下で軍事力が拡大・強化され、いまや世界でも屈指の強力な軍隊だ。憲法はいまだ自衛隊の役割を制限しているが、安倍は憲法第九条を改正してその役割を変えようとしてきた。

経済問題からいえば、以前なら沖縄は仕事や収入を米軍基地に頼ってきたが、今日、基地への依存率は地域経済の五パーセントほどを占めるにすぎない。基地を閉鎖すれば観光産業をはじめもっと大きな経済発展が見こめるという意見が大勢だ。それでも、基地で働く者、基地関連ビジネスを営む者、基地からの地代を受け取る者、政府の補助金（基地負担の補償金）による事業に従事する者などにとって、基地を失うことは暮らしの糧を失うことに変わりない。

沖縄における米軍基地の必要性いかんにかかわらず、安保体制を核とする日米同盟による基地負担がいちじるしく沖縄の肩にのしかかっているのは明白なのだが、都合のいいことに基地の現実がおおかたの日本人には見えないし、気にもかけない。見えないのはアメリカ人も同様だ。沖縄にある数十の基地施設は、アメリカによる世界の「基地帝国」網——ベルギーからホンジュラス、エジプトからモザンビーク、さらにはコロンビアからギリシャ、ポルトガル、スペインへおよぶ少なくとも七〇〇の軍事施設——の枢軸を担う。アメリカが第二次世界大戦の勝利で国土を利用しやすくなった国々——日本、ドイツ、韓国、イタリア——に基地はもっとも集中する。アジア太平洋地域では日本、韓国、米領グアムが最多だが、オーストラリア、シンガポールにも存在するし、タイ、カンボジア、香港のようなところにも少数の米兵が派遣されている。ざっと見ても、こうした在外基地を維持するためにアメリカの納税者に課される年間費用は一〇〇〇億ドル以上と推定される。[*6] また、「前方防衛戦略」は世界平和と国家の安全保障に必要と言う政治家や軍事アナリストがいる一方で、在外基地のせいでかえって安全でなくなると反論する者もいる。海外の基地の町にとって、米軍基地は働き口を生み出す反面、土地を奪い、米兵やその家族、アメリカ文化が我が物顔に幅を利かせ、空をジェット機が飛びかい、道路を戦車が行き来し、有毒廃棄物が土壌を汚染する。アメリカは世界で唯一、地球規模の軍事基地網を有する国だが、基地のことはアメリカ人の意識からほとんど欠落している。軍隊と関わりのないアメリカ人はあまり基地のことを考えない。

このことが沖縄の場合とりわけ奇異に思えるのは、沖縄が米軍史上特異な立場にあるからだ。第二次世界大戦中、島の占領を賭けた戦闘で約一万二五〇〇人の米兵が亡くなった。その後、朝鮮、ベトナム、ペルシャ湾〔湾岸戦争〕、アフガニスタン、イラクへと展開する部隊はみな、沖縄を経由した。島は、この先、命を失うかもしれない戦闘地帯へ赴く前に最後に立ち寄る場所、人生最後の欲望を表出する場所となった。一九四五年からずっと、おびただしい数の米軍の構成員やその家族、軍属が沖縄をかりそめの、あるいは永久（とわ）の我が家とし、アメリカの人種政策が地域社会に溶けこんで、新しいかたちができあがった。虫の羽音のする、湿気を帯びた緑生い茂る沖縄の土地で、アメリカ的な幼年時代の記憶が形作られ、基地のゲートの外にあるバーや売春宿やナイトクラブで、人格形成に影響を及ぼすアメリカ的な性体験が繰り広げられてきた。アメリカの数々の歴史が島内に充満する。それでもこの場所について、多くのアメリカ人はほとんど何も知らない。

初めて沖縄を訪れたのは二〇〇二年。当時アメリカの大学生だった私は京都で勉強していた。秋休み、友達ふたりと飛行機で沖縄へ行った。本土の観光客のご多分にもれず、私たちは細くくびれた本島中部へと直行した。そこからは西海岸沿いに名護に向かってビーチリゾートのオンパレードだ。ホテルのロビーはどこもランの花とオウムたちが華やかに客を迎え、ジェットスキーとバナナボートが小さな入り江の水面を切り裂き、人工のラグーンをイルカやオニイトマキエイたちが住み処としていた。私たちはムーンビーチの浜辺に寝そべり、ビュッフェで食事をした。天気が変わって小糠雨が降り出すと、ホテルのコンシェルジュは南へ行くよう勧め、沖縄戦の激戦地をたどるツアーに申し込んでくれた。那覇で、私たちは日本人男性観光客三人と一緒にバスに乗りこんだ。バスガイドは目の覚めるようなターコイズブルーのタイトスカートのスーツにピルボックス帽といういでたちの地元の中年女性で、平和の祈念碑やラーメン店、吹きガラス工房、戦争で犠牲となった学童の慰霊碑を案内してくれた。第二次世界大戦の戦場が観光業の目玉となり、そこでは地獄のような戦禍に思いをめぐらすことも、土産物を買うこともできた。

旧日本海軍司令部壕では、敗戦を知った幕僚が手榴弾で自決したという横穴を見学した。ふと大学の太平洋戦争に関する講義が頭をよぎった。あれが私の心に沖縄を刻印した最初の証言だった。沖縄人たちも日本軍から命を絶つよう追いこまれ、精神の錯乱状態のなか、一家全員その場で命を絶った。女学生たちは、鬼畜のような米兵に操を奪われるよりはと死を望み、兵士にみずから手榴弾をせがんだという。

別の日には、友達とバスで北谷町美浜の〈アメリカンビレッジ〉へ行った。アメリカのテーマパークの類が、一九四五年にアメリカ軍が初めて上陸した海岸近くにそびえ立つ。ヒップホップのビートが響き、紫色のライトが照らすナイトクラブで、私たちは特産の蒸留酒、泡盛の水割りをすすり、海兵隊員と一緒に笑い声を上げる迷彩柄のへそ出しルックの沖縄人女性たちが踊る横で、音楽に身をゆだねた。戦時中の女学生が証言する沖縄がいかなる経緯で今の姿になったのか、ふいに私は知りたくなった。

翌年の夏、再び島を訪れた私は一〇週間滞在して、論文のための調査を開始した。だが、思い出すのはそのことではなく、車で〈アメリカンビレッジ〉へ通った蒸し暑い夜のことばかり——後部座席で海兵隊員たちが音を立ててビール瓶を合わせた。〈アメリカンビレッジ〉では、真ん中に赤いコカ・コーラのロゴのある大観覧車がゆっくり回るその下に、ナイトクラブが広がっていた。兵士たちはそれぞれ人種に分かれて店に入り、私のことを沖縄人か日本人だと思いこんだ。時には私も勘違いをいいことに、英語が話せないふりをした。ほかにもその夏は、壁に一〇代のブロンド娘が描かれた〈A&W〉のドライブインでハンバーガーを食べた。海兵隊員にご自慢の銃の話を聞いた。アウトロー系の服や一杯一ドルの安酒を宣伝する店の正面入り口に、星条旗が掲げられているのを見かけた。スピーカーから流れるアメリカ国歌を毎日聴いた。これまで見たこともないアメリカを垣間見、こうした社会空間のなかで、私は別人になった。

それからというもの、私の頭から沖縄が離れなくなった。五年後、島に戻った私は一年間この土地で暮らした。私を虜（とりこ）にしたのは島の歴史だけではなかった。アメリカについて、アメリカ人であることの意味について、第二次世界大戦が遺したものについて、自分という存在について、私が抱く疑問を、基地をめぐる生活がドラマチックに浮かび上がらせているように思えた。母方から見れば、私は日系アメリカ人四世で、曾祖父母は一九〇〇年代初頭の広島からの移民だった。彼らはカリフォルニア・デルタを開拓したが、第二次世界大戦中は家族全員がアメリカ政府によって強制収容所に送られ、全財産を失った。父方から見れば、私は国家建設に携わった人々、一六〇〇年代に宗教弾圧を逃れてイギリスから渡ってきた白人男女の末裔だった。父の家系図には独立宣言に署名した人物がいるし、ほかの人々も町を作り、会社を興し、公務員として国に仕えた。家族の心のなかにあるのは、アメリカの輝かしい神話、自由と勇気の国アメリカ、機会の国アメリカだ。それと同時にアメリカの暗部も存在する。外国人嫌い、人種差別、有色人種への圧政。沖縄でもこのふたつの立場が並び立ち、過去数十年の間、歴史の舞台で緊張関係を繰り広げてきたのを私は目の当たりにした。

沖縄は日本の本土とは違っている。大学時代初めて本土へ渡ったとき、家族のルーツである外国の地に「里帰り」した多くの者が経験することを、私も経験した。アメリカにいたときの私は、よく質問された——「AKEMI」はどういう名前なのか、あなたは何者なのかと、日本人のレッテルを貼られて。ところが、日本人にとって私はただのアメリカ人だった。彼らは私がこの国にものを言う権利も認めなければ、どんなかたちであれ私がこの国に属する人間であることも認めなかった。京都で勉強していた私は、アメリカで名前の発音の訂正に費やした歳月とそっくり反対の経験をしていた。「アケミ」と正しく通じるように言うことができなかったのだ。「アメ（飴）？」と日本人は聞き返し、これは日本人の名前であると私が言い張ると困った顔をした。日本に来て私は、この国がアメリカよりも人種の純血と階級の神話に彩られ、いわば均質性に憑かれた国であることを知った。

一方、沖縄は私のような人間が入りこめる空間を用意してくれる。写真家の岡本尚文はこの島の風景を切り取った写真集『沖縄02　アメリカの夜』（ライフ・ゴーズ・オン）のなかで、こう語っている。「沖縄とアメリカ、日本、そして自分との関係。それが何なのか、ずっと答えを探している」[*7]。大人になってからの私は、アメリカと日本と沖縄をいうなれば三角測量しながら、自分のアイデンティティを解き明かすことに人生を費やしてきた。沖縄には私と同じような人がいる。沖縄は学術的には「コンタクトゾーン（複数文化接触領域）」と呼ばれる、イデオロギーと文化と政治が衝突する場所で、これは混合人種の人間には馴染みの領域だ。ぶつかり合い融合しあうなかにある、力強さというものに私は気づいた。混濁とも希釈とも違う、創造の姿――新しいアイデンティティやネットワークや空間を人々が作り出していく姿を見た。それでも、沖縄について私が聞かされた物語は、こうした白黒つかない微妙なあわいをとらえているように思えなかった。

二〇一六年四月二八日の夜、島袋里奈さんは赤いスニーカーに黒のパーカーを着てウォーキングに出かけた[*8]。里奈さんは二〇歳の会社員。前髪を少女のように切り揃え、長い黒髪を下ろしていた。身長は一五〇センチあまりで、笑うといつも歯並びのいい前歯が見えた。子供時代を知るあるクラスメートは、彼女のことを親切で気立てのいい子だったと語っている。教室ではおとなしかったが、友達と一緒の時は歌を歌ったり、ダンスを披露したりしていたという。

午後八時頃、里奈さんはウォーキングに行くと交際相手の男性にＬＩＮＥで伝え、本島中部の東海岸にあるうるま市のふたりが住むアパートを出た。彼女が歩いたあたりには川が流れていた。川の片側は住宅と商業施設の混在する地域で、マンションやレストラン、釣り具店、それに家庭用品がところ狭しと並ぶ大型ディスカウントストア〈ドン・キホーテ〉があった。川向こうの工場地帯には、倉庫や工場の煙突、リサイクルセンター、海運会社が建ち並んでいる。この辺の道路は幅員が広く、中央分離帯には雑草に紛れてごみが捨てられていた。だだっ広い川に沿って新しく舗装されたと思しき小道があった。小道には犬の落とし物は持ち帰るよう飼い主に注意を呼びかける看板、それに小さな東屋があって、陽を避けて休憩することができた。地面にはたばこの吸い殻やペットボトルのキャップが散らかり、茂みのなかから捨て猫の怯えたうなり声がした。

　里奈さんが外出して数時間後、交際相手が里奈さんにＬＩＮＥを送ると、「既読」が表示されたものの、返信はなかった。家にも帰ってこなかった。財布も持っていなかった。明くる朝、交際相手は捜索願を届け出た。

　それから数週間にわたり、友人たちがソーシャルメディアで情報提供を呼びかけると、その身に何が起こったか世間は憶測をめぐらせた。カルト宗教に拉致されたと考える者もいれば、沖縄人の交際相手を疑う者もいた。一方、警察は事件の捜査を開始。行方不明者のビラを配り、スマートフォンの位置情報をたどって最後の居場所が川に近い工場地帯であることを突き止め、その地域の防犯カメラに映る何百台もの車をしらみ潰しに調べ上げた。そのなかから赤いＳＵＶの所有者に任意同行を求め、事情聴取して、ついに突破口が開けた。

　アフリカ系アメリカ人のケネス・フランクリン・ガドソン（シンザト・ケネス・フランクリン）は三二歳の元海兵隊員で数年間島に駐在したが、二〇一一年、海兵隊の命令で帰国。除隊後、二〇一四年に沖縄へ戻り、嘉手納(かでな)基地内のインターネット通信事業を手掛ける民間委託業者の仕事を見つけ、働いていた。ガドソンは地元の女性（近所の人の話では「親切で、とてもきれいな人」）と結婚し、妻の名字であるシンザトを名乗った。子供が生まれると、ふたりはうるま市から南に車で三〇分のところにある小さな海辺の町に引っ越し、妻の両親と一緒に暮らした。「暮らしぶりにべつだん変わった様子はなかった」と言う隣人もいた。ところが、警察の取り調べで、ガドソンは、ウォーキング中の若い女性に目をつけ、車を停めると、彼女を暴行したと自供する。そして、遺体を遺棄した雑木林に警察を連れていった。[*9]

翌年、私が沖縄を訪れると、人々は依然この殺人事件の話をしていた。ガドソンはすでに自供していたが、その晩の惨劇の全容までは解明されておらず、裁判の期日が迫っていた。真相が見えない閉塞感の漂うなか、噂ばかりが広まった。里奈さんとガドソンは密会していたと、話す地元の人たちもいた——あれは行きずりの犯罪ではない。妊娠していたんだ。男の子供を身ごもっていたのを女房が知って。だから殺したのは奴の女房だ。ガドソンは遺体を遺棄しただけで、女房の身代わりに罪をひっかぶったんだ。この種の話を私に語って聞かせる人たちには、島の駐留米軍を支持する傾向があった。自信あり気にこう語る者もいた——「うるま市の人間はみんな真実を知っている」（「私はそう聞いた」）。そうかと思えば、あまり確信のない者、あるいは「真実」を歪曲した地元メディアに憤る者もいた（「フェイクニュースだ」）。他方、基地反対派は、色恋沙汰との噂を流した張本人は米軍だと非難した（「プロパガンダだ」）。

私はニュースを信じ、こうした噂が本当だとは思わなかった。けれど、これほど多くの人が、里奈さんと殺人者の関係をどうしてそんなに問題にするのか、理由が知りたかった。デートしていたら、どうだというのだ？　彼は彼女を殺して遺体を林に遺棄した。彼女がデートしていたとしても、その罪が軽くなるわけではない。ところが、多くの人にとっては、そうではなかった。

「NO RAPE/NO BASE」と、彼女の献花台近くのステッカーも、基地反対運動のデモのプラカードも訴えていた。同じ文言が、知り合いの沖縄人女性アリサの自宅付近（うるま市）の電柱に貼られたステッカーにも書いてあった。アリサは、元軍人で今は基地で働くアメリカ人と結婚し、ふたりの子供がいた。「『レイプ』ってなんのこと？」とステッカーを見た八歳になる息子が訊ねた。誰かが自分の家族に向けて貼ったような、夫に対するひどい嫌がらせのような気がして、空恐ろしくなった。答えないでいると、息子はしつこく訊いてくる。夫がそのステッカーを剥がそうとしても、すぐにまた誰かがステッカーを貼った。

里奈さんの物語に私が興味を持つようになったのは、彼女の物語を前にした多くの人々と同じく、それが犯罪そのものよりもずっと多くの意味を、つまり日米安保体制をめぐる問題を意味するようになったからだ。米軍の駐留をめぐり、ふつふつと煮えたぎるような長い緊張が続く沖縄で、地元住民とアメリカ人についての物語は寓意を含むようになり、虚々実々の物語合戦となる。基地賛成派は、基地のゲート前でけんか腰のデモ参加者の動画を世間に流し、反対運動が差別と憎しみに駆り立てられたものであることを示そうとする。さらには海兵隊による海岸清掃や高齢者施設でのボランティア活動の動画で、米軍の駐留が利他的なものであるという意味づけをする。「地域との関係を良好にしておけば、政治問題はうまく収まる」と、海兵隊太平洋基地政務外交部元次長のロバート・D・エルドリッヂは、里奈さんの通夜の席で述べた。[*10] そして、沖縄で「よいこと」をする兵士たちの広報をもっと行なうべきだと呼びかけた。この時、彼が口にしなかったのは、基地反対派が「悪いこと」をしているという広報を彼が信じているということだ。報道によると、エルドリッヂは、基地に反対する大物活動家が違法に基地内に侵入したとの疑いで逮捕されたあと、その人物が基地の境界線を踏み越えた映像を流出させた責任を問われ、海兵隊の要職を解かれていた。[*11] その映像は日本のネオ・ナショナリズム勢力、保守系メディアの手に渡ったとも言われている。

基地反対派にとって、もっとも強力な物語はレイプだ。米兵による沖縄人女性や少女のレイプは、ヘリコプター墜落、化学物質漏出、バーでのどんちゃん騒ぎ、危機に瀕するサンゴ礁の問題ではなしえないかたちで即、人々の目を覚まさせる。レイプは世間やメディアの想像力をとらえて離さない。肉体に訴えかける物語、理屈抜きに瞬時に理解できるメタファーだからだ。土地を女性に見立てる手法はお馴染みのものだ——処女地、母なる大地、「南京のレイプ（南京大虐殺）」。米兵が沖縄で女性をレイプするとき、沖縄は純真無垢な少女となる——悪漢アメリカによって連れ去られ、殴られ、組み敷かれ、犯される少女。日本政府はその悪漢を招き入れ、暴行を手助けしたポン引きだ。そのうちに誰も、当の犠牲者の話も、何が起こったのかという話もしなくなる。彼らはレイプを基地反対の切り札として使っている。

レイプには各国の政治指導者を集め、大規模な抗議活動に火をつけ、世界情勢を動かす力がある。一九九五年、一二歳の沖縄の少女を米兵が集団で強姦した事件は、九万人を超える人々を抗議集会に向かわせた。沖縄県民の怒りがあまりに大きかったため、日米の指導者は、「世界一危険な米軍施設」[*12]普天間基地の返還に合意した。基地のフェンスの外側には宜野湾市の民家や学校、商店がひしめき合い、その上が基地を離着陸する軍用機が昼夜飛びかう飛行ルートになっていたからだ。だが、これには落とし穴があって、普天間の閉鎖と引き換えに、米軍が島の北部にある辺野古・大浦湾に大型基地を新設することが条件になる。私が沖縄に戻った二〇一七年、この基地新設をめぐる抗議のうねりが高まりをみせ、反対派は新たな攻撃材料を必要としていた。おそらく里奈さんの身に起こったことは、重大な意味を持つはずだ。すべては彼女の物語の細部にかかっていた。

一九九五年の強姦事件は残忍きわまりなく、犠牲者があまりに幼かったので（しかも日本人の想像力をくすぐる純真無垢ともいうべき女子生徒だった）、この出来事は大きな政治的影響力を持った。殺人すら切り札にはなれなかった――「NO MURDER/NO BASE」というステッカーは存在しない。たとえば一九九五年の強姦事件の数か月前、沖縄駐在の米兵が日本人のガールフレンドをハンマーで殴って殺害した。「彼は彼女の頭部を二〇回以上殴っている」とベテランジャーナリストの角田千代美は私に教えてくれた。「おそろしく残忍な殺人だった」。ところが、裁判の傍聴にやってきた報道関係者はほとんどいなかったという。その女性の死は、何万人もの人々を動員しなかったし、沖縄の歴史の本にも、資料館にも残されていない。その女性は米兵とデートしていて、しかも本土の出身だった。彼女はかっこうのシンボルにはならなかった。

角田はこのような事件への一般の人々の態度をこう説明した。米兵との「厄介事に巻きこまれたくなかったら、近づかないことだ」。アメリカ人と付き合って災難がふりかかっても、「自業自得。自分で招き寄せた」。メディアがこうした犠牲者非難にひと役買っていると、彼女は指摘する。「いつもはっきりとした線引きがある。デートしているときに、レイプされたり痛めつけられたりしても、世間からはあまり同情されない」。だから、彼女が思うに、人々は里奈さんがガドソンとデートしていたなどという「根も葉もない噂」をネット上に流すのだ。もし里奈さんがレイプされて殺害されたのなら——もし本当に通りを歩いていただけで(「それにしてもどうして暗くなってから、ひとりで出かけたりしたのだろう」)、行きずりの男に襲われて、暴行されたのなら——この出来事は、基地は閉鎖すべきだという証拠になると人々は示唆した。しかし、もし彼女が好きこのんでその男と関係を持っているなら、みずから進んで彼と交際し、結局殺されてしまったのなら、彼女の話は基地を糾弾する手段にもメタファーにもならない。

事件をいじりまわして政治に利用しようとする生硬な二項対立の言説に飽き飽きした私は、沖縄の人々の話を独自に集めはじめた。清純で無垢な犠牲者と、自分から相手に近づいていく身持ちの悪い女。非の打ちどころがない活動家と、過激な抗議を行なうデモ隊。悪魔のような米兵と、救世主のような米兵。そんなものはみなカリカチュアだ。こうしたものを使いながら、もっと大きな政治的・社会的・歴史的状況——つまり沖縄の米軍と、その延長線上にある日米安保体制とアメリカの在外基地網——を理解しようとするのなら、私たちはこの混迷から抜け出せない。こうした二項対立が、基地に関係する生身の人間、つまりはどうとも解釈のつく、あいまいな空間で暮らす登場人物全員の重要性を奪い、口をつぐませるのだ。

　里奈さんのような物語は寓意としては不十分だ。彼女の死は悲劇的で、人々の心をかき乱す。地元女性に対する米軍の暴力蔓延の典型であり、それを遡ればアメリカの侵略に至る。彼女の死は多くの沖縄人が日本とアメリカに抱く感情を深く刺激する。それでも、沖縄と米軍の物語全体のメタファーとして見ると、この物語からは広漠たる複雑な現実の多くが抜け落ちている。

　島のあちこちをめぐりながら、おおかたの地元住民は米軍のたんなる犠牲者という関係にはないことに、私は気づいた。それどころか、第二次世界大戦終結以来、沖縄の人々は、アメリカの軍事帝国に対し、プラスであれマイナスの作用であれ、積極的に関わってきた。地元の人々――基地特有の圧倒的な男性性ゆえに、多くの場合女性たち――はたとえ問題含みであっても基地とそこに生きる人々との共生関係を求める。その動機づけの中心にあるのは多くの場合、恋愛とお金だが、沖縄人は基地の世界のなかにコミュニティや新しいアイデンティティも見出している。基地にとってみれば、地元住民との結びつきは米軍施設の円滑な運営を助け、兵士の精神衛生や男らしさの向上に貢献し、基地の閉鎖を難しくする。もともと力ずくで基地はやってきたかもしれないが、フェンスの外側で暮らす人々と築き上げてきた複雑な関係があるがゆえに、この土地にとどまりつづけている。沖縄の人々が基地には協力しない道を選択し、その駐留に異議申し立てをすると決断したとき、ついに人々の行動がシステム全体を崩壊させるパワーを持つというのが本当のところだろう。

沖縄滞在中、私は地元住民と一緒に過ごした。おもに基地周辺のコンタクトゾーンで暮らす女性たちとだ。米兵と付き合って結婚した者もいれば、基地内やその周辺で働く者、父親や夫が米軍関係者である者、基地に反対して闘っている者もいた。一九九五年の強姦事件の犠牲者や里奈さんほどはっきりしたかたちではないにせよ、こうした市井の女性たちは、もっと大きな地政学的ゲームのプレイヤーであり、これまでの日米安保体制に影響を与え、異議を申し立て、地ならしをしている。彼女たちの物語は、アメリカの在外基地がアメリカの人種思想を移入し、基地の外の文化を変容させ、人々のアイデンティティを形成するなど、地元社会に与えた影響の根深さをみごとにあぶり出す。そこから浮かび上がるのは、世間が語る犠牲者の話にはない、在沖米軍の陰影に富む表情だ。駐留軍はいかなるかたちで存続しているのか、いかに変わるべきなのか、アメリカ帝国の辺境での生活はいかなるものなのか、その光と影が見えてくるはずだ。

第2章　イヴ

ある土曜日の夜一一時過ぎ、私たちは南路、那覇へと車を走らせた。左手にある基地のフェンスがヘッドライトに照らされて、銀色の有刺鉄線が浮かび上がる。右側にはコンビニ、それに〈グレースランド〉〈USAコレクティブルズ〉といった名前のアメリカンアンティーク家具の店が建ち並ぶ。中古品販売店の店先にぶら下がっているのは、迷彩服とガスマスクだ。

イヴはカーステレオから流れるアメリカンヒップホップのボリュームを上げた。「レディーズ・ナイト」と思わず声を張り上げる。今夜、彼女は未来の夫に出会えるかもしれないのだ。

島の北部の名護で両親と暮らす二九歳のイヴは沖縄人で、受付係をしている。英語のニックネームは大学時代からのものだ。友人たちはあだ名で呼ぶが、家族や職場の同僚は本名で呼ぶ。イヴは涼しげでとろんとした目の、穏やかで優しい話し方をする人だ。肌が透きとおるように白く、鼻のあたりにそばかすがある。その白さをいつも友達がからかうのは、彼女が黒人のアメリカ人男性としか付き合わないからだ。

「わたしね、黒人が好きなんだ」と彼女は私に教えてくれた。「日本の男と付き合ったことなんて、いっぺんもない」

なぜなのか自分でもわからない。最初は白人が好きだった。ところが付き合う相手をアフリカ系アメリカ人男性に替えてみたら、黒人にハマってしまった。だって魅力的なんだもの。友達と一緒に出かけるときはいつも、黒人のいる場所へ行った。

一二月のその晩、私たちは那覇の国際通りにあるヒップホップ系の〈クラブラウンジ・サイコロ〉を目指した。イヴはこの日のために着飾って、袖のカットアウトが効いた、流れるようなラインの赤のトップスに黒の編み上げパンツとハイヒールをはいている。サングラスは長い髪のカチューシャ代わりだ。友達のマイコがハンドルを握っている。マイコは空いているほうの手で缶コーヒーを飲み、たばこに火をつけ、スマートフォンをいじった。きれいでいて険のある、どこか抜け目のない顔立ちをしている。

「お願いしますよ」。カーブを曲がる瞬間、ぐっと横に傾き、体を持っていかれそうになると、イヴはもっと慎重に運転してくれるようマイコに懇願した。

停車して、もうひとり友達を拾う。アヤコは超厚底のサンダルをはき、脱色した髪を頭のてっぺんで無造作にだんごにまとめている。彼女もマイコと同じ嘉手納基地で働いていて、ごく自然に英語を話す。日本語で話をしているときも、彼女の口からは英語のフレーズがふいに飛び出す。「ヒー・ダム・アグリー（醜男もいいとこ）」
右手のキャンプ・キンザー（牧港補給地区）を通りすぎると、あたりは都会の風景へと移り変わった。アメリカの郊外というより大阪を思わせるたたずまいだ。これまでファストフード店、販売用中古車がずらりと並んだ駐車場、それに四角い平屋の家並みが続いていたのが、ひしめき合うビル群に取って代わる。那覇で国道を出て駐車し、国際通りを目指す。昼間、この一帯は南国趣味の土産物を買い求める観光客でごった返すが、夜になるとバーやクラブ、居酒屋から体にずんと響く鈍い音の音楽が流れてくる。〈クラブラウンジ・サイコロ〉は階段を下りた先の地下にある。店に足を踏み入れたとき、白人の男が女性をなんとか連れ出そうと屁理屈をこねくりまわしている声が私の耳に届いた。女性はほほえんでいるだけだが、すぐにも口説き落とされるのだろう。

バリ島の棚田のように段差があるクラブの店内は、男性客でいっぱいだった。DJがかけているのはジャーメイン・デュプリの『ウェルカム・トゥ・アトランタ』。イヴが言っていたとおり、常連客のほとんどは黒人で、白人はごくわずか、それにラテン系がちらほら。ふと、アジア系アメリカ人の男性が目に留まった。髪型がミリタリーカットなので米兵だとすぐわかる。それに沖縄と日本本土の男性もひと握り。こちらは野球帽にスニーカーでスマートに決めていた。

クラブにやってきた沖縄と本土の女性客には、自信たっぷりにくつろいだ様子と、派手な化粧と体のラインがはっきりわかる装いで人目を引く者もいれば、さほど気張らない身なりをして、店の隅っこにへばりつき、硬くなりながらも気持ちを高ぶらせている者もいる。イヴのように、デートしたい相手はアメリカ人男性だけという女性はこの島に少なくなく、その勢いはひとつのサブカルチャーを形成するほどだ。ひとつの特性に、見かけやスタイルがよく似ていることが挙げられる。女性たちはお目当ての男性の人種と文化に近づくことを目指し、外見や身ぶり、行動様式、話し方までも作り変える。こんがり焼けた小麦色の肌に金のアクセサリーを身につけ、スラングを操ることで、彼女たちは異国の世界へそっと忍びこもうとする。

私が沖縄にいたとき、こうした集団のなかでもアフリカ系アメリカ人男性を好む女性の割合は突出しているように思えた。地元女性の黒人男性好みは、米兵の間でもよく知られていた。「日本の女の子は黒い肌の男を好むそうだね」と、あるドミニカ出身の海兵隊員は希望に目を輝かせて言った。これとは逆に、〈クラブラウンジ・サイコロ〉から出てきた白人の海兵隊員は毒づいた。「このクラブに爆弾を落としてやりたいよ」。そして、ここで女の子をつかまえるのは無理だと続けた。地元の人々と米軍の構成員との複雑に絡み合った関係を解き明かそうとしていた私は、この現象が研究の宝庫になると気づいた――この現象こそが人種と人種差別、歴史と欲望に関わるあらゆる問題を生じさせていた。

私はイヴたちと一緒に飲み物を待った。無料だが、弱い酒だ。その後、小さなテーブルがたくさん並んでいる下の一角へと移動した。ここからダンスフロアが見下ろせる。スクリュー・ドライバーを一息に飲みほすと、水で薄めたオレンジジュースのような味がした。アヤコも本物のアルコールが飲みたいと言ったので、再びカウンターに並んでいると、彼女はアメリカ人のボーイフレンドと二年間アリゾナに住んでいた話を始めた。ビザの関係で彼が日本で暮らせなかったから、一か月前に別れたという。今でも毎日話はするが、アヤコは新しい男との出会いを求めてもう動き出していた。

前に並んでいた男性が振り向いて、沖縄に来てどれくらいになるのかと私たちに話しかけてきた。小柄な白人で年は若く、眼鏡をかけている。

「二か月。あなたは?」

「ひと月半だ」

彼は私たちのことを海兵隊員か軍人の妻だと思ったらしい。アヤコがちょっと間を置いてから、にっこりして「あたし、日本人なの」と告げた。アメリカ人だと思われて、嬉しかったようだ。

「沖縄は好き?」と彼女は続けた。

「ああ、でも沖縄は幽霊が出るよ」

アヤコは頷いた。「そうね。幽霊の出る場所がそりゃあたくさんあるわ」

バーでアヤコと私はテキーラのショットを飲んだ。彼女は日本人のバーテンダーに英語で話しかけながら、私たちのためにオリオンビールをグラスで頼んでくれた。テーブル席に戻ったとき、私はいい男はいそうかとイヴに訊ねた。いないわ。「ねえ、踊りましょ」と彼女が言った。

ダンスフロアはクラブの一番低いところにある。人が大勢いて、私たちはすぐに汗だくになった。見上げる位置にあるスクリーンがぎらぎらと眩しい光を放ち、音楽がビートを刻む。イヴとアヤコのうしろに男たちが腰で円を描きながら近づいてきた。ヒップホップグループのツー・ライヴ・クルーが歌う『ウィ・ウォント・サム・プッシー』という曲が流れると、その場にいた男たちがいっせいに喚声を上げた。

夜明け間近になって、私たちは店を出て北へ向かった。車の中で、イヴは日本語で何やらまくし立てていた——なんの出会いもなかったという後悔と苛立ち。また出かけても、結婚相手なんて見つからない。こんな夜を繰り返すことをどう思っているのだろうか。本気で結婚相手を求めているのか、それとも夢を追いかけているだけなのか。

イヴと出会ったのは二〇〇八年、その時沖縄に一年住んでいた私は宜野湾市にアパートを借りていた。部屋の壁に島の地図を貼りつけていたが、ある日の午後、何かが足りないと気がついた。青い海と緑地ばかりが描かれた英語版のその地図は、道路や町やゴルフ場、ほかにもホテルやビーチや海岸沿いのリゾート施設を明記していたが、米軍基地はどこにもなかった。基地が占領する広大な土地は、人畜無害のベージュの砂丘みたいに示されているだけだ。ある意味、これは正確な表現だ。空港でこの地図を手にした観光客にとって、基地は存在しないも同然。彼らがこの楽園へ旅行に来たのは、基地があるからではなかった。海辺に寝そべりながら考えるのは、基地のことではない。基地は立入禁止——観光客は入りたくても、基地のフェンスを通り抜けることができないのだから。

私の手元にあるもうひとつの英語版の地図はそれとは様子が違っていた。本島中部の海兵隊基地キャンプ・フォスター（キャンプ瑞慶覧）の外にある駐車場で、アメリカの中古車の販売員からもらった、不動産仲介業者が作成したものだ。この地図が誰のために作られたのかは明白だ。地図にはひとつひとつ基地の名称が沖縄の市町村名よりも大きな赤の活字で書きこまれている。点在する基地は愛国的な星印で表現され、基地内の診療所や図書館、ファストフード店、ボウリング場といったアイコンが華やかさを添える。この地図で見ると基地はにわかに生気を帯びる。地図の範囲は基地が集中する島の中部だけで、南端と北端は描かれていなかった。

一九六九年の『ニューヨーク・タイムズ』紙の記事で、タカシ・オカ記者が「沖縄人の沖縄」と「アメリカ人のオキナワ」の違いについて論じている。沖縄人の沖縄は、戦前のままの田舎の共同体で、そこでは「小柄ながら頑健な男女が頭にきりりとタオルを巻くか、つばの広い麦わら帽子をかぶり、サトウキビ畑やサツマイモ畑で」働いている。一方、アメリカ人のオキナワは「世界のどこにでもある米軍施設とよく似ている。事務所、学校、クラブ、兵舎、小ぎれいなバンガロー式住宅。その周囲には芝生が広がり、施設全体を高い金網のフェンスが取り囲み、警備犬がパトロールする」。ふたつの沖縄は「解きほぐせないほど絡み合って」いながら、別々に存在する。「おおむね、沖縄人の沖縄とアメリカ人のオキナワは各々の流儀で日々を営む。その例外と言えるのが、コザ［現沖縄市］、金武町［国頭郡］、嘉手納町［中頭郡］、宜野湾市のような基地相手の派手派手しい町である」[*1]。四〇年後の私のふたつの地図も、ふたつの沖縄を正確に描き出していた。島の多くの人々はどちらかの沖縄で生きていた。基地への立ち入りができない地元住民は、この広い地域を別世界とみなし、米軍社会の一員となった人は、基地のほかは行きなれたわずかばかりの場所から離れることができなかった。だが、このふたつが重なり合うもうひとつの世界があった。基地相手のけばけばしい町が第三の沖縄だ。そのど真ん中に私は住んでいた。

アパートの通りの向こう側には、キャンプ・フォスターがある。国道58号線沿いに南へ数百メートルほど先にある、悪名高い普天間飛行場は市街地の真ん中に割りこんだままだ。一九九六年の日米両政府による普天間基地返還の合意が、北部の新しい「代替」基地建設の反対により立ち往生しているからだ。この地域は島の中央に位置し、「中部」と呼ばれるが、米軍基地のほとんどがここにある。中部は北部や南部と土地柄がまったく違う。南部の中心は那覇で、本土を彷彿とさせる高層ビルやモノレールのある都市風景が広がっている。南部では、米軍社会と影響しあうことはまれで、住民たちには基地の存在が遠いものに思え、基地反対は唱えても直接影響を受けることはない（以前誰かが「対岸の火事」と表現していた）。北部は密林が広がり、さほど開発されていない。とはいえ、米軍がこれまで手つかずにしていたわけではないので、やがて新たな大型基地の拠点になるかもしれないが、今のところ基地も軍隊もわずかしか抱えていない。

毎朝、私の住む中部の近隣一帯に、キャンプ・フォスターから起床の合図が響き渡った。軽快な軍隊ラッパの音で私たちは目を覚ます。朝な夕なにアメリカ国歌があたりを満たす。続いて日本国歌も流れてきたが、あまりにスローテンポで物悲しく短い曲なので、しばらくの間、私はなんの歌かわからなかった。五階建てのアパートの最上階からは、キャンプ・フォスターの外周を囲うフェンスが見えた。宜野湾市のせせこましい街路と背中合わせに、広々とした緑の芝生と幅の広い道路、白い低層の建物が建ち並ぶ。基地の空間は基地の外に比べると、このうえなくゆったりしているので、まるでコンクリートや亜熱帯の植物に閉じこめられることをいやがっているかのように思えてくる。

　アパートのすぐ下に目を移せば、伝統的な沖縄の住宅が軒を連ね、漆喰で塗り固めた赤瓦の屋根が見える。屋根の間からは別の時代を切り取ったスナップ写真のような光景が顔を出す。雨水を溜める貯水タンク。引き戸を開けたり閉めたりする人の姿。昔ながらの結髪（けっぱつ）をした腰の曲がった女性が洗濯物を干している。屋根の上には福を呼び魔を除ける一対のシーサーが、ちょこんととまっている。

　アパートから二ブロック先には、アメリカンスタイルの〈CHI CHI'S ジェントルマンクラブ〉があった。バストとヒップラインを強調した女たちのシルエットが、米兵たちを中へと招き寄せる。同じ建物の下には、機械仕掛けのロデオができるバー〈ナッシュヴィル〉とチキンウィングが五〇セントで食べられる〈ピッターズ・スポーツ・バー&グリル〉。隣の建物には〈クレイジー・ホース〉、通りの先には〈パブUSA〉があった。近くの〈メアリー・ジェーンズ・ロック・バー〉や〈ラ・パチャンガ・ラテン・ハウス〉では、チューブ［試験管のような容器］のショットが一ドル、アイリッシュ・カー・ボムが五ドルで飲める。さらに〈シュガー〉や〈ピンク・ドラキュラ〉といった名前のブティックがあり、アメリカ人とデートするような女性向けの服を扱っていた。こうした店のショーウィンドウには、色鮮やかなチューブドレスやショートパンツ、ベロアのスウェットスーツが飾られており、いずれもアメリカからの輸入品で、法外な売値がついている。コンビニの〈ローソン〉もあったが、ここは基地内外から夜遊びに繰り出す人々の集まる場所だった。海兵隊員が駐車場に停めた改造車のまわりに集まり、缶ビールで景気づけしたあと、ぶらぶらと〈CHI CHI'S〉のほうへ歩いていくか、国道58号線をドライブして〈アメリカンビレッジ〉へ出かけていった。通りの向こう側の基地のゲートを通れる、魔法の身分証明書を持っている人に出会おうと、地元の女性たちも集まってきていた。

西へ数ブロック行くと、突如視界が開け、海と空の世界が広がる。あたりには揚げ物とガーリックの匂いが漂う。天気のいい週末には、ゴム長靴に野球帽をかぶった老年の釣り人たちが、ばしゃばしゃ波打ち際へと入っていった。スポーツブラ姿の日焼けしたブロンド娘がランニングするその道を、沖縄人たちがスウェットスーツとタオルで日差しを目いっぱい避けながらウォーキングする。近くでは中年のアメリカ人の父親が子供に自転車の乗り方を教えていた。「立ち止まっちゃダメだ。怖がるんじゃない」。ある朝早く私がジョギングしていると、その横を灰色と白の野球のユニフォームを着た地元の男子中学生が一列に並んで走りすぎていった。一瞬、洗い立ての洗剤の香りに私はふんわり包まれた。またある朝は、チワワを連れて散歩するスウェットスーツ姿のアメリカ人女性とすれ違った。彼女は有頂天になって海を動画に収めていた。この人はきっと島に来たばかりなのだ。私に向けたその目が語っている。「こんな風景、信じられないわよね？」海辺のアパートの駐車場には、米軍職員を示すYナンバープレートをつけた車が数多く停まっていた。米軍の住宅手当があれば、海の絶景を手に入れることなど簡単だ。

この界隈に暮らしはじめたある晩、家にいると、玄関の鍵を開ける音がして突然ドアが開いた。戸口にはボクサーパンツひとつという恰好の中年の白人男性が立っていた。「ノックしたはずなんだが」。恥ずかしそうに男性は言った。痩せた脚に、ビール腹。別の人が入居していたなんて知らなかったと言いながら、男は戸口から引き下がった。ここに以前友達が住んでいて、合鍵をくれたんだ。私はにらみつけたものの、驚きはしなかった。次の日、鍵を替えてもらうことになったが、あの時は、日曜日の夜の九時半に半裸のアメリカ人男性がドアを開錠して、私のアパートの玄関に現われてもおかしくないような気がしたのだ。なにしろ私が住んでいるのは中部なのだから。

はるか昔、アメリカ人も日本人もまだやってこなかった時代、沖縄は独立王国だった。琉球王国は国際貿易を中心に栄えた文明国だった。[*2] 肥沃な土壌や水に恵まれず、台風や時には津波に見舞われることもあったが、琉球王国は近隣諸国の中心に位置する地理を生かして、活路を見出した。一五、六世紀には贅沢品の海外貿易の中継ぎをした。琉球の商人は、東南アジアから香料や胡椒（こしょう）、象牙、サイの角を持ち帰り、商品は那覇を経由して、海を越え、中国、朝鮮、日本の港へと運ばれた。朝鮮の王へ贈られるクジャクやオウムもこの島に立ち寄った。中国から京都へ釉（うわぐすり）をかけた磁器や鋳造貨幣がもたらされた。日本からは刀や扇、屏風が中国へ渡った。こうした取引で琉球の商人は莫大な利鞘（りざや）を手にすることができたため、王国は繁栄し、その文化は遠く離れた貿易相手の国々を反映するようになった。首里城の細やかな宮廷儀式は中国の様式に基づいていたし、建築はタイとカンボジアの寺院の様式を取り入れていた。織物は、中国の薄織物やマレーシアでイカットとして知られる生地、インドネシアの絞り染めに影響を受けた。

ところが、この島を理想の貿易国にしたものに、大国も目をつけた。琉球列島は現代の東京、ソウル、台北、上海、香港、マニラから約一六〇〇キロ以内の位置にあり、以前から征服すべき戦略的領土と目されていた。一六〇〇年代初め、日本の薩摩藩は王国の支配権を武力で手にすると、二〇〇年以上にわたり支配下に置き、琉球が中国との朝貢関係で得た利益を吸い上げた。その後一八七九年に日本がこの島を県にしたことで、王国は完全に独立を失った。

日本の政治指導者は新しい国民にほとんど関心を払わなかった。[*3] 高い租税と限定的な社会福祉のせいで、地域全体に貧困が根を張った。一九二〇年代に、島の主要輸出品であった黒糖の価格が暴落し、その窮状はさらに悲惨なものになった。飢饉に直面した島民はヤシに似た自生のソテツ〔猛毒を持ち、調理法を誤れば中毒死する〕を食べて、飢えをしのいだ（その時代は「ソテツ地獄」として記憶された）。多くの沖縄人がほかの土地に仕事を求めて島を離れた――大阪の織物工場へ行く者もいれば、農地開拓にハワイやフィリピン、南米へ渡る者もいた。一方、日本政府は沖縄にいる人々に日本人になるための教育を始め、伝統的な沖縄の慣習を禁圧しようとした。これは「風俗改良運動」として知られる。沖縄の子供たちは教室で日本語を勉強し、学校には日本の天皇・皇后の御真影を保管する奉置所が設けられ、人々は琉装から和装あるいは洋装になり、髪を短く切り、沖縄伝統の結髪をやめた。やがて沖縄人は自分から同化政策を推し進めるようになった。「嚔をする事まで他府県の通りにする」と地元誌は檄を飛ばした。[4] 学校の生徒たちは地元の言葉で話した罰として、木製の「方言札」を首から下げることになった。生徒がその辱めの札を首から外すには、次に方言をしゃべった生徒をつかまえて、自分の札を押しつけなければならなかった（手っ取り早い方法は、相手をひっぱたいて、思わず「アガー！」（痛いときに口から出る言葉）と言わせることだった）。この同化ゲームは何十年も続いたため、いまや沖縄の島々の言葉は――それぞれ方言と呼ばれるようになった――死語になりつつある。

一九四五年の春、沖縄の紺碧の海をアメリカ戦艦が埋めつくしたときには、沖縄人はすでに効率よく日本人になっていた。北に住む日本の同胞と同じように、戦力として務めを果たすよう教えこまれていた沖縄人の老若男女は太平洋戦争中、戦闘部隊や看護部隊に動員され、竹槍訓練を受け、軍歌を覚えさせられた。本土の兵士とともに、天皇陛下のために進んで死ぬ覚悟だった。沖縄人は侵略した敵軍が捕虜をどう扱うか、兵士から警告を聞かされてもいた。「アメリカ人は男を戦車で轢き殺し、女を強姦し、鼻や指や耳を切り落とす」。アメリカ人は「鬼畜」[5] なのだ。その捕虜になるくらいなら死んだほうがましだ。

一九四五年三月下旬、アメリカ軍が侵攻。海岸に上陸し、砲弾や爆弾を降らせ、世に言う「鉄の暴風」が起こり、沖縄は戦場と化した。[6] 火器も兵士の数も圧倒的に劣勢な日本軍は勝つことではなく、本土攻略を遅らせるかあきらめさせるために戦闘を引き延ばす作戦に出た。沖縄は本土の人間の安全のための犠牲となった。太平洋戦争でもっとも凄惨な戦いと言われる三か月近くで、戦死者の数はアメリカ兵がおよそ一万二五〇〇人、本土の日本兵が六万六〇〇〇人近く、そして沖縄の民間人の犠牲者は県の人口の三分の一にあたる一四万人にのぼった〔県の人口と死亡者数は諸説ある〕。沖縄人の多くはアメリカと日本双方からの攻撃で亡くなった。飢えや医薬品がなくて死ぬ者もいたが、そのほかの人々はアメリカ兵に殺されるか、日本の同化政策の浸透を認めないか理解しない日本兵に殺された。恐ろしいことに、沖縄人の愛国精神を認めない日本の部隊は少なくなく、スパイ行為を働くかもしれないし、隠れ家や食べ物を奪う際の厄介者だとして沖縄人をよそ者とみなした。沖縄戦の日本兵に関するさまざまな報告が残っている――壕に隠れていた民間人を強制的に追い出した。沖縄の言葉を話す人間を殺害した（よちよち歩きの幼子も「スパイ」扱いされることがあった）。村人全員に集団自決するよう命令した。地元の女性たちを強姦したり、無理やり「慰安婦」にして、島に強制的に連れてきた数百人ともそれ以上ともされる朝鮮人女性と一緒に慰安所で働かせた。戦前の同化教育による大日本帝国への沖縄人の献身の精神は崩壊しはじめた。「沖縄人と県外の人の、どこが違うのか」、沖縄の母親たちを壕から追い出し、食べ物を横取りする日本兵を見たとき、将来、県知事となる大田昌秀青年は考えた。「その時初めて私は文化の違いに目が覚めた。私は自分を沖縄人だと思うようになった」[*7]

アメリカ軍も沖縄人に対し、日本からの離反を強く促した。侵略前にアメリカの軍事アナリストは迅速に研究を進め、沖縄人は実際のところ日本人ではなく、アメリカ人の上陸は圧政に苦しむ人々の解放とみなされる可能性があると結論づけた。[*8] 戦闘に突入すると、アメリカ軍は沖縄人の心に訴える作戦を展開し、本土の日本人と沖縄人が民族的にも文化的にも異なることを宣伝する、おびただしい数のビラを空から投下した。[*9]

戦闘は沖縄本島を破壊しつくした。あるアメリカ海軍医師は、戦後の光景をこう描写した。「破壊の程度は想像を絶する。（略）残っている立木は皆無に等しく」「民家の九五パーセント以上は半壊もしくは全壊した」。[*10] 家畜のほとんどが死に、農地は荒れ果てた。かつての琉球王国の首里城のうち残っていたのは、龍の口から湧水が湧き出る「龍樋（りゅうひ）」だけだった。[*11]

生き延びた沖縄人は、アメリカ人がこれまで教えこまれてきた悪魔ではないことを知った。強姦、殺人、残虐行為はたしかに起こった。[*12] しかし、公務において米軍部隊は国際法に則って、生き残った民間人に食料や衣服を提供し、医療処置を施すなどの世話をした。侵略した米軍の一部門である米軍政府は、こうした任務を担当し、戦闘開始直後から民間人を連行した。一か月後には収容された沖縄人は一二万人にのぼった。[*13]「もしも米軍の側にこうした非戦闘員にたいする政策がなかったとしたら、沖縄戦における住民の犠牲は、いったいどれほど甚大なものになったか、はかり知れないものがある」と大田昌秀は記している。[*14] 米軍政府のこの方針は人道主義に基づくものではなかった。戦場で民間人は作戦遂行の障害になる可能性があった。だが、いったん保護下に置かれた沖縄人はほかでは味わえない世話を受けた。終戦直後、本島北部のある集落の区長は軍政地区の米軍指揮官に対し、「米軍は、沖縄人をまるで母親がその愛し子を世話するように、親切に処遇してくれたので、わたしたち沖縄人は、みなさんの人間性のゆたかさに深く心をうたれお礼の言葉もないほどです」と感謝の言葉を述べている。[*15] ある退役軍人は、収容所で沖縄の女性たちの服が作れるよう、ミシンを探しに戦場へ飛び出していった米軍政府の兵士たちのことを覚えていた。[*16]

戦争が終結すると、勝者アメリカ人は生き残ったほぼすべての沖縄人を民間人収容所や捕虜収容所へ送り、そこで人々は十分ではないにせよ住む場所と生活必需品と援助を得た。[*17] 二年ほどの間、彼らはテントやかまぼこ兵舎で細々と暮らし、[*18] スパムや粉アイスクリーム、粉ミルクといった外国食品を食べていた。だが、Ｋレーション（戦闘糧食）で、すし詰めの収容所全体を賄うには不十分で、機械用のモービル油でてんぷらを揚げるなど、無茶な手段に打って出る者もいれば、海藻や雑草、カエルやカニで空腹を紛らわす者もいた。こうした環境のなかで数千人が飢えやマラリアで亡くなった。

戦争の残骸や米軍の出した屑鉄から、沖縄人は失った所持品を再生した。飛行機のジュラルミンを溶かして、鍋やフライパンを作った。米軍が着古した野戦服を仕立てなおして日常着ができあがり、半分に切り落としたコカ・コーラの瓶はコップになった。ブリキ缶とパラシュートの糸で弦楽器の三線ができた。「何もないところから物を作り出す術を私たちは知っていた」と高校生だったある女性は当時を思い起こす。みんな学校で米軍のリサイクル品を着ていた。男の子は戦闘靴をはいてのしのし歩き、女の子はパラシュート生地や蚊帳でスカートを縫った。終戦直後の学校には教室も机も教科書もなく、授業は野外で行なわれた。この時期、沖縄人はアメリカの娯楽もわずかながら消費した。「背中を大きく露出させた白いドレスの女優たち」――進駐軍が観ていた一九三〇年代のハリウッド映画を覗き見た者もいた。

ようやく収容所から解放されて帰還してみると、家は跡形もなくなっていた。「見渡すかぎり米軍施設が広がっていた」と、読谷村（よみたんそん）のある住民は語っている。「木は切り倒され、石塀も生垣も取り払われ、あたり一面草が生い茂り、山鳥が巣を作り、かつて集落があった場所をマングースが我が物顔に駆けまわっていた。じつに荒涼たる風景だった」[19]。そこから北にある地区の住民が遠目に見た故郷は「何もかもが雪のように白かった。集落は飛行場に変わっていた。家はすべて焼き払われ、豊かな農地は舗装され、滑走路になっていた」[20]。沖縄人が収容所に閉じこめられていた間、アメリカ人は四万人の地主と一万二〇〇〇人の世帯から一万八〇〇〇ヘクタールもの土地を接収していた[21]。

立ち退かされた人々は慣れない新しい土地で生活を再建しようとした。ほかに選択肢がなかったので、多くは基地関係の料理人、園丁、メイドといった低賃金のサービス業で糊口をしのいだ。本土や植民地から沖縄に引揚者が押し寄せ、人口が三倍に膨れ上がると、乏しい資源はますます乏しくなった[22]。占領軍に対する終戦直後の温かい気持ちはしぼみ、地元の人々の将来は暗澹たるものに思えた。「ここの生徒たちはしっかりした希望を持ちえないほど迷っています」とある沖縄の学校長は語っている。「米航空隊の作業場で働くこと以外に就職口がないとすれば、何を苦労して高校を卒業する必要があるでしょうか[23]」

一方、高い塀の向こう側の、映画館やヨットクラブのあるぴかぴかの新しい軍事施設にはアメリカ人が引っ越してきた。沖縄人女性のミナは、一九六〇年代の終わりから七〇年代初めにかけて普天間の南、キャンプ・キンザーの東に位置する西原町で過ごした子供時代について語ってくれた。彼女は友達と丘の上にあるアメリカ人の住む地域へ行って、言葉に不自由しながらも、そこの子供たちに物をねだった。家の中へ入れてもらった彼女は、トイレを見てびっくりした。「私たちのトイレは地面に穴を掘っただけのものだった」。アメリカ人の女の子から小さな木の人形をもらったこともあった。人形など持っていなかったミナは大喜びした。

日本復帰を待ち望む沖縄人の不満を抑えこもうと、米軍は琉球の文化と誇りを復興させる統治戦略を続行した。占領政府である琉球列島米国民政府〔USCAR。米軍政府を廃止して一九五〇年設立〕は「琉球」という名称を復活させ、琉球王国に関する博物館や図書館の建設、歴史教科書編纂のため国費を投じた。さらに遺跡や史跡を復元し、地元放送局に沖縄語で話すよう命じ、琉球の旗や国歌を制定しようとした。USCARが設立した琉米文化会館で、地元の人々は琉球文化に関する番組を視聴し、琉球美術を鑑賞し、琉球の歴史の講義を受けたが、これらはすべて無料だった。[*24]

それと同時に、琉米文化会館ではアメリカ文化の教育も行なわれた。沖縄の人々は学習熱心だった。多くの女性たちが「主婦の生活大学」に申し込み、アメリカ人女性から料理や化粧、フィットネスを習った。米留制度でアメリカへ行く者もいた。地元の指導者はアメリカの実業界や社会を視察し、若者はハワイ大学東西センターのようなところで職業技術訓練を受けた。一〇〇〇人を超える学生が奨学金でアメリカの大学に学び、帰国後、アメリカ当局関係の上級職に就く者も多かった。

こうした政策努力にもかかわらず、沖縄人はアメリカの占領に不満を募らせていった。朝鮮戦争とベトナム戦争により本島のさらなる軍事化が進み、沖縄は中間準備地域の要となり、「休養とレクリエーション」の場所となって、駐留する米軍部隊の数が増加した。嘉手納飛行場からは東南アジアの空襲に向けてB52爆撃機が飛び立ち、基地の外では、海の向こうでどんな運命が待ち受けているかわからない米兵が、恐怖を紛らわせるために沖縄人バンドのハードロックに没入し、どんちゃん騒ぎをした。セックスワーカーの絞殺死体が発見されるようになり、米軍関係者の事故で民間人が死亡。基地は化学兵器や核兵器も保有していた。我慢の限界を超えた沖縄人は団結して、占領の終結と本土復帰を要求した。「復帰」を求めることが、日本の生活水準と同じになり、米軍基地を閉鎖させることになると考えたのだ。

こうした抗議の高まりと、アメリカからの国土の完全な返還を望む本土の人々の声を鎮めるため、日米両政府は一九七二年、沖縄の施政権を日本に返還した。まもなく沖縄の生活水準は向上し、経済は多様化して成長した。沖縄県民ひとりあたりのGDP（国内総生産）はイタリアやカナダのような国に勝るようになったが、本土の所得水準には追いつけなかった。[*25] 都道府県別の順位で、沖縄は毎年、県民ひとりあたりの平均所得が最下位、妊娠後の結婚、離婚、ひとり親家庭、飲酒運転、失業、非正規雇用、子供の貧困の割合も高い。私が出会った地元の多くの人は、こうした沖縄の突出ぶりを、時には自嘲やユーモアを交えて語ることがあったが、本土との不均衡の理由を社会学や歴史の観点から考えようとはせず、モラルの欠落が原因のように言った。

そして、返還された沖縄に、多くの住民の目に裏切りと映るかたちで基地は居座った。依然として変わらぬものもあったが、一九七二年に沖縄では多くが変わった。ミナのような沖縄人の生活に影響を与えたのは、たとえば通貨だった。復帰の年、七歳だった彼女は近所の食料品店で見たこともない硬貨を数えるのに苦労したのを覚えている。使い慣れていたのはアメリカのドルで、日本の円ではなかった。アメリカのおんぼろバスに替わって日本製の新しいバスが走り、返還から六年後には車が右側通行から左側通行になった。衝突による交通事故を防ごうと、沖縄県は、左側通行の周知のための「730（ナナサンマル）キャンペーン〔名称は変更施行日の七月三〇日に由来〕」なるものを展開した。狭い通りを進むときは、右側通行の国から来た私も「左側、左側」と頭のなかでつぶやくのが常だった。

「誰もがカルチャーショックを受けたでしょうね」と、私は友人で歴史学者のリリーに言ったことがある。

「違う国になったのよ」と彼女は応じた。

　歴史において、島民は琉球人だったし、沖縄人だったし、日本人だったし、そしていくぶんかはアメリカ人だった。近年、みずからを「ウチナーンチュ（地元の言葉で「沖縄の人」）」と称し、沖縄人であることの誇りを取り戻す動きが広がってきた。それと同時に、人々は沖縄を混合、融合の意味をこめて「チャンプルー」文化とみなす。チャンプルーは、ゴーヤ（ニガウリ）や豆腐、卵、スパムといった食材を炒め合わせた郷土料理だ。チャンプルーという表現は、日本本土の考え方よりも、アメリカの多様性のメタファーである「人種のるつぼ」や「人種のサラダボウル」に近い。長らく日本には、純粋ゆえに優れているという社会通念がある。国民の均質性は事実というより幻想に近いのだが[*26]。米軍の駐留に対して広く抗議が行なわれているときでも、沖縄でチャンプルーという概念は誇り高く称えられる。

ある晩のこと、ケイトというアメリカ人の友人が私に言った。「裏返しの靴下みたいな場所へ案内してあげるわ」。そして、嘉手納飛行場の外にあるうらぶれた歓楽街を抜けてコザゲート通り(ゲート2通り)へと連れていってくれた。基地の南東側の縁から延びるこの道路の通称は、通りの起点となる基地の出入り口の名にちなむ。ゲート2は、ここに駐留する空軍兵を毎日この門から吐き出すために使われる。この周辺はコザという名で知られるが、言い伝えによると、コザという地名はアメリカ人に由来する[*27]。戦後、収容所のひとつが設置された一地区「くじゃあ」が訛って、あるいは街の中心にあった交差点、胡屋十字路の「ごや」が訛って、占領軍に発音されるうちにその地名が定着し、一九五六年に正式名称になったというのだ。コザは外国人の言葉を書きとめたアルファベットをカタカナ表記にした、日本で唯一の市だった。沖縄の日本復帰の二年後に近くの村と合併し、コザは沖縄市となった。この新しい名前はコザのイメージを一新し、暴力が吹き荒れた無法地帯の過去を遠いものにしたと言う者もいる。

ベトナム戦争中、この地域は兵士が「休養とレクリエーション」のために立ち寄る悪名高き歓楽街だった。ある沖縄人ミュージシャンが回想するように、コザは殺人や婦女暴行、強盗が「日常茶飯に起こる」場所だったが、「それがニュースで取り上げられることはなかった」。当時、売春は合法で、給料日ともなると売春宿からはぞろぞろと列を作って客が出てきた。アメリカの人種政策を反映して、基地の町は非公式だが厳格に人種ごとに分離されていた。白人はセンター通り（コザゲート通り近くの商店や飲食店が立ち並ぶ中央パークアヴェニュー）で遊び、黒人は照屋と呼ばれる近くの歓楽街を行きつけにした。基地の司令官は事業者に対し、客を人種で差別することを禁じた――もし差別すれば、軍の公認は取り消された。それにもかかわらず、治安維持という名のもとに、軍はこうした人種の棲み分けを容認した。ふたつの地域から出てきた兵士が混ざり合うと、人種の対立から深刻な暴行事件が勃発することがあった。白人と黒人が集団で抗争し、死者も出た。[*28]

歳月を経てコザゲート通りはおとなしくなった。店舗の外装が過去の残滓のようにいまやはげ落ち、荒れ果てているものもある。ケイトと連れ立って通りを眺めると、ヒップホップファッションやアジアンテイストの土産物、アジア系の女性たち（「ガールズ、ガールズ、ガールズ」）が売り出されていた。胸の大きな女性たちのシルエットを正面入り口に掲げた〈4PLAY〉という名の窓のない店を私たちは通りすぎた。〈ジェントルマンズクラブ・アマゾネス〉という店の外壁には巨大な赤い唇がペンキで描かれている。沖縄の基地のゲートの外側にあるこうした界隈を歩くとき、私はよくメキシコ系アメリカ人のグロリア・アンサルドゥーアの本の一節を思い出す。この作家はアメリカとメキシコの国境線を開いた傷口と呼ぶ。「そこは第三世界が第一世界と摩擦を起こし、血を流す場所」。[*29] 沖縄もそれとよく似ていた。基地のフェンス沿いの、とくに基地のゲートで内と外に分けられた場所で、沖縄はアメリカときしきし摩擦を起こし、赤むけになった場所がひりひりと口を開く。

ケイトと私はこの通りから南へ折れた。横町にある建物へ入るとき、ケイトが言った。「ここはアメリカのなかの沖縄、いや沖縄のなかのアメリカかしら。どっちでも同じことでしょうけど」

入り口の看板には「REVERSE（逆さま）」と書いてある。ドアを押して中へ入ると、ライトを浴びた明るいステージには一九五〇年代のアメリカの衣装をまとったバンドが勢ぞろいしていた。地元か本土の日本人だ。女性シンガーたちはプードルスカートにビーハイブヘア。低音でささやくように歌う男性シンガーは銀色のスーツにエルヴィス・プレスリーの髪型をしている。まるでデヴィッド・リンチの映画のなかに迷いこんだような気がした。『恋はあせらず』の歌が始まると、一〇人あまりの地元の中年女性がダンスをしようとステージの前につめかけた。女性たちに囲まれた白人男性はひとりご満悦のようだ。バーコーナーには白髪交じりの年配のアメリカ人がちらほらいた。

そのひとりを指してケイトは言った。「どうやら彼はベトナム戦争以来ずっとここにいるようなの」。バーでカクテルをすすりながら、私たちはダンスフロアを眺めた。バンドがいきなり『ラ・バンバ』を演奏すると、フロアはすし詰めになった。今から五〇年以上前、リッチー・ヴァレンスによるこの曲がヒットした時代、この島はアメリカの占領下にあった。どの歴史の本をひもといても、一九五〇〜六〇年代の沖縄は貧困と人種差別と性暴力、土地の接収と抗議の時代。アメリカ統治下の生活は沖縄人にとって困難なものだった。ところが、ここ〈ライブ&バー リヴァース〉で、ビーチボーイズの『サーフィンUSA』にノリノリになっているバーの常連客たちは、これとは違う当時への郷愁ともいえる記憶を覗かせた。それがケイトの言う裏返しになった靴下で、ここで物語は奇妙に反転する。

島をめぐりながら私はアメリカ賛歌に気がついた。その多くは占領時代を称えるものだ。「オール・アメリカンフード」を謳うファストフードレストラン〈A&W〉はどこにでもあった。一九六〇年代に沖縄に進出し、店舗数を増やして、本場アメリカでは下火になったいまでも人気を保っている。本島中部の海兵隊基地キャンプ・ハンセンのフェンスの外側にある飲み屋街には、ペンキでアメリカ製クラシックカーの描かれたベンチが置いてある。〈アメリカンビレッジ〉には、自由の女神像を戴く店や黄ばんだ『LIFE』誌のバックナンバーを売る店もある。国道58号線沿いの〈ミセス・マーコの手作りパイの店　アメリ感★アメリ館〉は、アメリカ愛にあふれる中年の沖縄人夫婦が経営するレストランで、ステーキにミックスベジタブルの付け合わせやパイといった料理を出し、一九五〇年代のアメリカの主婦をロゴに使う。新しくできた高級モールは、GI（米陸軍兵）がゴルフに興じ、シボレーを運転する白黒写真で壁面を飾る。浦添市のかつて米軍住宅のあった界隈は、シックなカフェや雑貨店が建ち並ぶ観光地「港川外人住宅街（港川スティツサイドタウン）」としてリノベーションされていた。通りの名前はアメリカの州にちなみ、錆びたフォルクスワーゲンのバスやコカ・コーラの赤いベンチがそこここに置かれ、レトロな雰囲気を醸し出している。

占領時代へのこの一風変わったノスタルジアについて、人類学者の吉川秀樹に私は訊ねた。なぜ地元の人々は、昔、自分たちの土地を奪取したアメリカを懐かしんでいるのだろうか。「沖縄にとってアメリカは謎めいた存在なのだ」と吉川は説明した。沖縄人が初めてアメリカ人とともに生きた一九五〇～六〇年代は、クラシックカーやハリウッド映画、ジャズ、コカ・コーラ、ハンバーガーの時代として集合的記憶に刻まれた。この時代を多くの人はアメリカの黄金時代として覚えている。当時のアメリカの国際的なイメージは利他的な若い大国。沖縄では、アメリカの圧政の記憶は「民主主義と自由の擁護者」アメリカの概念と共存するものだった。「一種の皮肉だ」と吉川は言う。彼は辺野古・大浦湾の埋め立てと新基地建設の中止を求める市民ネットワークのメンバーでもあり、アメリカ国防総省に対し、環境への多大なる影響と法令や条約への遵守を問題にして裁判を起こしてもいた。その一環でアメリカの古い公文書を調査したところ、そのなかで「当局が民主主義思想や自由思想などアメリカ的な価値観について言及している」ことを発見した。「こうした原理に基づいて［アメリカ人は］いつも戦っているのだ――まさに私と同じスタンスで」と語り、彼は苦笑した。

イヴがアメリカ人とデートするようになったのは一九歳、沖縄キリスト教学院大学で英語を勉強していたときのことだ。あの頃は友達と一緒にクラブや公園、ビーチに出かけて、米兵と英会話の練習をするのが好きだった。彼らは地元の青年より魅力的に思えた――風貌も、物腰も、着こなしも、英語の話し方も、レディファーストの習慣も。アメリカ人男性は心が広い。ハリウッド映画の登場人物みたいに。イヴにとって彼らは映画スターだった。非の打ちどころがなくロマンチックでぞくぞくさせた。

つらい目に遭って彼女は真実を、「等身大」のアメリカ人を知った。二〇代の初めにアメリカ人のボーイフレンド、黒人の海兵隊員の子を身ごもった。彼は産んでくれと言ったが、彼女は中絶した。ふたりが付き合っていることを両親に気づかれたくなかったから。それに、若すぎる——相手はまだ一九歳だった。その後も二年付き合って、彼はノースカロライナ州の基地へ異動した。それから二年ほど遠距離恋愛を続け、彼女は彼に会いに行った。初めて見るアメリカはまあまあいい感じに思えた。でも、軍事基地はだだっ広くて退屈だった。そうして、なんと彼にガールフレンドがいることが発覚した。彼女は打ちのめされ、ふたりは別れた。それが一番長く続いた関係だった。それ以来なかなか男性を信頼できなくなった。「なぜ嘘をつくのだろう?」と彼女は思った。「きっと私がもっと強くならなくちゃいけないんだ」

こんな経験をしても、彼女は米兵を追いかけるのをやめなかった。思いはひとつ。米兵と結婚すること。三〇歳を目前にして心穏やかではない。家族からのプレッシャーもなんのその。最初、両親は彼女の黒人好みに肝を潰したが、今ではもう気にしない。「結婚したい人ができたら教えてね」と両親は言う。ひと足先にもうすぐ弟が結婚する。「付き合ってる人はいるの?」としつこく訊いてくる。誰よりも弟が彼女に結婚してもらいたがっていた。自衛隊員の弟は時々米軍相手に仕事をするので、彼女が米兵と結婚しても気にしない。

沖縄にはイヴのような女性を指す言葉がある。「アメジョ」、アメリカ人を好む女性のことだ。この言葉はさらに細分化される。「コクジョ」は黒人を好み、「ハクジョ」は白人を好み、「スパジョ」はラテン系を好む。こうした表現は軽蔑的な含みを持つ。語尾の「ジョ」は「アメリカの女」のように「女」の意味だと思われることがあるが、沖縄語の「ジョウグゥ（上戸）」から来ているとされる。「ジョウグゥ」は好みや生理的嗜好を意味する。この言葉は「通常、食べ物の好みを指す」と大学教授の新垣誠は指摘する。「人間を指してこの言葉を使うと、強い性的な意味合いを帯びる。したがって『アメジョ』は文字どおり、アメリカ人男性に性欲をそそられる女性の意味になる」[30]。「米兵を喰らうセックスマシン」と、二二歳のある地元の女性はアメジョを表現した[31]。

私は、誰かが自分のことをこうした言葉で表現するのをほとんど聞いたことがなかった。アメジョはクラブにいたあの娘（こ）――自分に似ているようで、どこか品がなく、どこかしらまがい物で、なんとなく垢抜けしない。アメジョはライバル、下品な雌犬（ビッチ）。アメジョは性的暴行の犠牲者の対極にあるもの。米兵の危険を知りながらみずから進んで付き合う女。だから、行く手にいかなる暗雲が漂うとも我が道を求める女。アメジョは世間の同情を買うことはない。アメジョは沈黙を強いられる。

ある人にとってはアメジョでも、別の人にはアメジョではない。みんな自分だけの定義を持っていた――説明するのは難しいが、レッテルを貼るのは簡単だ。

「ある種の女の子を見かけたら、すぐわかる」、レイコという名の二一歳の大学生は私に言った。

「ああ、あの子はアメジョねってみんな言うわ」

「着ているものでわかるの？」と私は訊ねた。

レイコは声を上げて笑った。なんと説明すればいいのかわからなかったのだ。そこで友達と三人であれこれ分析した末にこう言った。ひと目でアメジョとわかるのは、その女性の（強い）パーソナリティ、（大きい）声、（太い）眉、（パーマをかけた）髪の感じ。みんな自分たちがかつてアメジョだったと言って笑った。体のラインがわかる服にハイヒールをはいて、週末には基地周辺のバーへ出かけていたからだ。未成年なのに。そして海兵隊員からただ酒をせしめ、荒れた行動で両親に心配をかけた。だが、それから彼女たちは、ひとりの言葉を借りるなら「アメジョを卒業した」。勉学に身を入れ、特定の彼氏を作り、もっと地味な服装をして、クラブやバーへ行かなくなった。それでもほかの人たちは違った見方をする。彼女たちのボーイフレンドはアメリカ人だ。レイコの言葉どおり、「違う見方の人からすれば、私たちはアメジョだ」

米兵とデートする、ある沖縄の若い女性ふたりは、口紅や眉墨の加減でアメジョのレッテルが貼られると語った。「化粧をすれば、アメジョになるね」とひとりがもう一方に話しかけた。「トゥー・マッチ・メイクアップ」ともう一方がそれを受けた。「あたし、アイブロウがバッチリ決まるのよ」。化粧をして、鼻ピアスにボディラインの出るドレスを着れば、家族も友人も職場の同僚も彼女のことをアメジョと呼んだ。「もう慣れたわ。別にいいんだ。みんなにアメジョと呼ばれても」

イヴやレイコの母校、沖縄キリスト教学院大学で教える砂川真紀からすれば、アメジョとは、もっと大きな政治的・歴史的状況を理解せず、米兵と付き合っている女性のことだ。「米軍の男性と付き合う女性や結婚する女性のなかには、基地に反対し、彼氏や夫に基地勤務を辞めて、転職してもらいたいと思っている人もいる。こうした女性たちを私はアメジョとは呼ばない」。

そうではない女性たちは「自分たちの歴史を知らない。ただアメリカ文化のいいところばかり見ている。映画とか音楽とか」。いわゆるアメジョはハリウッド映画をよく観るという。「美しい女優と共演するクールな男を見ている」。スクリーンのなかの俳優を島にいる米兵と結びつけているのだ。

アメリカ人と沖縄人を両親に持つマークという名の地元の個人事業主は、彼女たちを好意的に見ている。「日本で悪く言われるのは誰だと思います?」と彼は言った。アメジョだ。「けど、アメジョってとんでもなくカッコイイですよ。自分のほしいものを知っている。まわりにどう思われても意に介さない。……アメジョをばかにするおおかたの女性は、根っこに妬みがあるんじゃないかな。なりたい自分になれないから」。彼は続けた。日本では「その立場にとどまっていなくちゃいけない。よき日本人女性でいなきゃいけない。アメジョはものすごく大胆で、最高だよ」

アメジョは日本人女性のステレオタイプの解毒剤だ。世界中で知られている日本人女性のステレオタイプは、控えめで白い顔をしたまるでお人形のような、芸者だ。アメジョは口に手を当ててそっと笑ったりしないし、何を言われても静かにほほえんで頷いたりしない。かといって、真っ赤な唇で、体を鍛え抜いたドラゴン・レディや忍者とも違う。アメジョはアメリカのスラングを操り、酔っぱらってサルサを踊り、家に帰って海兵隊員とセックスをする。アメジョは思ったことを口にして、やりたいことをやるか、少なくとも実践しようとする。アメリカ人のそばにいて、彼らの個人主義的で、為せば成るの精神が自分にも乗り移ってほしいと思っている。マークの言うように、これは日本では一大事。この国では、従順と集団主義が幅を利かせ、いまだに女性は家事をきわめ、謙虚にふるまい、ほかの人の世話をするよう期待されている。GDP世界第三位でありながら、男女平等に関しては世界で一一四位〔二〇二〇年のジェンダー・ギャップ指数は一二一位〕。[*32] アメリカ人男性とデートすることは日本伝統の性的役割を逸脱する可能性があり、一部の女性たちにとってその逸脱のもっとも過激なかたち、きわめて反体制的な行動が、付き合う相手に黒人を選ぶことなのだ。

日本には西洋と日本双方の人種の色眼鏡を通して、アフリカ系アメリカ人を見る歴史があった。[*33] 何世紀もの間、日本で白さは純粋さや美しさ、上流階級を表わすものとして、称えられてきた。「色黒の」（「文明化の遅れた」）近隣アジア諸国に比べて、日本人は自分たちのことを色白とみなすようになったと一般に思われている。人種に関する西洋思想は、最初の接触で移入された。一六世紀にヨーロッパの白人が黒人の従者を連れて日本を訪問した。一八五四年にはマシュー・ペリー東インド艦隊司令官が日本の「開国」を祝って、「エチオピアン・コンサート」を開き、日本側をもてなした。例によって、部下の白人水夫がメーキャップで黒人に扮した。二〇世紀になると『ちびくろさんぼ』の絵本や人形が人気となったが、一九八六年にアメリカの「知識水準」が日本より低いのはアメリカに相当数の「黒人とかプエルトリコとかメキシカンとか」がいるからだと、当時の首相・中曽根康弘が発言したことで、[*34] 日本が国際社会の注目を浴び、同じ頃に市民団体の抗議を受けて、ちびくろさんぼ関連の商品は店頭から撤収された。しかし、黒人に扮する芸は日本のメディアで続いた。一九八〇年代に日本のテレビやコマーシャルの仕事をしたあるアメリカ人は、アメリカ人役のエキストラはいつも白人だったが、犯罪がらみの配役は違って、黒人俳優が抜擢されたと回想する。日本に住む一部のアフリカ系アメリカ人は、白人のアメリカ人に輪をかけたガイジン、「超よそ者」と思われていると語った。これまでに「さんぼ、サル、怪物、くろんぼ（nigger）」といった侮辱の言葉を浴びせられたという。[*35]

もっとも体験は人によりまちまちで、日本人の黒さに対する概念も固定的ではない。多くのアフリカ系アメリカ人はアメリカよりも日本で暮らすほうがいいと言う。アメリカほど差別されることが少なく、「超よそ者」ではなく普通のガイジンとして扱われるからだ。[*36]日本人は人種差別をすると聞かされていたアフリカ系アメリカ人留学生のアイナ・ハンターは、日本に来て温かい歓迎を受けた。「東京で丸一年暮らしたが、アフリカ人やアフリカ系アメリカ人の名誉を傷つけるような表現に出会ったことは一度もなかった」と彼女は書いている。[*37]そのうえ、日本の学生と親密な関係が築けて、白人よりも得をしているように感じた。「やがてわかったのは、私が白人ではないから近づきやすいと思う学生がいることだ。彼らは私のことをアメリカの権力構造のなかで疎外されている人間とみなし、こうした権力構造への不快感をあからさまに口にした」[*38]

ところが、性的魅力の世界では、根強い歴史的偏見がフェティシズムのかたちで現われることがある。一九八〇年代、作家の山田詠美は、黒人への愛を表明する日本人女性は白人と付き合う女性より慣習に反逆的だという思想を巧みに使って、黒人男性崇拝の赤裸々な物語を出版した。山田の描く世界では、東京の女性たちが、暴力的で性欲過剰なアフリカ系アメリカ人の兵士と付き合う。薄っぺらな男たちを女性登場人物たちは貪る。まるで戦後の占領軍が日本の子供たちに投げ与えたハーシーのチョコレートバーのように。「ディック自身が存在感を持って私の目に映る」と『ベッドタイムアイズ』の語り手は言う。「私は好物のスウィートなチョコレートバーと錯覚し、口の中が濡れて来るのを抑える事が出来ない」。彼女は愛人を「滑稽なくらいに粋(クール)だった」と描写し、飽きることなく彼の黒さ（「最も不幸で一番美しい色」）を見ている。そして、自分自身のよさのあかしとして彼を使う（「汚ない物に私が犯される事によって私自身が澄んだ物だと気づかされるような、そんな匂い。彼の匂いは私に優越感を抱かせる」）。殴られても、彼女は彼にのめりこむ――首を絞められ、歯を折られ、壁に投げつけられ、髪の毛をつかんで割れたガラスの上を引きずりまわされても。物語の最終場面で、彼女は権力者となる――ずっと彼をセックスするモノとして扱ってきた人間の優越感。全裸の男たちの「沢山の尻」がずらりと並ぶそのなかにいる彼を想像する。「そしてフィリピンの娼婦たちを選び取る儀式のように、その尻にシャンペンをかけて私の許に呼び寄せる」[*39]

この作品は栄誉ある賞［文藝賞］を受賞し、国内でベストセラーになった。その快挙は男性登場人物の人種によるものだと、文化人類学者のジョン・G・ラッセルは考える。「もし『ベッドタイムアイズ』が白人GIと日本人女性の関係を描いたものだったら、おそらく注目されることはなく、日本のマスメディアや文学者からこれほどまでにセンセーショナルな扱いを受けることもなかっただろう」[*40]

沖縄でも私は、男性を小道具のように扱う女性たちを見た。アジアのエロチックな世界で奔放に繰り広げられるアメリカ軍人の典型的な物語——芸者と睦まじい仲になり、売春地区で売春婦相手にセックスに精を出し、『蝶々夫人』のような現地妻を持つ——とは異なり、この女性たちは自分がモノ扱いされるように相手をモノ扱いする。「メキシコ人はどう?」と、パーティで女性が、まるでツナサンドはいかがとでも言うように、イヴに訊ねるのを聞いたことがある（イヴは鼻をしかめて応じた）。ある女性はアメリカのテレビドラマ『デスパレートな妻たち』を観て、白人の話し方を勉強していると言った（彼女の発見によると、黒人ならぜったい使わない「オーサム」とか「フリーキン（すごい）」という言葉を白人は使う）。なんと色見本を眺めるように、白人男性の瞳の色について議論する女性たちもいた（そんな選択基準があるとは!）。「自分が恋した人がたまたまアフリカ系アメリカ人だった、というのではない」と新垣誠は指摘する。いわゆるアメジョは「黒人か白人かメキシコ系か、そのどれかを専門にする。『私はチワワがいいわ』と言っているようなものだ」

いたるところでこうした浅薄さを目の当たりにした。初めて沖縄に長期滞在したとき、私は二〇歳だった。まるでアメリカ人男性と地元の女性が、ハリウッド映画のようなステレオタイプと嘘という人を酔わせる霧を通して、お互いを見ているような気がした。その夏は同じ年頃の米兵たちと、蒸し暑い夜を毎晩のようにサルサクラブで過ごした。アメリカ人の知り合いがラテン系海兵隊員を集めて、私は彼らと行動をともにした。偽りの霧を通して幻想に溺れることがいかに容易か、私は知った。ビール臭い息で、彼らは私に声をかけてきた。「こんにちは。

かわいいね」。この日本語の単語を呪文のように練習する姿を想像した。時には英語で答えず、私のことを勝手にアメジョと思いこませ、このカリカチュアの世界で本当の自分を守っているような気になった。それでいて、マッチョで穏やかな兵士のイメージに口説かれるままになった。戦闘や銃の話をして男たちが虚勢を張っても、眉唾だなんて思わなかった。独身だという言葉を本気にした。私の育った環境では男子は大学へ進学し、高卒で海兵隊に入隊しない。米軍の文化は沖縄の文化と同じくらい、私にとってはエキゾチックに思えた。サルサクラブで、その夏一番流行した曲に合わせてみんなで歌った。ドミニカ系アメリカ人男性四人のグループ、アヴェントゥラの『オブセッション』。この場面にぴったりの歌詞だ。「ノー、ノー」とスペイン語でリフレインを女性が歌う。「それは愛ではない。あなたが感じていること、それを妄想と呼ぶ——心のなかの錯覚」

だが、島にもっと長く滞在するうちに、私は異文化の男女関係すべてが錯覚の上に築かれているわけではないことを知った。多くのいわゆるアメジョが使うアメリカのスラングは、ラップやハリウッド映画で覚えたのではなく、愛する人から教えてもらったものだ。彼女たちの改造された見た目——日焼けした肌、つけ爪、カラーコンタクトレンズ——がコスチュームのようなものだとすれば、彼女たちは毎日コスチュームを身につけているのだ。その目的は模倣や物まね、文化の盗用というよりは、半ば自覚的に、もっと開放的で正しいと感じるコミュニティに入りこむことであるように思えた。

アイナ・ハンターは、アメリカの人種ヒエラルキーへの嫌悪からかえって日本人は黒人に親しみを抱くようだと綴っていたが、だとすれば、日本本土よりもさまざまに異なる人種から構成される沖縄社会で、この力学はより顕著に働くはずだ。黒い肌に厚い唇、腰みのをつけた「さんぼ」そっくりの人形の胸に「オキナワ」と書かれていてもおかしくない。[*41] 国内ではマイノリティに属し、不当な過去がもたらした偏見や社会経済的不平等と闘う沖縄が、何十年もそばで生きてきたアフリカ系アメリカ人の兵士と自分を同一視するのは理にかなっている。ベトナム戦争中、島に大挙して押し寄せたアメリカの軍隊はアメリカの人種政策をめぐる騒動ももたらした。この時期、アフリカ系アメリカ人の兵士と沖縄人は時に連帯した。一九七〇年、米兵が起こした交通事故が発端となったコザ暴動のさなか、数多くの沖縄人が米兵を殴り、車に火をつけたが、群衆は黒人を標的にしなかった。米軍の駐留に団結して抗議する沖縄人と、徴兵されて差別待遇を受けるアフリカ系アメリカ人兵士の間には、以心伝心の絆があった。「われわれは暴動を支持する」、翌日、黒豹党（ブラック・パンサー）［アメリカで黒人解放運動を推進した政治組織］と関係する嘉手納基地の空軍兵たちは声明を出した。[*42]

コザではもう人種隔離政策は行なわれていないが、それでも兵士たちは同じ人種同士で付き合おうとする。ラテン系はサルサクラブへ、黒人はヒップホップクラブへ、白人は〈ナッシュヴィル〉のような場所へ遊びに行く。アメリカ人の行きつけのバーのどこへ行っても、人種や生い立ちもさまざまな人間であふれているなら、スパジョ、コクジョ、ハクジョといった言葉は生まれなかったかもしれない。どのバーへ出向くか決めるとき、女性たちは人種を選択せざるを得ない。彼女たちはそのどれかへ出かけ、そこにいる相手なら誰とでも会う気でいた。沖縄の一部の女性がデート相手の人種で自分のアイデンティティを構築する手法は、アメリカで人種が人々を序列化し、分ける手法の同一線上にある。

ある日の午後、イヴの母校、沖縄キリスト教学院大学を私は訪れた。車で向かったキャンパスは小さな谷を見下ろす丘の上にあり、近づくと城のように見えた。校舎の建築が一風変わっていて、アーチや塔のある、灰色のコンクリート打ちっぱなしだった。大学は戦後、仲里朝章を中心とする沖縄キリスト教団によって創設された。戦前、教師をしていた仲里は、皇民化教育のもと教え子たちを死に追いやったことを後悔した。彼の信仰するキリスト教は以前から伝来していたが、占領時代に米兵や宣教師によって、あらためて島にもたらされた。この時代、沖縄人は戦中のトラウマから心の慰めを求めており、[43] 本土に比べてクリスチャンの割合が高かった。[44]

仲里は平和教育をこの新しい学校の理念とした。それから数十年経った現在も大学は平和の使命を担い、脱軍事主義の研究や基地反対の運動を行なう教職員が多い。それとは裏腹に、英語を勉強する女子学生の数が多いため、入学するとアメジョになる者が少なくないとの評判もある。当初、教師に西洋人の宣教師がいたことから、英語教育は学校の強みだ。もともと短大から出発したので、歴史的にも女子の進学先として人気を集めてきた。英語か観光学を勉強している女子学生の少なくとも半数がアメリカ人とデートしていると、ある教員は目算する。こうした状況が基地に反対する教員と学生の間に緊張を生み、時にはそれが意地の悪いジョークとなって表面化する。「あそこはアメジョのコーナーだね」、灰皿のあるベンチを指差して、教授が同僚に向かって冗談を言う。学内の駐車場にYナンバーのアメ車が多いことにも教授たちは軽口をたたく——あれはガールフレンドのお迎えに来た米兵の車か、ボーイフレンドから借りた車だ。キャンパスのカフェにやってきたインターナショナルなカップルが、言葉の壁にはばまれて注文するにもコミュニケーションがとれないという笑い話もある。

私は英語コミュニケーション学科教授の新垣誠にカフェコーナーで会った。カフェとはいっても、ロビーの一角に長机が少し置かれているだけだ。あたりにアメリカ人男性はいなかった。授業の間の休み時間で学生が流れるように移動している。自動販売機がうなりをあげて、カプチーノが出てきた。新垣は当時五〇代前半だったが、若やかな雰囲気がある。優しい目をして、冗談を飛ばし、気さくな物腰だ。彼はアメジョに関する論文を書いた。「おもに学生たちとの、ここでの日常生活についてです」

彼によると、多くの学生は「アメリカン・ワナビーズ（アメリカ人になりたい人）」としてこの学校に入ってくる。アメリカ英語をネイティブのように話せるようになることが目標で、彼のような教職員が考える、英語を国際共通語として使うためではない。この言語を学生たちが学びたい理由は近視眼的だった——基地内の仕事に就いて、アメリカ人と出会いたい。これに対して、彼をはじめ教職員は、英語学習に関して沖縄や日本全土に広がる「ポストコロニアル」的な「英語およびアメリカ崇拝」的態度からの脱却を図ろうとしている。

ところが、アメリカの誘惑になかなか揺さぶりをかけることができない。学内の駐車場でY

ナンバーの車と並んで、星条旗のステッカーや「Support Our Troops［アメリカで一般的な兵士支援のスローガン］」と書かれた黄色いリボンをつけた日本車を、新垣は見かける。フェイスブックを覗くと、学生たちが米軍製作の動画や記事を情報共有している——人助けをする海兵隊員の心温まる物語、憎悪に燃える暴力的人物として描かれた基地反対派。「GIと一緒に出かけたり、スマートフォンでGIとおしゃべりしたりすることで、自分が特別な人間にでもなったつもりでいる」と彼は言った。そして女子学生の真似をした。「『ハーイ、ハニー。ハウ・アー・ユー・ドゥーイング・トゥデイ』。するとみんなが『わあーすごーい！　超カッコイイ！』なんて騒ぐ。ここにはそんな雰囲気があるんです」

それを彼自身の歩んだ道程で語ることもできた。新垣が沖縄で生まれたのは一九六六年、本土復帰の六年前だ。「私が育ったこの場所では、車でどこへ行こうとフェンスが見えた」。米軍基地という重い存在——「まるで植民地のような状態」——が彼という人間を形成した。「政治のことはわからなかったが、沖縄、本土、アメリカの関係に序列があることは薄々わかっていたと思う」。序列のなかで、一番上にアメリカがあり、次に本土、一番下に沖縄があった。その序列が彼の趣味嗜好を決定づけた。「若い頃は邦楽なんて聴かなかった。……ただもうアメリカやイギリスの曲が聴きたかった。……高校時代はほとんど勉強しないで、ロックバンドにハマっていた。一九八〇年代のアメリカンロックの真似をしてね」。彼のバンドは時々、コザで演奏した——ヴァン・ヘイレンやザ・ローリング・ストーンズをカバーして。「あんまりうまくはなかったけど」、当時を思い出して、彼は笑った。よく米兵にビール瓶を投げつけられたものだ。「でも、いい奴もいて友達になった――海兵隊員だ。スネークと呼んでいる。今でも友達さ。本名は知らない。よく酔っぱらって、バーの階段で寝ていたよ。今思うと楽しかったな。クレイジーな時代だった」

そういえば新垣の同僚の砂川真紀が、沖縄キリスト教学院大学の学生には男性版アメジョもいると語っていた。「デートをしたいとかじゃなくて、彼らは海兵隊のような服やヒップホップスタイル」を好むという。「筋トレをして体を大きく見せようとするし、海兵隊員が聴くのと同じ音楽を聴いている」。基地のある街のバーや映画館、英会話教室へ行って、アメリカ人と友達になる。これはアイデンティティの問題だと砂川は考えていた。「今の自分が好きになれない。沖縄出身であることが好きではない。アメリカ人のようになりたいのよ。女の子にとってカッコイイ存在だから」

かつて新垣は砂川の言う男性版アメジョのひとりだったようだ。「この島から飛び出したかった」当時の気持ちを彼は語ってくれた。「この島がものすごく嫌いだった。この島の何もかもが。僕が聴いていたような音楽に比べると、あまりにぎこちなくて古くさく思えた」。大学受験に失敗したあと、アメリカのコミュニティ・カレッジに入ろうと決心した。「フェンスの向こう側へ行きたかった。そんな精神状態だった」。結局、カリフォルニアで一〇年近く過ごし、学士号と修士号を取得した。「アメリカ研究をするアジア人学生だったから、もちろん人種差別も経験した。だから、修士を修了した頃には、かつてのようなアメリカンドリームも「アメリカに対する」幻想も持っていなかった」

彼は沖縄へ戻ったが、アメリカとの格闘は終わらなかった。新しい沖縄のガールフレンドが以前、米兵と付き合っていたことを知った。「すると奇妙な感情が湧き起こった。きっと、高校時代の体験を思い出したんだろう。コザの野外ロックフェスティバルに行くと必ず、五、六人のGIが僕たち、地元の少年をいたぶったんだ」。アメリカ人たちは新垣たちを取り囲んで殴った。「いつもこっぴどくいじめられた」と、彼は当時を振り返る。ガールフレンドが米兵とデートしていたと知って、この仇敵に対する嫉妬の感情が火を噴いた。彼女がきっかけで自分の祖母のことも思い出した。大人になってから知ったのだが、祖母は戦後、収容所で米兵たちに何度も強姦されて妊娠し、中絶した。「それを知ったときも、僕のなかの何かが変わった。アメリカ文化に憧れて大きくなった少年としての体験と、すべてが混ざり合っている」

彼自身もアメリカの追っかけだったのに、元ガールフレンドのことを非難するのは言行不一致のような気がしないかと、私は彼に訊ねた。しばらく考えてから、彼は深く息を吸いこんだ。「僕が彼女に批判的なのは、おそらく平和運動に関わったり、祖母のことを考えたりする自分がいるからだろう」。そのガールフレンドはとても「忘れっぽいのか、歴史や政治問題に対する意識がなかった」。彼は彼女に対する感情をまだつかみきれていないようだった。言葉が見つからず、しばらく間があったが、それからきまり悪そうに明るく笑った。彼女とデートすると「なんとも言えない気持ちになったんだよね……」

沖縄では、女が一度アメリカ人と付き合ったら、地元の男のところには「戻って」こないと多くの人が言う。異性の好みが変わるから（「アメリカの男はニコチンのようだ。一度味わったら（略）やみつきになってしまう」と二一歳の地元の女性は語っている）、[45] あるいは女の評判が落ちるから。沖縄キリスト教学院大学のある学生が新垣に、アメリカ人と付き合ったあと、日本人の彼氏を見つけたが、彼が「私のことをまるで『あばずれ』みたいに扱ったんです」と打ち明けた。「私がナイトクラブに行くところだと言うと、『そうかよ、雌犬（ビッチ）。男たちと遊びたいんだな』といつも彼は言うんです。私に以前、アメリカ人のボーイフレンドがいたことを彼もひどく悩んでいました。彼の両親や親戚まで口をはさんできて、私を野蛮なアマゾン族だと言わんばかり。まるで堕落した汚い人間みたいに扱われて。（略）だから、一部の女子は日本人の男性からクリプトナイト［スーパーマンを無力化する架空の物質］みたいに扱われるんです[46]」

当然のことながら、地元の男性と占領軍の男性の間には昔から対立がある。このふたつの集団はお互いを競争相手とみなし、女性は国家の象徴となる。地元の女性とセックスできると誇示する者が、その土地の政治の支配権を主張する。『兵士とセックス——第二次世界大戦下のフランスで米兵は何をしたのか？』（佐藤文香監訳、明石書店）のなかで歴史学者のメアリー・ルイーズ・ロバーツは、第二次世界大戦末期のフランスにおける米軍の存在と関連づけて、この問題を分析している。第一次世界大戦が始まると、各イデオロギーの陣営から「『敵』とは戦利品として女性の身体を略奪する者」という戦争プロパガンダがなされた。「こうして戦利品としてのセックスが二〇世紀の産業化された戦争に組み込まれたのだ」。そこでは「地理的領土の指揮権は、つねに性的領土の指揮権の前兆になっていた」。ロバーツによると、一九四四年のフランスで、フランスの男性は自分たちが敗北し、世界における立場が弱まっていることを否が応でも認めなければならなかった。その一方で解放者アメリカは自分たちを「大国」とみなすようになった。この新しい役割が、フランス人女性と米兵との親密な関係によって象徴され、世の中の知るところとなった。[*47]

同じように象徴と世に知らしめる意味合いを、現代の沖縄における地元女性と米兵との関係は、はらんでいる。地元男性にとって、アメジョの存在が物語るのは、覇権を誇る外国の軍隊がいまだに自分たちの土地を占領していることであり、自分たちの男らしさが薄れてしまったことだ。「レディファースト」のアメリカ紳士という騎士道精神の神話とは対照的な存在が、ダサい地元男性だ。多くの女性はアメリカ人とデートする理由に、沖縄の男性はロマンチックな接し方ができないことを挙げる。論文で新垣はこう記す。「沖縄の男から見ると、自分たちの男らしさを脅かすこうした女は罰せられ、社会から排除されるべきなのだ。男の間でこの言葉［アメジョ］が使われるとき、その言葉は、今も続く支配への戦いと、女は本来『俺たちの』ものだという所有意識を象徴するものとなる」[*48]

こう考えると、アメジョという言葉を使うのは、ロバーツが述べる、解放されたフランスで起こったトント（丸刈り）の儀式に似ている。「ドイツ人と性的関係を持った若い女性は公の場に引き出され、服をはぎ取られ、頭髪を剃られた」。それからフランス人男性は、この女性たちに対し通りを引きまわし、処罰と社会からの排除の見世物にした。「トントは無数の目撃者や傍観者によって大量に写真に撮られている」とロバーツは書いている。こうした写真が「広まったことは、［敵国］協力者が簡単に発見され罰せられることを強く印象づけるものになった。

トントの写真は、フランス人の敵国協力の広く根深い性質を否定することに威力を持った」[*49]

アメジョのような蔑視用語は、トントほど露骨ではないにせよ「敵」とデートする女を処罰して排除する——彼女たちだけが「敵の協力者」なのだと暗示する——方法とみなせるかもしれないが、状況はもっとずっと「広く根深い」。学者の宜野座綾乃は、沖縄人女性が自分たちの歴史を知らずに基地を受け入れていると批判するのは、真犯人、つまりもっと大きな「軍事主義の政治的・経済的システム」を見過ごすことになると主張する。「いつも、軍事化のプロセスは沖縄の風景にあまりに自然なかたちでもたらされるので、多くの人々は、政治家や軍事評論家でさえも、そのプロセスにあまり注目せず、沖縄人女性ばかりを責める」[*50]。アメジョについての論文の最後で、同じようなことを新垣は述べている。アメジョのレッテルを貼られる女性たちは、「米軍基地がもたらした社会経済的・政治的権力を依然として渇望する、いわばアメジョのような親米派の男たち」によって、スケープゴートにされている[*51]。

このことについて私は新垣に訊ねた。「ちょっと皮肉な論調になっていましたね」と彼は応じた。「人々は『アメジョ、アメジョ』と言って、アメジョばかりをやり玉にあげますが、アメリカ人になりたがっている真のアメリカ好きは、政治をやっている男たちです。米軍と結託して、ここに基地を置いて、自分たちがほしいものを手に入れようとする……そういう男たちが女性たちのことをアメジョと言って批判する。僕が問題にするのは、こうした政治的状況や社会的状況を作ったのは誰かということなんです。こんなふうに子供たちを教育したのは誰ですか。政策を作っている人間ですよ」。彼は声を落とした。「米軍基地とファックしたりされたりする関係を望んでいるのは彼らのほうです」

「アメジョ」や「コクジョ」という言葉についてイヴに訊ねると、彼女は声を上げて笑った。誰も彼女をそんなふうには呼ばない。でも、おそらくそう思われている。とくに日本や沖縄の男性には。それから年配の人も。彼女は気にしなかった。

〈クラブラウンジ・サイコロ〉に行ったあの晩、一度だけイヴが自分のことを説明するのにその呼び名を使ったのを聞いた。夜も更けて、私たちはバーカウンターのスツールにどっかりと腰を下ろした。フロアの空いている一角で、日本人男性同士のカップルがお互いの体を押しつけ合うようにして踊っていた。下のダンスフロアでアメリカ人男性が女性と踊っているのを真似して。この男性たちがストレート（異性愛者）なら、彼らを相手にする女性はこのクラブにはいなかった。ここに来る女性たちはアメリカ人がお目当てだ。

「あの人たちはここの音楽が好きなのよ」。イヴはそう説明して、日本人男性に頷きかけた。今は痙攣したような動きをしている。ロボットみたいに。アメリカ人がひとり近づいてきて、彼らに加わった。友愛のしるしのように手を叩きながら。「私たちみたいなアメジョが好きじゃないのね」。イヴはその言葉を口にしながら、くすりと笑った。自分自身と女友達、クラブにいる女性全員を指しているように見えた。女性が誇りと帰属意識を持ってその言葉を発するのを聞いたのは初めてだった。

イヴは夫がほしかったが、黒人でなければだめなのだ。彼女の英語力には限界があるし、真剣に付き合おうとすれば、軍の生活が障害になる。こうした状況は軋轢を生むだろうし、さまざまな問題をはらんでいた——人種の違う相手をモノ扱いすることになったり、自分の文化的な慣習を捨てなければならなかったり、外国のものを追い求める行動がただの自己逃避でしかなかったり。私たちの前で踊っている男性たちは、もしかしたらイヴのことをアメジョとしてあっさり片づけていたのかもしれない——軽蔑すべき女、主流から逸脱した変わり者、敵の協力者、身持ちの悪い女。だが、この人たちも、それに沖縄にいるほかの多くの人々も、本人が認める以上にイヴによく似ていた。

第3章　アシュリー

アシュリーにとって、沖縄暮らしは大学生活の延長のようなものだった。こんなふうに説明してくれたのは、二〇〇九年の聖パトリックの祝日〔三月一七日。アイルランドの守護聖人の命日で、人々は緑色の物を身につける〕、普天間飛行場にある彼女の夫の所属する飛行隊がよく使うバーでのことだ。緑の蛍光色のウィッグをつけて、ビールをすすりながら、彼女は夜の街の冒険譚を語ってくれた。カウボーイ気分でロデオ・マシーンに乗り、レズビアンとダンスして、ハブ入りの泡盛をショットで飲んだ。こんなふうに時々、彼女は夫や友人と連れ立って、コザゲート通りへ「物見遊山」に行く。とても愉快だ。

アシュリーは二〇代半ば。海兵隊将校の夫について沖縄に来て一年ほどになる。彼女は基地で軍の構成員向けのワークショップの企画や教育訓練の仕事をしている。アメリカ人で白人の父とアジア人の母の間に生まれ、インターナショナルスクールへ通い、アメリカのエリート大学へ入学した。そのわずか数日後に今の夫と出会った。こんなに早く身を固める計画ではなかったが、そうなってしまった。

バーは基地のなんの変哲もない建物の中にある天井の低い小部屋で、一角にカウンターが設えてあった。天井には旗やペナントが貼られ、壁には歴代司令官の肖像写真が飾られていたが、それは顔の部分だけで、ダライ・ラマやアメリカ先住民の酋長、一九八〇年代のロックスターの体に不釣り合いに貼りつけられている。部屋の壁際では将校たちがテーブルサッカーのゲーム台や鞍馬チェアにもたれかかりながら、ビールジョッキを握っている。向こうの一角には聖パトリックの祝日のご馳走が並んでいた――コンビーフハッシュ、グリーンマッシュポテト、グリーンのジェロ・ショット［ゼリーの素とアルコールで作ったゼリー］。流れているのはアイルランドの曲。将校たちは全員白人で、凛々しい容姿を今日ばかりは道化のウィッグやフェイスペイントで飾り立てていた。妻たちのほとんどは緑色のウィッグにビーズの首飾りをつけており、こちらも白人だった。医師の女性はホルターネックのドレスに、きらきら光る緑のシルクハットをかぶっていたが、酔っぱらって体がだんだん傾いている。ほかの人もみな似たり寄ったりだ。現在の司令官は、背の高い中年の白人男性で、ブレザーの袖に緑のアームバンドをつけている。彼は夫人たちの真ん中に収まって写真を撮っていた。

二、三時間して、一行は霧雨が降る夜気のなか、タクシーで嘉手納基地へ向かった。嘉手納将校クラブは中程度のホテルのバーのような雰囲気で、オレンジ色のカーペットが敷かれたバーの外のスペースはシダ類の鉢植えで飾られ、カンザスシティのホテルのロビーを思わせる。バーは大きくて薄暗く、ダンスフロアが広がり、男性客が大勢いた。ポロシャツ姿の者もいれば、カーキ色の空軍フライトスーツを着ている者もいて、その服には「オポッサム」「スチュワーデスにゲロを吐け」などと書かれたワッペンがついていた。ユニフォームは連帯のあかし、それに女性たちの憧れの的よと、アシュリーは説明してくれた。

アシュリーがダンスフロアへ登場すると、しなやかな肢体と緑色のウィッグが男たちを惹きつけた。ミラーボールのライトにきらめく結婚指輪に頓着する様子はない。シルクハットをかぶった女性医師はフィアンセの近くで踊っていた。相手はまだ少年のようなハンサムなパイロットだ。バーカウンターでひとりの軍人が話しかけてきた。海軍兵学校卒の彼は型どおりのキャンパスライフを送ったことがない。だから、今、沖縄での体験を満喫しているのだという。

街ではクラブやバーに繰り出す軍人を見かけるが、驚いたことに彼らはここでの生活を地元女性と仲良くなるパーティか何かのように考えている。米軍は、大学に通ったことのない若いアメリカ人の働く場ではなく、レジャーランドを作ってしまったようだった。こうした現状を、政治的状況から考えるとどうなるだろう。

島に来て二日目、アメリカ軍は沖縄改造にとりかかった。一九四五年四月一日、本島中部の西海岸に上陸後、部隊はブルドーザーやトラクター、クレーンを陸揚げし、道路の拡張と敷設工事に着手した。島を本土攻略の基地として活用する計画だった。[*1]「沖縄は燦然（さんぜん）と輝く戦果」、同年四月四日付の『ニューヨーク・タイムズ』紙の記事はこう宣言した。「沖縄は太平洋戦争における第一級の戦利品だろう」。「緑深い台地状」の島に上陸した軍の指導者たちは、繁茂する植物、どこまでも広がる平地、退避にはうってつけの入り江、豊富な石灰岩とサンゴに感嘆の声を上げた。彼らの頭のなかで、広々とした平地は滑走路に、入り江は軍港に、石灰岩とサンゴは道路建設用の資材になった。沖縄は「無限の開発の可能性」を与えてくれたと、ある将官は表明している。「あとは政治的判断を待つだけだ」[*2]

とはいえ、最初の沖縄の米軍施設は「休養とレクリエーション」のパラダイスとはほど遠いものだった。終戦直後、島に軍を永続的に駐留させるかはっきりしなかったため、荒廃した土地の再建は引き延ばしにされていた。占領軍は本土と沖縄とで行政を分離し、本土は改革と復興を推進したのに対して、沖縄は「忘れられた島」「陸軍の兵站(へいたん)の終末点」「太平洋のゴミ捨て場」として知られるようになった。戦後三年経って、あるアメリカの外交官は「島の南半分は、ほぼ破壊しつくされ荒廃し、まるでほんの数か月前に戦闘が終わったかのような光景が広がっていた」と述べている。[*3]あたりには製塩工場の燃料にとアメリカ人が提供したタイヤを燃やした臭いが立ちこめていた。本格的な基地の建物がなかったため、アメリカ人は「荒れ果てたかまぼこ兵舎に住み、季節労働者の野営のような生活をしている」。レクリエーション施設といえるのは、「映画を上映するわずかばかりの壊れた掘っ建て小屋と、フットボール場」だけだった。[*4]

米軍内で沖縄は追放の地とみなされるようになった。「沖縄は米陸軍の不適格者や落ちこぼれの体のいい掃き溜めになっていた」と一九四九年の『タイム』誌の記事にある。[*5] 退役軍人で作家のM・D・モリスは回想する。「最低な連中だけが『島流し〔当時の沖縄は「The Rock（アルカトラズ島のような収容所としての島）」と呼ばれた〕』になった。（略）太平洋上で『へまばかりする奴は沖縄へ置いてきてやる』と脅しをかければ、部隊の乱れた士気も引き締めることができた」。[*6] 沖縄に配置された者は「本土に配置された者よりも質が劣る」と、一九四九年のマッカーサー総司令部の特別報告は述べている。[*7] 同年、『タイム』誌は「おそらく世界のどの駐留米軍よりも軍紀の悪い一万五〇〇〇あまりの部隊が絶望的な貧困のなかで暮らしている六〇万人の住民を統治してきた」と報じた。[*8]『デイリー・ボストン・グローブ』紙によると、二〇〇〇人のアメリカ人女性とその子供も沖縄を我が家と呼び、「朽ちかけたかまぼこ兵舎に白いオーガンディのカーテンをかけて」家庭的な場所にしようと懸命だった。「シベリア送りも同然だ」と同紙は書き立てた。[*9]

こうして不幸にもポストを追われて島に「捨てられた」アメリカ人が増えるにつれ、米軍職員による地元住民への犯罪が増加したと言われている。こうした犯罪の原因は、単にやることがなかったからだとモリスは指摘する。「退屈でたまらなかったのだ。野外映画上映や米国慰問協会のキャンプ・ショーが、もぐり酒場や賭博、買春の増加を食い止めたものの、〔それには満足できない〕占領部隊の兵士は再び沖縄人に手を出すようになった。一九四九年最初の六か月間に、米兵による無辜（むこ）の琉球人に対する犯罪は、強盗・暴行が四九件、強姦が一八件、殺人が二九件だった」。[*10] 治外法権の立場にあったので、こうした犯罪者の多くはなんら罪を問われなかった。

やがて冷戦時代が到来した。共産主義への前哨地を探していた日米の指導者は、沖縄に米軍基地を置く取り決めをした。かまぼこ兵舎は取り払われ、コミッサリー〔米軍専用スーパー〕、教会、映画館、ボウリング場、ゴルフ場、スイミングプール、ヨットクラブが次々に誕生した。基地の外ではアメリカ政府が巨費を投じて、水道や電力、灌漑設備、学校、病院、道路など島のインフラを整備した。まもなく沖縄は在外米軍基地のなかでも選り抜きの赴任地となった。「その魅力と快適さから、兵士たちは競って沖縄勤務を希望する」と、一九五六年の『ニューヨーク・タイムズ』紙は報じた。一九五四年の『ニューヨーカー』誌は「沖縄通信」のなかで、「生活が安く上がるので、少佐程度の所得があれば、年間二、三〇〇〇ドルは貯蓄できる。下士官のための金のかからないクラブが数多くあり、そのひとつ〈ステーキ・ヘイヴン〉という店はフロアショーを催し、呼び物はミッキーマウスとオキナワ・ヤング・スター・バンド、それに七五セントのチキンバスケットの食事だ」と報じている。[*11] ほかのクラブの売り物には、ビンゴとルンバ、ガーリックロールにミント・ジュレップ〔バーボンウイスキーをベースとするカクテル〕があった。PX〔軍隊内の売店〕ではミンクのストールや電化製品、それに「タマネギのピクルスやペパロニ〔香辛料の効いたドライソーセージ〕」、電動芝刈り機、アメリカ製のドッグフードが割引価格で販売されていた。「コミッサリーの品揃えは（略）本国の大型スーパーに引けを取りません」と軍のパンフレットは豪語した。「卓球からテニス、野球、フットボール、バスケットボール、乗馬まで、どんなスポーツでも楽しむことができます[*12]」

まもなく島の米軍住宅はあらゆる設備が揃い、さらに植民地スタイルの特典も加えられた。寝室が二ないし三部屋ついたコンクリート製バンガロー式住宅には立派な家具が備えつけられ、「メイドのベッドを置くスペース」もあった。[*13] こうした住宅で、アメリカ人家族は本国から輸入したアメリカンフードを「日本人のメイドに用意させて」食事をした。「沖縄に行くアメリカ人家族にとって、現地のメイドはひとつの標準設備のようなものだ」と一九五六年の『ロサンゼルス・タイムズ』紙の記事は伝える。「生活範囲が限定されることを除けば、戦争の爪痕が残る太平洋の島の暮らしは、南カリフォルニアとなんら変わらない――ことにウォータースポーツに関しては存分に楽しめる」[*14]。こうした特徴を打ち出した理由について、一九五〇年代初頭、ある米軍の指導者は「ここは本国から遠く離れた場所にある。赴任命令を受けて当地へやってきた人々には、盛りだくさんのレクリエーションで大いに島での生活を楽しんでもらわなくてはならない」と説明した。[*15]

アシュリーたちが私に見せてくれたように、在沖米軍のこうした方針は依然として変わりがない。島への赴任はもはやできの悪い部隊の脅し文句にはならず、むしろ長すぎる大学の春休みの様相を呈している。基地の内外でパーティに顔を出し、レクリエーションを楽しむチャンスには事欠かず、基地内の風景もアメリカ郊外を彷彿とさせる。幅の広い道路にたくさんの駐車場、似たような住宅がずらりと並び、よく手入れされた芝生が広がっている。バーベキュー施設があり、馴染みの味のレストランもある――〈サブウェイ〉〈ポパイズ〉〈チリズ〉〈ピザハット〉。映画館、ボウリング場、ジムに、基地の外のエキゾチックな場所への軍出資の小旅行。

基地内のPXではアメリカからの輸入品も廉価で買える。駐車場では軍関係者がどこへでも乗りつけられるよう、年配の沖縄人男性がタクシーの運転席で待機している。基地のフェンスの外の限られた土地面積で沖縄の都市人口が膨張するなか、軍の設備はゆったりとした趣をたたえている。嘉手納基地の人口密度は、「宿主の」沖縄市の八分の一だ。[*16]

だが、沖縄の基地外地域の全体像をある程度まで形成したのはアメリカだった。戦前には、那覇とほかの都市を結ぶ県営の軽便鉄道が走っていた。戦闘で鉄道施設が破壊された沖縄は、たとえば本土で普及しはじめたモノレールのような、代替手段を用意してくれるよう、占領軍に申し入れた。米軍政府の役人はそれには応じず、代わりに道路を建設した。島のインフラ整備の一環であり、これなら沖縄での米軍の駐留にも利する。ハイウェイ1号線は西海岸沿いを南北に走る、米軍車両にとっての中核道路になった。この沖縄の大動脈から血管のように中小の道路網が延びていく。占領時代、こうした新しい舗装道路を地元の人は「軍道（軍用道路）」と呼んだ。一九七二年に沖縄が日本に復帰すると、ハイウェイ1号線は国道58号線として島々を結び、海を越えて北へ延伸し、沖縄と本土との象徴的な架け橋となった。今日、58号線は六車線だが、沖縄中部に入るとしばしば交通渋滞に巻きこまれる。近年、那覇にモノレールがつくられたとはいえ、島の大部分が車社会であることに変わりない。それがショッピングモール文化をも形成し、人々は大型駐車場のある場所へ車で移動する。電車を交通手段として、駅が地下商店街に直結する本土の都市部とは、かけ離れたライフスタイルだ。

結局のところ、駐留米軍が沖縄の骨格まで作り直した。沖縄の高齢者には誇るべき世界最長寿となる者もいるが、沖縄の若い世代の間では車社会とアメリカのファストフードが好まれるため、本土に比べ肥満や病気が増加している。[*17]

米軍の構成員とその扶養家族がこの島に到着すると早々に、米軍は新しいホームタウンのイメージを伝える。この時、どの程度バケーション・パラダイスの沖縄像を伝え、どの程度政治問題を見据えた警告を発するか、せめぎあいが生じる。新参者には一日もしくは一週間の強制参加のオリエンテーションで、沖縄の人と文化と歴史についての講義が行なわれるが、この研修資料が二〇一六年にごうごうたる非難を浴びた。ジャーナリストのジョン・ミッチェルが入手した「沖縄の文化認識研修」と題されたプレゼンのスライドは、基地反対運動を見下した内容で、沖縄の人々が「論理的というより感情的」であり、日米両政府から補償金をできるだけ多くしぼりとろうとしていると紹介されていた（「苦情は言った者勝ち」）。スライドは、米軍の構成員による犯罪がガイジンとしての特別な立場にある結果だとも説明していた。母国ではさえなかった主人公が来日するやモテまくる漫画『カリスママン』のように「突然身についた（異性にもてるという）『ガイジンパワー』によって我を忘れ、社会的に許容されない行動をとってしまう」。[*18]ミッチェルのすっぱ抜きに対し、沖縄県知事の翁長雄志（おながたけし）は、このプレゼンは県民に対する米軍の「上から目線の最たるものだ」と批判した。[*19]在日海兵隊の指導者は、内容については「現在調査中」とだけコメントした。

その翌年、新赴任者オリエンテーション（NOWA）なるものに私が出席したときには、主催者側はプレゼン内容を作り直し、問題含みのコメントを削除していた。けれども、沖縄に関するレクチャーは、島の相反するイメージが混じり合っていた。新赴任者に対してまずは楽しく探検できる異国情緒豊かな美しい沖縄が売りこまれたが、ここにはバケーション気分でリラックスして生活を謳歌せよとの意味合いがこめられていた。それとは対照的に、用心深く自制心を持って行動するようにとの厳しい警告もあった。軍の構成員はいわば「ゲスト」であり、酔っぱらい運転や強姦事件が国際問題に発展するたびに規則が厳しくなり、その規則に従わなければならなくなると、何度も注意が促された。

この一日オリエンテーションは週に一度、キャンプ・フォスターで開催された。会場はアメリカのどこにでもある高校の体育館みたいなコミュニティセンターだった。外は夏の日差しがじりじりと照りつけているというのに、室内は〔冷房で〕ひどく寒かった（電気、ガス、水道、下水道等の料金は日本政府が負担する数多くの基地経費のひとつだ）。五〇人かそこらの成人男女と子供たちがTシャツにジーンズ姿で、折り畳み机を前に赤い金属製の椅子に腰かけていた。新赴任者オリエンテーションには、沖縄に配属された家族のいる海兵隊員、海軍下士官、文民全員、それに一一歳以上の家族の出席が義務づけられている。単身赴任者で一定階級以上の海兵隊員、海軍下士官、それに文民も出席する。下の階級の独身の軍構成員は、一週間にわたるオリエンテーションを受講する。

午前七時三〇分、軍服を着た白人でない男性がレクチャーを始めた。日本本土と朝鮮半島が描かれた地図の東京、富士山、ソウルの文字が、赤い丸で囲んである。これらはシンガポール、オーストラリア、ハワイなどと同様に、沖縄の米軍社会で生きる人間が軍用機で自由に越境し、これから訪れることになる場所だ。沖縄の北の海岸にある海兵隊リゾート施設と島の亜熱帯の美しさ（「これまで見たこともない最高の夕焼け。この世のものとも思えない落日の風景」）の話になると彼の声は思わず大きくなった。彼の講義は、旅行ガイドのような沖縄の宣伝と、ほかの前哨地と「沖縄は違う」ので、用心しなければならないという警告との間を行ったり来たりした。島の立入禁止区域、それと基地の外の「町へ出る際」に守るべきドレスコードの話に続き、軍の構成員の町中での行動を制限する「リバティ制度」についても説明があった。階級が下がると特権も少なくなる。たとえば帰営時刻が早まり、ふたりないし集団で移動することが義務づけられた。多くの講師と同様に、飲酒運転についても「私たちはこの国にいわば寄寓するゲストなので、酒酔い運転は新聞沙汰となり、国際問題に発展します」と彼は釘を刺した。これがその日一番言いたかったことであり、そのあとに続く講師も口を揃えて注意した。沖縄は、個人の過失や犯罪が国際問題へと発展する一触即発の危険な場所。とはいえ心配はご無用。ここにはビーチや文化活動を楽しめる場所がたくさんありますから。

海兵隊が基地の外の魅力の数々を強調する理由のひとつに、隊員の精神衛生への懸念が挙げられる。「当局が懸念するのは、隊員が基地にとどまり何もすることがなくて、ストレスに押し潰され、自殺願望を抱くことです」と、家族支援担当のマイクは教えてくれた。文民であるマイクは、海兵隊員とその家族の生活に役立つ情報の提供や悩み相談を行なっている。彼によると、自殺のリスクは沖縄では「とても大きな」問題で、とくに海兵隊員が孤独を感じて兵舎に引きこもっている場合は危険だという。キャンプ・フォスターの兵舎の中を私は見たことがあった。建物の外観と同様、工場を思わせる殺風景な室内で、ベージュの軽量コンクリートブロックの壁に、寝棚がつくりつけてあり、一般的な寮の部屋と刑務所を足して二で割ったようなところだった。島袋里奈さんのような事件の起きたあとに自殺のリスクが高まるという。海兵隊員への規制が厳しくなり、基地にこもることが多くなるからで、マイクと同僚は懸念を強めていた。

ところが、海兵隊の上層部に話を訊くと、このリスクをあまり問題にしていなかった。「自殺の可能性は誰にでもあります」と、太平洋海兵隊基地副司令官のデイヴィッド・E・ジョーンズ大佐は言う。彼は、自殺のリスクを抱える個人を周囲の者が発見するのに役立つ研修、それにグループ旅行やスポーツイベント、地域への奉仕活動を計画する「シングルマリンプログラム」を例に説明してくれた。「多くの若い隊員にとって、ここが最初の赴任地です。しかも彼らは高校卒業と同時にやってきます。生まれ故郷の州や町を離れたことがなく、ましてや海外など行ったことのない者が大半です」

新赴任者オリエンテーションは、渡航経験のない軍の構成員の心に忘れられない印象を刻みつける。その日私が出席したオリエンテーションの後半、若い沖縄人女性ふたりが、友好的で魅力的、異国情緒豊かな地元住民の代表として、島への歓迎ムードを盛り上げた。ひとりは日常では身につけない着物姿。もうひとりは黄色のワンピースに白のジャケットという装いで、米軍の一家が幼かった彼女と「友達になり」、アメリカ文化を教えてくれたいきさつを語った。

「私は心を奪われてしまいました」。留学するよう励まされた彼女は、アメリカへ渡り、一流大学を卒業した。はつらつとした明るい声で彼女は続けた。「だから皆さん、私は海兵隊と地元住民の偉大なる友好の手本なのです。……私が皆さんにお願いしたいのは、皆さんに——寛大で友好的で素敵なアメリカ人でいてほしいということだけです」。聴衆はもっともだと口々につぶやき、笑いも起きた。「皆さんには個人のレベルで地元住民と関わっていただきたいのです」

女性たちは、最初の講師の旅行ガイド顔負けの宣伝文句に加勢するように、城跡やビーチなど地元の名所を紹介した。空手や料理、箸の使い方、お辞儀の仕方、迷信といった、沖縄と日本文化のステレオタイプについてもかいつまんで説明した（「映画『ベスト・キッド』のミスター・ミヤギのような人物に会えるかもしれませんよ」）。

ふたりの女性の話の間には、ロナルド・アップリングという中年の白人男性が登場していて、もっと深刻なテーマを取り上げていた。基地で働くこの文民はアロハシャツ姿で、眼鏡をかけ、ゴマ塩頭を丸刈りにしていた。マイクで歌うように話しかける温かい笑顔の女性たちとは対照的に、アップリングはマイクを使わず原稿を地声で読み上げ、朝一の講師と同じようにがなり立てた。彼はこのテーマにことさら熱心なようで、聴衆は耳を澄ませ、静まり返った。

アップリングのレクチャーは、沖縄史を深く掘り下げていた点で印象深かった。琉球王国の歴史から始まり、沖縄人がなぜ米軍の駐留に反対するのか、その理由を沖縄側の視点から解説した。沖縄戦に話が及ぶと、彼は沖縄人の死者の多さを強調した。「戦闘中の最大の犠牲者は明らかに民間人でした。犠牲になったという記憶は戦後、世代を超えて語り継がれ、この地で耳にすることになる基地反対論の根拠になっています。どうかご理解いただきたいのは、反基地であって、反米ではないということです」。彼は、沖縄人が基地の存在に抗議するようになったその後の歴史についても語った――占領中は米軍が統治し、地元住民には憲法で定められた権利がなかったこと。冷戦時代には「銃剣とブルドーザー」で強制収用が行なわれたこと。「おまけに、占領時代に米軍の構成員はみずからの行動に責任を問われるとは限りませんでした。それでも島は米軍が統治していたため、沖縄人はなされるがまま、なす術がなかった。人々は挫折感と苛立ちを強めていったのです」。これは進歩だった。以前の研修プログラムでは、米軍の占領期間が公共事業と再建の時代として語られ、部隊の犯罪については言及されていなかった。[*20]

「ガイジンパワー」の話はカットされたが、講師たちは、沖縄の米軍社会に属する人々は地元の法律の影響が及ばない特別な立場にあることを認めた。この立場は日米間の地位協定の恩恵によるもので、この協定は、なかでも日本に駐留する米軍の構成員、家族、軍属の生活を規定する。地位協定の結果、この会場にいる人々にはふたりの沖縄人女性を上回る特権があることを、アップリングは強調した。日本の制度に従えば数か月、数千ドルかかる運転免許が、簡単なペーパーテストで取得できるし、自動車税なども優遇されている。だが、日本の法律を破った者に対して、地位協定はその身を保護することはないと、アップリングは力説した。「私たちは基地の外へ行って、悪事をはたらき、責任逃れの手段に地位協定を主張することはできません」
これは必ずしも真実ではなかった。多くの沖縄人が憤るのは、現在の地位協定には依然として、日本の法律から身を守る規定が含まれているからだ。地位協定で、日本の警察は容疑者を取り調べることができる。だが、もし犯人が地元警察に捕まる前に基地の中へ逃げこんだら、その身柄はアメリカ側に置かれる場合が多い。一九九五年の女子小学生強姦事件後、補足協定などで「運用」の見直しが行なわれ、日本側が凶悪犯罪の容疑者の身柄引き渡しを要求した場合、アメリカ側は「好意的考慮を払う」ことになった。けれども両国は一九六〇年発効の地位協定の正式な改定には踏みこまなかった——米軍がらみの事件が発生したあと、多くの沖縄人が抗議するのは、この点についてだ。

米軍社会には、植民地主義的思考が根強く残っている。それはさりげないかたちで表面化する。たとえば私がジョーンズ大佐と話をしていたときのことだ。「軍の人間は地元の人たちと長く交わってきましたが、依然、かなりの割合で〔住民が〕英語を話せないことには驚きますよ」と彼は言った。外国からやってきた者が現地語を学ぶのではなく、地元住民が相手の言語を学ぶべきだという発想は、型にはまった植民地主義的な考え方だ。もっと言語道断なのは、元在沖縄総領事ケヴィン・メアのような発言が報告されていることだ。聞くところによると、二〇一〇年、アメリカン大学の学生グループを前に、メアは沖縄蔑視の発言を連発した。沖縄人は「東京（政府）から金をゆすり取る名人だ」とか、「怠惰がすぎて（略）ゴーヤさえ育てられない」とか。[*21] こうしたステレオタイプは海兵隊の新赴任者オリエンテーションで述べられた内容（「［沖縄では］苦情は言った者勝ち」）とよく似ており、占領時代の地元住民に対する考え方をなぞっている。アメリカの沖縄占領に関する論文のなかで、歴史学者のデイヴィッド・ジョン・オーバーミラーは次のように書いている。「沖縄は永久的にアメリカの一地域だという認識があるゆえに、多くの兵士は沖縄人のことを何かにつけ働かずにアメリカ人から盗みとろうとする怠惰な愚か者だと考えるのだ」[*22]

地位協定の特権、占領の記憶、根強い植民地主義的態度といったものが、米軍社会に属する人々に自分たちは法を超越する存在であるという思いを抱かせる。よく思い出すのが、私が沖縄に住んでいたときに読んだ地元紙の記事だ[*23]。米軍基地のフェンスに隣接した民家に石を投げるアメリカ人の子供たちが捕まった。石は、グレープフルーツ大のものもあり、それが窓ガラスに穴をあけ、一〇〇〇ドル近い被害を与えた。実際、子供による投石は入れ替わり立ち替わり行なわれ、一〇年間も続いていた。その間、海兵隊員の子供はキャンプ・フォスター内の住宅地域の縁に集まり、沖縄人男性の家めがけて石を投げつけていた。ある時、男性はフェンスをもっと高くしてくれと米軍に申し入れた。子供たちが石を投げないよう注意する看板の設置も頼んだ。子供たちは投石をやめなかった。男性はみずから解決策を講じた——窓を鋼鉄製の板で覆い、生垣とフェンスを設けた。それでもアメリカの子供たちは境界を越えて石を投げ入れ、窓が割れた。

米軍は沖縄人との関係を、「隣人」とか「ゲスト」と「ホスト」のように言いたがる。だが、よく考えるとこうした表現はおかしい。地元社会と米軍社会の関係は対等でもなければ、礼節ある関係でもない。その本質には権力の不均衡がある。おそらく子供たちは本国でも投石でいたずらしようとしたのだ。だが、想像するに、本国だったら親や近所の人や警官がすぐに止めに入っただろう。沖縄の基地で、子供たちは罰せられずにすむことを学んだのだ。軍の構成員たちはどんな行為に対して罰せられなくてもすむと思っただろう？　島袋里奈さんの事件後、彼女の家の近くで働く六三歳の地元住民がリポーターにこう語っていた。「［地位］協定の立場にある人間が罪を犯すと、私はいつも、あの人たちは協定に守られて、まるで沖縄が彼らの占領地であるかのように私たちにはない特権を持っていることを知っていたんだと思ってしまいます」[*24]。里奈さんの事件の被告ケネス・ガドソンは、基地内の民間事業会社に勤務し、地位協定で定められた「軍属」の立場にあった［事件後、日米両政府は「軍属」の対象範囲を狭めることで合意。ガドソンのような民間人は軍属からはずれた］。

多くのアメリカ人や基地支持者は、沖縄にいるアメリカ人の犯罪率は沖縄人よりも低いという統計を引き合いに出す。以前行なわれた新赴任者オリエンテーションでは、「地位協定の規定範囲にある職員は沖縄の全人口の四パーセント以下だが、沖縄で起こす犯罪や交通事故の件数は一パーセントに満たない」と説明された[*25]。しかしながら、基地反対の立場からすれば、この主張は数字のマジックにすぎない。基地反対派にとっては、犯罪や交通事故は一件でも多すぎる。基地がなければ、〇件になる。第一に、第二に、私が出席したオリエンテーションでアップリングが認めたように、多くの人はひとつひとつの犯罪を歴史的な文脈のなかでとらえる。「本土復帰以降、われわれが駐留してきた歳月に起こった犯罪を数え上げていくと、万引きや酒酔い運転といった犯罪がそれぞれ独立した事件ではない理由がわかってきます。むしろこれらは地位協定がらみの、文字どおり連綿と続く何千件もの事件史の新たな汚点となる犯罪なのです。ですから、地元の人は『いつになったら終わるんだ？』と声を上げるわけです」。第三に、地元の統計は別の事実を物語る。ジョン・ミッチェルは沖縄県警の数字を引用する。これによれば、近年、米軍関係者による凶悪犯罪の割合は地元住民より高い。ミッチェルは記している。「二〇〇六年から一五年の間に、米軍の構成員とその家族および軍属による凶悪犯罪（殺人、強盗、放火、強姦）の割合は、地元住民の二・三倍にのぼる」[26]。第四に、こうした数字には届け出がなかった犯罪——その大多数は性的暴行事件——は含まれていない。また、基地で発生し、米軍組織内で処理された犯罪も含まれない。新赴任者オリエンテーションで、ある講師は、地元の犯罪率とは比べものにならないほど、基地内での犯罪率が高いことを認めた。「沖縄の犯罪率はアメリカのもっとも安全な都市と比べても、きわめて低いのです」と軍服姿の男性はいちだんと声を大きくした。「軽犯罪も含め犯罪の大半は、実際には基地で起こっています。……市中のほうがきわめて安全です」。ほかの海兵隊基地の犯罪統計も、窃盗、器物損壊から暴行、性的暴行、家庭内暴力、殺人といった暴力犯罪まで、基地内での犯罪が多岐にわたることを示していた[27]。こうした多くの犯罪が安全な沖縄社会にこぼれ出ないとは考えにくい。ある時、沖縄の基地の外の〈スターバックス〉で、「このあたりのアメリカ人は何でもあり、どんな犯罪でもやらかすからな」と米軍関係者たちが話しているのが私の耳に聞こえてきた。

新赴任者オリエンテーションのような研修を終えた米軍の構成員たちの頭に残るのは、どんな沖縄像だろうか。当初抱いていた思いとは違うのだろうか。ひとりの地元住民がこの疑問の答えを出そうとした。ナシロ・ニカはハワイ大学マノア校の学部と大学院時代、島に駐留する米兵四〇人あまりを対象に聞き取り調査をした。沖縄の基地の外にある〈スターバックス〉でおしゃべりしながら、沖縄とその住民の印象について訊ねたのだ。調査は個人的な興味がきっかけだった。沖縄で生まれ育った彼女は、地元女性とフィリピン人移民技術者との間に生まれた。インターナショナルスクールに通ったニカは英語が堪能なため、一〇代で基地やその周辺でアルバイトを始めた。米兵たちと関わるようになった直後から、自分がどんなふうに見られているのか、彼女は考えるようになった。黒い髪と黒い瞳の小柄な容姿が彼らの目にどう映るのか。ある時、勤めていた基地内の店に入ってきた客に、彼女は不快な思いをさせられた。「よっ！ カワイ子ちゃん。お色気たっぷりだな。クラブの衣装かい？」[*28] 冬だったので、彼女は無地のシャツにジーンズ、上にジャケットをはおっていた。この服装のどこがお色気たっぷりなのか知りたかった。

聞き取りでわかったのは、彼らは島に来る前、日本の南国の玄関口に紋切型のイメージを抱いていたということだ。「安い電化製品、ホンダ、トヨタ、高速走行に優れた車、美しい海岸に絶景、サムライ、タタミ、ショージ（障子）、明るいネオン、気立てのいい優しい娘、風俗街、行楽地」[*29]。ほとんどの男たちは自分で調べることもせず、ハリウッド映画や仲間から吹きこまれた話を鵜呑みにしていた。そして、沖縄へ到着したとたん、目の前に広がる環境を「美しい」

「ずいぶんと洗練された」、リラックスできる愛すべき場所と表現する。[*30] こうした認識は、新赴任者オリエンテーションの講師が沖縄を旅行やレジャーの目的地のように表現する話しぶりと通底する。

ほかにもオリエンテーションの内容とよく似た台詞が、多くの男たちの口から飛び出した。自分たちが沖縄に駐留するのは、この地域を軍事的脅威から守り、自然災害の救助にあたるためだ。私が出席した新赴任者オリエンテーションの間、アップリングは沖縄に米軍が駐留する理由を力説した。「なんといっても沖縄のこの地理的位置にその理由があります。……人災であろうと自然災害であろうと、南シナ海から朝鮮半島までの地域全体の問題を、アメリカはこの戦略上の要所から、迅速かつ効果的に対処することができます」。そして予防線を張るように、こう続けた。「迅速かつ効果的な対処能力。これはただの宣伝文句ではなく、事実なのです」。過去にも「この沖縄にわれわれが駐留していたからこそ」、海兵隊はネパールやフィリピン、インドネシアのような場所へ、「人命救助のためただちに駆けつけ、支援にあたる」ことができたと、彼は説明した。この考え方は、米軍の駐留が沖縄の利になるよりも害になると批判する、基地反対派の対極にある。

男たちの考える沖縄の異国情緒には、地元の女性も含まれるようだ。沖縄人女性をすべてのアジア人女性といっしょくたにする男たちは、タイで同僚が買春した話をニカに語って聞かせ、沖縄人女性のことを「かいがいしく世話を焼き」、喜んで「[米兵に]仕え」、「受け身で控えめで自制心が強く（略）女らしくて、男といちゃつくのが好き」で、「小柄」だと言った。[*31] あるラテン系の兵士は「沖縄は大好きだ。すぐに恋の火遊びができる」と話し、それからコーヒーを買っている地元の女性客ふたりに目をやって、こう続けた。アフリカ系アメリカ人兵士の友人と自分は女心を読み解くカギを見つけた。大きな輪っかのイヤリングは黒人好み、小さなイヤリングは白人かラテン系好みだ。[*32] アフリカ系アメリカ人の兵士は、大きなイヤリングをつけた女性を探しては、彼女たちの耳元で甘い言葉をささやく。

保護者としての役割を拡大解釈した男たちは、内気な地元男性から地元女性を救い出す必要性も力説した。ほかのアメリカ人とデートしたことのある女性には、あまりそそられないし、救い出す必要も感じない。「女性たちは英語が話せるほど、アメリカ文化の経験が豊かだ」とある海兵隊員はニカに言った。「地元の女の子にぺらぺら英語でしゃべられると、気持ちが萎える」。別の兵士も同じことを言う。「日本人の男と何人付き合っていようと気にしないが、アメリカ人と何人付き合ったのかは気になる」[*33]。彼らはアメリカナイズされた女性に興味はない。地元ならではの女性を見つけたがり、ほかの西洋人が味わったことのない領域へ入りたがった。

ニカの調査が示すのは、男たちが新赴任者オリエンテーションでのある側面を心にとどめているということだ――島の美しさと異国文化。自分たちは地元住民を救い出すために駐留していること。一方、オリエンテーションで記憶されていないのは、行動の重み――ひとつの事件が政治問題に火をつける沖縄特有の空気――に関することだ。その代わり、私はこのメッセージがジョークになった例をひとつ見つけた。キャンプ・ハンセンの外にある海兵隊員行きつけのバーで、一杯一〇ドルのフルーティーな日本酒ベースのサワーに「国際問題（インターナショナル・インシデント）」という名がつけられていたのだった。

もちろん、沖縄での勤務を真剣にとらえる者も多くいる。彼らは軍のコミュニティを離れ、実りあるかたちで地元社会に入りこもうとする。地元の女性に恋をして、沖縄に恋して、けっして離れまいとする。この傾向は本国での困難な生活から逃れようとする人に、とくに当てはまるようだ。沖縄は日本でもっとも貧しい県だが、アメリカの多くの地域に比べれば豊かだ。それに、ほかの外国と同様、沖縄でもアメリカ人は祖国での自分を捨てて、新しい「ガイジン」に生まれ変わることができる。基地があるがゆえに、軍を離れても島にとどまり、基地内の民間委託業者の職に就いて、地位協定の保護を受けることもできる。基地とアメリカ人社会のおかげで、米軍の構成員はアメリカからの脱出口を見つけるというわけだ。

これを地でいったのがケネス・ガドソンだ。沖縄で地元住民である妻の姓を名乗り、本国には二度と帰らないつもりだった。アメリカが「思いやりのある社会」だとは思っていなかった彼は、妻に彼の本国で暮らしてもらいたくなかった。[*34] 海兵隊を除隊後、地位協定の適用範囲の基地内の仕事を見つけ、家族と一緒に沖縄人の暮らす地域へ移り住んだ。島袋里奈さんの殺害を自供するまで、彼の生き方は島の多くのアメリカ人男性の生き方と似ていた。

二四歳の地元の女性サヤコを通じて、三〇歳のヘルナンデスと私は出会った。ふたりは付き合って三年あまり。軍の習慣から名字で呼ばれているヘルナンデスは沖縄に来て四年、空軍で働いていた。率直で真面目な人のようだった。ふたりとはある晩、米軍ゴルフ場跡地に建設された大型ショッピングセンター〈イオンモール沖縄ライカム〉で話をした。すぐに目を引いたのは、ふたりがよく似ていることだった。黒い髪に黒い瞳、焼けた皮膚の色までお揃いで、ふたりとも人種がよくわからない。着ているものも同じで、白いアンダーシャツの上に黒のトップスを重ね着して、ジーンズをはいていた。私が指摘すると、ふたりは気がつかなかったと笑った。

ヘルナンデスは憲兵に当たる空軍警備隊の仕事をしている。彼の任務は基地の外のアメリカ人がらみの犯罪への対応だ。地位協定の対象となる人間に対して、米軍は「ある程度保護する」と彼は説明してくれた。「だが、もし日本側がすでに拘束していたら、僕たちはもう何も手出しできない」。そのため、ヘルナンデスたちの目標は、日本の警察より早く犯人を捕まえることだ。「日本側と同時に到着した場合は、日本人より先に身柄を確保しなければならない。……『いや、彼はこちらの人間です』と言って」。ただし殺人のような凶悪犯罪の場合、日本の警察は容疑者を拘束できた。

ヘルナンデスの一日は午前三時に始まる。四時始まりのシフトに合わせて起床、夜間の四時間睡眠にも体が慣れた。仕事のスケジュールのせいで、サヤコと会うのも一苦労。帰営時刻を守らなければいけないから、遅くならないうちに兵舎に戻る必要がある。それでもふたりはうまくやりくりしていた。一緒に過ごせるときは、島のあちこち——軍当局が推薦するようなビーチや公園、城跡——を訪れた。ヘルナンデスにとって、こうした生活をすることが長年の夢だった。

「初めて沖縄の地を踏んだとき、僕は有頂天でした」と彼は言う。子供の頃から日本が大好きで、『ドラゴンボールZ』や『ポケットモンスター』といった日本のアニメの世界に逃避していた。ヘルナンデスが育ったのはメキシコ系アメリカ人家庭で、一家はテキサス州サンアントニオの荒んだ地域に住んでいた。当たり前のように銃による暴力事件が起こった。「夜にはいつもヘリコプターの音と銃声が聞こえた」と彼は回想する。両親はよく彼を安全な家の中に閉じこめた。だが、暴力沙汰は街中ばかりではなかった。ヘルナンデスによると、彼の父は大酒飲みでドラッグもやっている「いかさま師」で、母に暴力を振るった。結局、母は離婚したが、姉は虐待の連鎖を断ち切れなかった。夫に殺され、そのあと当の夫も自殺。彼には自分の家族が家庭内暴力に呪われているように思えた。

こうしたさなか、日本文化を知った彼は、日本を「もっと健全なライフスタイル」が送れる国だと考えるようになり、自分ひとりの力では行けなかったので、米軍に目を向けた。「軍隊が文字どおり唯一の選択肢だったんです」。陸軍に入隊した兄の背中を見ていたこともあった。「兄はよりよき方向性を示してくれました。入隊後、兄の生活が一変したんです」。二五歳でヘルナンデスは空軍兵になった。その一年後、沖縄勤務が決まった。

最初は彼の日本のイメージと現実が衝突した。「日本に初めて来たとき、悪気はなかったのですが、アニメのような甲高い声が聞こえてくると思っていました」。日本人女性はみんな快活な裏声で話すと思っていた彼は、低い声や普通の声が多いのに驚いたという。服装にしても、アニメのポルノのように女性たちは過激な恰好をしていると思っていた。ところが存外普通だった。

やがて健全なライフスタイルのイメージは、本当だったことがわかってきた。暴力にさらされることはなくなった。ファストフード店ひとつとっても改善が進んでいて、ハンバーガーはもっと丁寧に作られていたし、フライドポテトも塩と油まみれではなかった。島に来て最初の頃、ヘルナンデスはずっと憧れていた世界に足を踏み入れてみたかったが、基地からなかなか出られなかった。日本語がわからない彼は、うっかり無作法をしでかすのではないかと心配して臆病になっていた。カルチャーショックに陥り、落ちこむ連中もいた。ある兵士は基地内の自室に引きこもり、部屋はごみだらけ、ゴキブリだらけ。ペットにネズミを飼っていると噂された。「こんなところにいれば、人はそんなふうになってしまうんです」。兵舎の中でテレビを観るかゲームばかりしている兵士のなかには、頭がおかしくなる者もいた。階級が低いために、特別な許可をもらえず、車を持てない者はもっとつらい環境にあった。

ヘルナンデスの生活が好転したのは、サヤコと出会って、日本語の勉強を始めてからだ。今の彼は、地元の文化を喜んで受け入れた軍のイメージキャラクターのような存在だ。海兵隊の家族支援担当職員のマイクが言うように、「一番重要なのは、日本人の友達を作って、日本人のようにふるまうことだ。そして、日本文化が少しわかるようになると、問題を起こして自分の顔に泥を塗るような真似はしたくないと思うようになる。……文化に溶けこみながら、問題を起こした人の話は聞いたことがない」。ヘルナンデスは、地元住民と勘違いされるほど溶けこんでいたが、それは風貌や言語、文化スキルのなせる業(わざ)だと本人は思っている。「できるだけ溶けこもうと努力しています。それがうまくいったんですね」。彼は沖縄人の同僚から沖縄風のニックネームまで賜った。「これからは比嘉(ひが)って呼ぶからねって言われたんです。だって見るからに日本人なんだもの。本当は日本かアジアの血が流れてるんじゃないのかなって」。サヤコの家族も彼を受け入れ、いつ実家に連れてくるのかと訊いてくる。

基地反対派の話題になると、ヘルナンデスは言った。「できるかぎり僕は地元の人の気持ちに寄り添いたい。でも、僕たちがすぐには沖縄から出ていけないことも理解してもらわなくては。出ていってほしい気持ちはわかりますが、僕に何ができるでしょう?」沖縄にこれほど多くの基地があるのは不公平だと思っている反面、彼は、島には米軍が必要だとも考えていた。要衝の地をほしがっているほかの国から沖縄を守るためだ。

ヘルナンデスは来年、沖縄勤務が終わる予定だが、帰国を望んでいなかった。「日本を新しい祖国にしたいんです。人も文化もこんなに好きになってしまったのに。いまさら国へ戻っても昔のようにはいきません」。サンアントニオの「どこへ行っても危険を感じる」彼が暮らしたような地域で、サヤコを生活させたくもなかった。日本はアメリカやメキシコよりも健全で、お互いを尊重しあう社会だ。今の服務期間が切れたら、ある程度、今までの待遇が維持される予備役になって、いつの日か退役し、島にとどまる計画だった。そのためにも、地位協定が適用される基地内の民間委託業者の仕事を見つけるつもりだ。それができなければ、観光ビザで一回につき二、三か月しかこの国に滞在できない。

もし軍隊に入っていなかったら、何人かの友達のように「今頃自分も墓場の中かもしれない」と振り返る彼は、家族の暴力の連鎖について話したあとで、サヤコとの結婚についても言及した。「父や姉の夫のような真似はぜったいにしないと彼女に伝えました。彼女に殴られるのはいいですよ」。そして、ふたりして笑った。「でも、殴り返す人間にはならないつもりです。そんなこと怖くてできません。父や姉の夫のような気持ちになるのはまっぴらです」。後日、彼は島袋里奈さんの記事について私にツイッター経由で連絡を寄こした。「このことに関してはいろいろ聞いていますが、胸が張り裂けそうです。僕が大切に思うようになった地元の人たちに、あんなことをするなんて想像できません」

結婚を決めた沖縄の海兵隊員と海軍下士官向けにも、軍主催の研修が用意されている。婚前セミナーだ。出席義務を課す研修は、軍当局が構成員の生活を規定する手段でもある。専門家が指摘するように、個人の生活を管理するこの種のプログラムは、兵士を忠誠心のある利他的な戦闘員に再教育する軍の取り組みを補強するものだ。こうしたセミナーで軍の構成員に、成功に必要なツールを授けることができる。[*35]

仕事の一環でこの二日間のセミナーの準備をしたアシュリーは、二〇〇九年のある春の朝、キャンプ・フォスターの外で会うと、私を研修会場へと連れていってくれた。

「いいお天気ね」。受付ブースの前で待っている間、彼女は言った。見上げた空は気持ちよく晴れわたり、目に染みるような青空だった。今朝の彼女は垢抜けていてかっこよかった。ボブの髪は艶やかで、鮮やかなオレンジ色のシャツを黒のスラックスにたくしこみ、細いベルトをきゅっと締めて、ヒールをはいていた。歩いて車に戻るとき、今日のセミナーには地元の女性と結婚する男性が、良くも悪くも大勢出席すると、彼女は教えてくれた。

車で会場となる〈グローブ&アンカー〉へ向かうと、そこはホテルの会議室を思わせる空間で、壁にはマリリン・モンローら往年の映画スターの写真が額に入れて飾ってあった。早々と七〇人ほどの出席者が丸テーブルに着き、コーヒーを飲んだりマフィンを食べたりしていた。新赴任者オリエンテーションのように、ほとんどのカップルはジーンズにTシャツという装いだったが、なかには軍服姿の男性や、体にぴったりしたワンピースにハイヒールをはいている日本人か沖縄人と思しき女性もいた。私はうしろのテーブルに席を見つけた。そこにはアメリカ人カップルと、二〇歳そこそこのスウェットシャツを着た金髪の女性が座っていた。全体的に出席者たちに熱心な様子はなく、早く終わればいいと思っているふうだった。

「日本人と結婚するのですか」、各テーブルを回りながら白人男性が訊ねている。はいと答えた者には資料一式をフィアンセ向けの日本語版とあわせて手渡し、出席者全員の前に出ると、自分は在沖米国総領事館の副領事だと自己紹介した。会場からぱらぱらと拍手が起こった。「アメリカ市民でない人と結婚する人は、挙手をお願いします」と彼が言うと、出席者の三分の一以上の手が挙がった。さらにいくつか質問するうちに、ほとんどのカップルは挙式のために一時帰国するアメリカ人か、日本人と結婚するアメリカ人であることがわかった。[*36]

次に彼は声を大きくすると、パワーポイントのスライドに沿ってさまざまな事例を説明していった――相手の女性がフィリピン人の場合の手続き、移民申請の方法、代理人による婚姻の方法。国境を越えた親による子の連れ去りの問題も取り上げた。そして、もし日本人の妻が子を連れて逃げた場合、アメリカ側には子の引き渡しの請求権がないことを強調した。のちの二〇一四年に日本はハーグ条約（国際的な子の奪取の民事上の側面に関する条約）に加盟することになるが、この条約に加盟する国は各国に置かれた中央当局に対し、子の返還のための援助の申請を行なうことができる。だが、その当時、調停を求めることはできなかった。しかも、別居中や離婚した場合、日本の裁判所は共同監護（養育権）を認めていなかった。離婚すれば通常は母親が子供を引き取る。副領事は、カリフォルニアで夫婦が息子の共同監護をしていたところ、妻が子を日本に連れ去った事例を紹介した。今三歳になる息子に本国で服務する父は会う手立てがない。

「このようなケースを私たちは毎日扱っています」と副領事は言った。「大問題ですよ。よく考えてください」。誰も自分たちの結婚が破綻するとは考えたくないが、現実には五〇パーセントが崩壊すると彼は続けた。軍人の国際結婚の場合、その比率はもっと高かった。

重苦しい内容だが、これがその日のセミナーで一番伝えたいことだった。慎重に願いますよ。隣に座っているこの人とあなたは本当に結婚したいのですね？　楽ではありませんよ。とくに文化や言葉が違う相手と結婚する場合は。一日を通して、おめでとうと祝辞を述べたのはひとりだけだった。ほかの講師はみな、警告に重きを置いたプレゼンをした。軍の弁護士は、クライアントの五分の三は別居していると語った。時には、ほんの二、三か月前に婚前セミナーで見かけたカップルが別居している場合もあるという。「よくよく考えてください」

在沖米軍のこうした態度は今に始まったことではなかった。戦後、占領軍は「現地人」の異性と親しくなるのを思いとどまらせようとしたし、アメリカの一部の地域では異人種間の結婚は依然、違法だった。終戦直後の数年間、米軍は隊員と地元女性との結婚について禁止と許可を繰り返し、男女が親しくなり、付き合って、恋愛関係に陥る現状を受け入れたかと思えば、引き離そうとした。結局、軍の指導者は結婚を許可したが、こうした警告は慣例となり、新赴任者オリエンテーションや文書から消えることはなかった。一九五一年から六四年まで基地に勤務した沖縄人女性はこう回想している。「新米兵士たちにいつも上官が言っていたのは、現地女性と遊びたければ遊んでもいいが、深入りはするな、本気になるなということだった。新兵のオリエンテーションなどで言うだけではなくて、兵士の心得などを書いたパンフレットなどにも書かれていたようです」[*37]

〈グローブ&アンカー〉では、日本人女性が登場し、「英語がさほど話せない女性たち」のために日本語で短いスピーチを行なった。休憩時間になると、会場のうしろで六人ほどの日本人女性が彼女を囲んで集まっていた。

次の講師は聴衆の関心を引こうと一生懸命だった。金髪の若い快活なチャプレンで、映画『プリンセス・ブライド・ストーリー』の主人公バターカップとフンパーディンク王子の婚礼で、牧師がとんでもなく舌足らずに「けっこん……」と言葉を発する場面［恋人が死んだと思いこんだヒロインが、悪漢の求愛を受け入れ結婚しようとする場面］を観せた。「あなた方がこのような目に遭わないことをせつに望みます」と彼はジョークを飛ばした。「意味わかんない」。私のテーブルのアメリカ人カップルはそう言って、顔を見合わせた。セミナーに苛立ちを募らせているようだ。「隣にいる相手の顔をよく見てください」とチャプレンは言った。「今のその人に対する気持ちをどうか忘れないでください。いい時ばかりではありませんから」

彼は、カップルのためにデンバー大学が開発した『予防と関係強化プログラム（PREP）』の小冊子を配り、出席者にさまざまな実践プログラムをその場で体験させようとした。段階評価を使ってふたりの関係を数値化することもできれば、効果的なコミュニケーションの練習や、ロールプレイングもあった。パートナーが出席していない者はただ座っているだけで、何もやることがなかった。カップルの多くは何もしなかった。それを気にする素ぶりもなく、チャプレンはただ明るく話を続けた。

「男の人と女の人とでは違ったふうに話が伝わってしまいます。仕組みが違うのです」。彼はパワーポイントのスライドを見せた。男性はいわば「修理屋」で、助けを求めようとせず、自分で何でも直そうとする。子供時代からそんなふうにプログラムされているのだ。女性は「追いかける人」。「どんな犠牲を払っても」パートナーとつながりを持とうとする。彼が言いたいのは、男女は生物学的に異なるので、能力差や衝突は避けられないということだった。

彼はスクリーンに風刺漫画を映し出した。洗面所の前に女性が立っているが、濡れた髪で顔がよく見えない。背後に向かって手を伸ばし、セリフには「ヘアドライヤーをとって」とある。会場内に男性の低い笑い声が響いた。私は背筋が寒くなった。女性のうしろに立っている男性は、彼女に拳銃を手渡そうとしていた。

アメリカ軍が構成員の配偶者や子供を在外基地へ送り出すようになったのは、冷戦時代からだ。あらゆる決定事項の例に漏れず、家族帯同を認める決定は、円滑な軍事行動を可能にするためだった。[*38] 家族は、基地でのアメリカ人の再生産（生殖）に加え、隊員の士気向上に貢献する（すべての隊員に当てはまるとは限らないが。「ここで私は妻と暮らさなければいけない。なぜあなた方は妻との暮らしから抜け出せたのか、その理由が私にはわからない」と、一九五七年に在沖米軍のある隊員は単身赴任の将校たちに語っている）。[*39] 家族には、兵士と地元女性との付き合いを制限し、その後に派生する問題を未然に防ぐ働きもある。家族が兵士に家庭のぬくもりを与えることで、戦闘訓練中の多数の部隊と共生する地域社会にとっては、緊迫した空気がいくらか和らぐことになる。知り合いのある沖縄人ジャーナリストは、アメリカ人の家族を人質になぞらえた。妻子がいれば、軍の構成員は有事の際、島の防衛にも力が入る。一方、米軍にとってアシュリーのような家族は価値ある人材にもなる。

婚前セミナーの昼休み、アシュリーは海辺のカフェに私を案内してくれた。彼女は基地の外のこのあたりで夫とふたりで暮らしていた。誰が基地の外で暮らせるか、その線引きについては軍の規則が流動的であるものの、一般に単身者は一定の階級以上になれば、兵舎を出ることができる。そして、家族がいる場合、基地内の米軍住宅に空きがなければ、基地の外で生活しなければならない。潤沢な住宅手当を支給され、海辺の絶景を臨む広い新築を賃貸できるので、フェンスの外に住みたがる者は多い。

カフェで、私は講師たちの警告がましい口調について訊ねた。「なんだか怖がらせて追っ払おうとしているみたい」

アシュリーは笑った。文化の違う者同士の関係は難しいと彼女は言った。両者が歩み寄る努力をしなければならず、そうでなければ成功の公算は小さい。うまくいった人たちは、たいてい男性が日本語を学び、女性が英語を学んでいる。うまくいかなかった人たちはお互い相手の言葉を学ばなかった。最初の蜜月が終わると、コミュニケーションがもっとも重要になってくる。セミナーに参加しているカップルは今が蜜月にある。『予防と関係強化プログラム』で、当局はカップルに方向性を示し、ツールを提供し、注意深く熟慮するように警告する。

「セミナーを受講して、カップルが結婚を考えなおすってこともあるのかしら?」と私は質問した。

「ええ。二日目に出席しないカップルもいるわ」。口には出さなかったものの、彼女も講師たちもそれを成果と考えているようだ。離婚で終止符を打つよりも結婚させないほうがいい。

アシュリーはレタスをフォークで突き刺すと、結婚する理由がそもそも間違っていると指摘した。その説明によると、沖縄に勤務する多くの男性は階級が低く、初めて故郷を離れての服務期間にある。兵舎暮らしで車もなく、まわりに「いい女もいない」状況で、生活はぱっとしない。そこで、沖縄人女性とデートを始め、自分のことを愛して大切にしてくれるガールフレンドを見つける。結婚は魅力的だ。基地から出られるし、車も手に入る。給料が上がり、住宅手当ももらえる。アシュリーの話を聞いていた私は、二〇歳のある沖縄人女性のことを思い出した。同い年の海兵隊員のフィアンセが「給料が上がる」から早く結婚しようとせっつくのだという。

アシュリーは食べ物を咀嚼しながら、考えこんでいた。結婚する多くの男性は年が若すぎるというのが、彼女の意見だった。精神的に成熟しておらず、個人的な問題を解決できない。セミナーに出席する男性の平均年齢はだいたい二〇代前半で、沖縄人女性のほうが年長という場合もよくあるという——男性が二二歳、女性が三六歳で思春期前のふたりの子持ちなんてことも。「おかしな状況よ」とアシュリーは言った。年上の女性の動機は理解に苦しむが、男性は初めて親元を離れて、母親のように世話をしてくれる人がほしいのだ。

結婚でもうひとつ大きな問題は、女性が妊娠している場合だ。こうしたカップルは急速に関係が悪化する。女性はすぐにセックスしたがらなくなり、男性はむらむらしてほかの女性に目移りする。妻子に関心を失い、扶養をいやがることもある。こうなると法律の問題になる。アシュリーはいやでもこうした事例をたくさん見てきた。

さまざまな事例に共通する問題が結婚後に浮かび上がる。夫が勤務期間を変更してもらい、沖縄駐在を三年伸ばす。その期間が終了すると、夫はただちに帰国しようとするが、妻の家族と友人は沖縄にいる。そこで夫は沖縄を離れ、妻はとどまる。

アシュリーは皿を押しやると、手を拭いた。「一番いやなのは、アメリカ人が悪者にされる話」。悪いのは米兵で、娘を騙してはらませて捨てたんだというようなイメージを、島の多くの人が持っているとほのめかした。「そんな話ばかりじゃないわ。女だってしょっちゅう男をぺてんにかけている」。彼女はそう言って、水を飲んだ。「タグ・チェイサー」と彼女は口にした。米兵ばかりを追いかけまわす女性のことだ。そして、タイ人女性に恋をした海兵隊員の話を始めた。知り合ってわずか二週間後、彼が結婚したくなると、女は「まず大きなダイヤの指輪を買ってちょうだい」とねだり、買ってやると、行方をくらました。

「しばらくトラブルがないなと思っていたら、こんなとんでもない話が飛びこんでくるの」

後日、私は婚前セミナーで講師を務めた在沖米国総領事館の副領事に話を訊いた。彼はアシュリーがアメリカ人男性を弁護したのと同じようなことを語った。沖縄での典型的な状況はこうだ。二〇歳の沖縄人女性がバーで二二歳の米兵と出会い、ふたりとも互いの言葉は話せなくても「愛し合い」、結婚して、子供が何人かできる。二年の勤務期間が終わり、夫婦はアメリカ、たとえばアーカンソー州へ引っ越す。近くに日本料理店もなければ、日本語を話せる人もおらず、女性はホームシックにかかって、子供たちを連れて沖縄へ里帰りする。六か月離れて暮らすうち、ふたりは離婚するのがいいと決断する。

「こんなふうになるんですよ」。多くの女性は沖縄を離れたがらない――だから結局、シングルマザーになる。父親はろくでなしでも悪い男でもない。子供のために多額の養育費を支払うアメリカ人の父親だっている。日本の法律や日本人の母親のせいで、子供に電話をかける権利ももらえないのに。これはあまり知られていない話だが、こうした場合、「アメリカ人の男性は悪くありません」

　昼休みを終えてセミナーに戻ると、みんな眠そうで、ますます集中できなくなっているようだった。人々は休憩スペースのテーブルに集まって、クッキーを食べ、チャプレンの講義にはお構いなし。チャプレンは子供のことや預金口座の確認など結婚前に話し合うべき事柄について話し続けた。それから英会話教室ベルリッツのコマーシャルを流した。ドイツ人の沿岸警備隊員が無線から「私たちは沈みかけている」と聞こえてきたのに対し、「あなた方は何を考えているのですか」と応答する。

「あなたの英語を上達させましょう」というキャッチフレーズが画面に現われた。ジョーンズ大佐が私にほのめかしたように、アメリカ人のパートナーとコミュニケーションをとるために外国語のスキルを上達させる責任は沖縄人女性にあって、その逆はないという思想がにじみ出ていた。

　セミナーは予定より一時間早く終わった。次の日、私はまた出かけていって、ひとりで来ていた退屈そうな金髪の女性兵士と同じテーブルにまた座り、セミナーについての感想を訊ねた。「ばかばかしい」と彼女は言った。こんなことは全部、アメリカにいるボーイフレンドとすでに話し合っていた。ただ、セミナーで仕事が休めるので彼女は喜んでいた。「残りがあと何章かずっと数えているわ」と言って、『予防と関係強化プログラム』の冊子を指で突いた。「早く終わらないかしら」

　チャプレンは講義を続け、話題はセックスに移った（一般に、女性は感覚や感情に重きを置き、男性のほうは行為に重きを置くと彼は述べた）。休み時間に、赤いビラボン［オーストラリアのサーフブランド］のTシャツにカーゴパンツ姿のまだ年若い白人男性に話しかけた。彼はセミナーが気に入ったという。コミュニケーションをはじめ、沖縄人のフィアンセとふたりで取り組むべき問題をいろいろ教えてくれる。彼女は英語がうまいし、彼もある程度、日本語を勉強していた。だが、言い争いになると、彼女は英語を「忘れてしまい」、言葉に問題が生じた。セミナーは、ふたりが衝突した際の、会話のもっと効果的な組み立て方をアドバイスしていた。

私は文化の壁について訊ねた。

彼は首を振って、にっこりした。「彼女の家族はアメリカ人が大好きなんだ」

チャプレンの話を聴いているとき、アシュリーが会場の隅で同僚に何やらささやいているのが見えた。セミナーの間、彼女はほとんど裏方に徹し、ときどき講師の紹介や指示をアナウンスしていた。アシュリーも軍人と若くして結婚した。同じ大学に通ったが、文化的素地は異なる。彼女の結婚生活はこの先ここにいる人たちよりうまくいくのだろうか。夫の海外赴任についてくるために、彼女は若くして結婚したのだろうか。ふたりともまだ蜜月の時期にあるようだ。本国から遠く離れたこの島で、現実から切り離されて。

その年の九月、湿度が下がり、太陽の光が変化して、すっかり秋めいた日、私は「ＯＫＩＮＡＰＡ（オキナパ）」と呼ばれる基地のワイン試飲イベントに来ていた。着飾った軍の構成員とその配偶者でにぎわう会場で、ばったりアシュリーに会った。彼女は私の腕をつかむと、人混みから連れ出した。そして、友人がアフガニスタンで戦死したと言った。春の聖パトリックの祝日の飛行隊のパーティで、私は彼に会っていた。

　覚えている。彼のフィアンセは緑のシルクハットをかぶったセクシーな女性医師だ。ダンスフロアでずっと彼のそばで踊っていた。ふたりで暮らすマンションのキッチンで、欲情に駆られ、互いの服をはぎ取った話もアシュリーから聞いていた。あのパーティのあと、ふたりは結婚し、その三週間後、彼はアフガニスタンの戦闘部隊に志願して、屋上での銃撃戦で亡くなったという。

「いまだに信じられないわ」。自分の両肩を抱くように身を縮めると、アシュリーはほろ酔い加減のカップルの群れを凝視した。顔が青ざめ、思いつめた様子だった。緑色のウィッグをつけて踊りながら、沖縄は大学生活の延長だ、パーティだと言い放ったのは、ついこの前のこと。だが沖縄は大学とは違っていた。米軍当局はビーチや馴染みのアメリカンフード、パーティ、スキューバダイビングを宣伝する。だから軍の構成員は沖縄に駐留する本当の理由を深く考えない。真の目的は、戦闘訓練と戦闘準備だ。島に駐留する軍の構成員は定期的に中東へ派遣される。この世界と、遠く離れた戦場とは一直線に結ばれている。ヘルナンデスのような男性やアシュリー夫妻のようなカップルには沖縄が楽しくて安全なパラダイスに見えようとも、この島に米軍がいるのは、戦争のためなのだ。

　アシュリーはその未亡人にワインを届けているのだと言った。悪いことだとはわかっているが、気休めにはなる。「ほかに何ができるというの？　どうすればいいか私にはわからない」。彼女は私の顔を見た。「なんでこんなことになっちゃうの？」

第4章 サチコ

沖縄に初めて戦争がやってきたのは、本島ではなく、南西に点在する小島だった。慶良間諸島の渡嘉敷島は、美しい森、ターコイズブルーの海、サンゴなどの死骸が太陽にさらされてできた白い砂浜からなるオアシスだ。南北九キロ、東西二・八キロの大きさで、本島の沖合約三二キロに位置するこの島には一度、日帰り旅行で訪れたことがあった。リラックスできると太鼓判を押した旅行会社は、船で島まで連れていくと、私たちを海岸に降ろした。眩しくて暑くてまともに目が開けられない。細めた目の間から、きれいな波打ち際目がけ、まっしぐらに駆けていく人影が見えた。海岸でみんなで写真を撮ったが、あとで現像してみるとどれも露出オーバーだった。しばらくして私はビーチを離れ、ジャングルの中へと入り、小高い丘を上った。木々からは蝉しぐれが降りしきっていた。私は展望台に立って、海を一望した。トンボが空を切るように飛んでいた。何もかもが暑さに封じこめられ、ぼんやりと感じられた。この日を、沖縄に対する私の意識に火をつけ、心に焼きついた物語と結びつけるようになったのは、のちのことである。

宮城幸子は戦前の渡嘉敷で大きくなった。一九二七年、彼女は真喜屋実意とナへの子として、九人きょうだいの七番目に生まれた。母は子供や人の面倒をよくみる親切で優しい人だった。父は地域の指導者で、教員から国民学校の校長となり、のちに渡嘉敷村の村長、産業組合長を歴任し、村民を愛し、村民に愛された陽気な人物として知られている。実意は自分で子供たちの髪を切り、娘たちを伝統的なおかっぱ頭、前髪をぷつんと切ったボブにした。ほかの子よりも短く耳の上で髪を切り揃えられた幸子が文句を言うと、このほうがかわいいんだと実意は請け合った。

当時、島の食料は乏しくなることもあったが、地域の生活は豊かだった。漁師たちは海へ出ると大きなカツオを釣り上げ、大漁旗を掲げて島民に豊漁を知らせた。人々が浜辺にやってきて漁師の帰りを待っていると、水揚げしたばかりの魚の頭をその場で叩き切り、ただでみんなに配ってくれた。その頭で女たちは汁物を作り、それが家族のご馳走になった。幸子は家族のために働き、食料集めをしたが、こうした日課は冒険でもあった。友達と一緒に山を探検し、澄んだ空気と常緑樹のなかを歩きながら食用の植物を探した。それでも遊ぶ時間はあった——縄跳び、コマ回し、ボール投げ。畑からスイカをとってきて、井戸で冷やすこともあった。

上のきょうだいのように高等小学校を卒業すると、幸子はのどかな生活に別れを告げ、進学のため本島へ渡った。渡嘉敷島には中等学校〔旧制の中学校・高等女学校・実業学校の総称〕がなかったのだ。せわしい都会の那覇近郊へと引っ越すと、幸子は首里高等女学校へ入学し、裁縫や織物、染色を学んだ。日本中がそうだったように、教育も天皇に奉仕するためであり、生徒たちは天皇への献身を教えこまれた。[*1] 一九三一年の満州侵略で日本は戦争に突入し、軍国主義教育が強化された。幸子のような沖縄の学生は黒っぽい制服を着て整列し、北東方向へ九〇度以上頭を下げて礼をしたが、その方角のはるか遠方には皇居があった。毎朝、神宮大麻（皇室の祖神とされた天照大神のお札）にご飯と水を供え、二礼二拍一礼し、食事の前にはその都度、食物に対し天皇に感謝を捧げた。日本はほかのアジア諸国の盟主として、西洋の支配からアジアを守る、大東亜共栄圏創設のため聖戦を行なっていると、学生たちは信じていた。

この戦争プロパガンダを政府は日本国民に対し、前面に押し出した。[*2] マスメディアは国家の代弁者となり、戦況ニュースでは軍の勝利ばかりが大々的に報道され、「天皇陛下万歳」と叫んで死ぬ勇気ある兵士という架空の宣伝（証言によると、ほとんどの兵士の末期の言葉は、母や妻への呼びかけだった）が行なわれ、戦死は「玉砕（玉のように美しく砕ける）」「花（桜）と散る」と表現された。敵は白人の帝国主義者で「鬼畜」だった。海外での日本軍の敗退や残虐行為については検閲で削除された。日記の記述でさえ、疑念を言葉にする者は、「非国民」のレッテルを貼られ、思想警察〔特別高等警察。「特高」として知られた〕に連行された。

戦争が本土へ迫ってくると、沖縄人は日本人と歩調を合わせて、ますます軍国主義に染まっていった。[*3] 好戦的愛国主義のプロパガンダ漬けになった人々は、戦争に備えて訓練を始めた。

戦える若い沖縄の男たちは召集され、「バンザイ」の歓呼の声に見送られ、アジアや太平洋の戦場へと旅立った。あとに残った男や女、子供は防空訓練を行ない、隣組を結成し、乏しい食糧の配給や灯火管制をとりしきった。主婦は大日本婦人会に加入し、戦地へ男を送り出す際に、琉球舞踊を披露し、千人針——白いさらしに赤い糸でひとり一針、一〇〇〇人の女性に結び目を作ってもらい、その布を腹巻にすると弾よけになると信じられた——を贈った。

一九四四年に一七歳になった幸子のような沖縄の中等学校上級生の教育は、軍事教練が中心になった——防空訓練、竹槍訓練、忍耐心の養成のための終日の行軍。幸子たちの制服は憧れのセーラー服から、だぶだぶのもんぺになった。授業が実施されることもますます少なくなり、校舎は移駐してきた大日本帝国軍が兵舎として使用した。中等学校低学年や国民学校［一九四一年に小学校が改組］高等科の生徒までが動員され、陣地構築や食料増産作業［荒れ地を開墾し、イモや大豆などを栽培した］にあたった。高等女学校四年生の幸子は那覇市内で飛行場建設を手伝い、滑走路の石の除去作業などをした。防空壕掘りも行なった。沖縄にはハチの巣状に数多くの石灰岩の自然洞窟があり、ここは古来、琉球の人々にとって聖域だった。祖霊を崇める場であり、墓地でもあったが、これが島の山腹に列をなす人工壕の先駆けとなった。[*4] 戦時中にこれらは防空壕となり、大日本帝国軍はさらなる建設を求めた。

一九四四年夏、日本軍指導部は沖縄の女性や子供、高齢者の疎開を決定した。軍の関心事は住民の安全ではなく、食料の「口減らし」だった。部隊の投入に伴い、戦力にならない住民は島から出ていってもらいたい。だが、疎開をいやがる者もいた。当時すでに沖縄海域はアメリカの潜水艦や戦闘機が襲来し、油断ならなかった。一番下の弟・実美が船で九州へ疎開する話が持ち上がると、父・実意は断った。実美は小さい頃、実意が溺愛した末っ子だ。船の旅は危険すぎると実意は思ったが、疎開するほうが安全という教師たちの言葉にほだされて、受け入れた。渡嘉敷島から出港する船内に末息子の姿が消えても、実意は息子から自分が見えなくなるまで、ずっと手を振り続けていた。彼にとってこれが子供たちの見納めとなった。

実美と教師だった上の姉ふたりは、数多くの子供たちと一緒にこの時、沖縄県から疎開した。一行を乗せた船はほかの船と船団を組み、海を進んだが、そのうちの一隻、八〇〇人ほどの学童が乗船する対馬丸が、二日目の夜、鹿児島県沖でアメリカ軍の潜水艦が発射した魚雷により沈没、約一七〇〇名の民間人の乗員の大多数が亡くなった。[*5] 実美の船は無事だった。

沖縄では、兵力不足の日本軍増強のため、ますます多くの人々が動員された。「防衛隊」という補助兵力部隊が一七歳から四五歳までの男子から組織され、戦闘訓練もないまま兵士として戦うよう命じられた。日本軍の兵士が減るにつれて、最終的には病人や高齢者、年少者、身体障碍者も防衛隊に組みこまれた。軍は、県内にある中等学校二一校すべての生徒も動員した。一五歳から一九歳の少女は「従軍看護隊」に参加し、医療補助を学びながら、壕に急ごしらえの野戦病院を設営する準備を手伝った。[*6] 一四歳から一九歳の少年は「鉄血勤皇隊」や「通信隊」に編成された。任務は通信や伝令、物資の運搬、電話線や橋梁の修理を行なうこと。幸子と同じ学校の生徒六一人は一九四五年一月に看護訓練を受けはじめ、三月初めに瑞泉学徒隊に編成された。

戦時教育の影響で、動員された学徒たちは大日本帝国軍に並び立つ者はなく、米兵は「鬼畜」であり、侵略すればいっさいの慈悲を示さず、子供を八つ裂きに、男を戦車でぺちゃんこにし、女や娘を凌辱すると信じた。日本軍の兵士の語るこうした話は、おそらくアジア一帯での自分たちの残虐行為から思いついたものだろう。[7] 大日本帝国軍が中国で行なった情け容赦ない強姦や苛酷な暴行、拷問、殺害を、沖縄人に語って聞かせ、もしアメリカ軍の捕虜になれば、沖縄人も同じ目に遭うとほのめかす者もいた。[8]

大日本帝国軍は兵士に対し、投降して戦争捕虜になることを禁じ、背く者は死刑にした。[9] 戦争が続くなか、この軍の方針は国家のプロパガンダによって全国民に伝えられた。「一億特攻（集団自殺部隊）」[10]「一億玉砕」のスローガンのもと、日本国民は一丸となった。日本で二等国民として扱われていた沖縄人は、愛国心や日本臣民としてのアイデンティティを証明しようと、なおさら自分の命を捧げる覚悟だったかもしれない。「皇国のため天皇のため自分の体をささげるという意識を持っていた」と、ある通信隊員は語っている。「この戦争はやむにやまれぬもので、存亡にかかわるものだと教えられた」[11]。鉄血勤皇隊員のひとりは、怖かったが、甘んじて死を受け入れたと回想する。「骨の髄まで国家主義の教育がしみ込んでいたんですね」[12]。少女たちもいずれ戦場で絶命し、日本本土の靖国神社で英霊たちとともに祀られる日を夢見た。おかっぱ頭やおさげ髪の少女たちはまた、「我が大君に召されたる命（略）いざ征けつはもの」と『出征兵士を送る歌』を歌った。[13] 使命に自信を深めた少女たちは、勉学の合間に兵士を助ける自分を想像し、勉強道具や洗面用品を持って戦場へ旅立った。赤十字の旗に守られて、情け深く日本兵の世話をして、傷に白い包帯を巻き、慰めの言葉をつぶやくことになるのだろうと夢見つつ。

一九四五年三月二七日の夜、幸子と学友はこれからの活動の場となる人工壕のナゲーラ壕、第六二師団野戦病院の外に集まると、急ごしらえの卒業式に参加した。式場は草の生えた一画にろうそくを灯した兵舎テントだった。出席者は校長ほか数名。少女たちは師団名の書かれた名札を受け取り、大日本帝国軍の軍属になった。式典の間、少女たちは意気消沈し、もう両親に会えない寂しさやこれから味わうであろう恐怖を思い、胸が締めつけられていた。「校歌を歌ったけれど、みんな途中で泣き出して声になりませんでした」とある卒業生は回想している。「私たちには何の希望もなかったですから」[14]。病院の院長の一声で、一同の不安は確信へと変わった。「諸君は僕とともに戦死する」[15]。これとは異なる情景を記憶する卒業生もいた。式典では「海行かば水漬く屍、山行かば草生す屍、大君の辺にこそ死なめ」とみんなで軍歌を歌ったという。歌が中断されたのは、少女たちが泣いたからではなく、すぐ近くで被弾し、土砂がテントにふりかかったからだ[16]。

その五日後の四月一日、アメリカ軍が沖縄本島に上陸。幸子ら島中の従軍看護隊は戦場へ投げ出された。野戦病院に次々と負傷兵が運びこまれ、重症患者が壕の外にあふれるようになった。「兵士たちの姿にみんな身がすくんだ」とある女性は振り返る。「顔のない人、手足のない人もいた。二〇代、三〇代の若い男の人が赤ん坊のように泣き叫んでいた。それもものすごい数で」[17]。兵士を粗末な二段ベッドに寝かせ、世話をするのが彼女たちの仕事だった。幸子と学友が新しい任務にショックのあまり凍りついていると、上官が動けと命じた。傷口の膿に群がるウジを洗面器にかき出し、男性の露出した体に強張りながら、便器で用を足させ、排泄物を樽に集めて捨てに行った。外科手術では麻酔のない状態で手術を受ける兵士の体を押さえつけた。手足は切断されてもまだ熱を帯び、それを捨てるのも少女たちの仕事だった。幸子はメスの下で屈強な兵士が堪えきれずに叫び声を上げ、泣きじゃくるのを見た。目の手術の痛みがもっとも激しいことを知った。瀕死の兵士は水がほしいと訴え、精神に変調をきたした患者が飢餓に耐えられずに戦友の腕や脚を焼いてよこせと叫んだ。故郷で待つ家族の思い出を語る者もいたが、苦悶のあまりいらだって、少女たちの作業がもたつくものなら無能呼ばわり、顔に平手打ちを食らわせ、はるばる本土から沖縄の防衛にやってきたのに、「何たる仕打ちか、このざまは」と当たり散らす者もいた。「敵が上陸して、沖縄娘はアメリカ人と懇ろとのもっぱらの噂だ。おまえたちも手に手を取って消えたらどうだ」とがみがみ言う者もいた。[*18]

　軍部も学徒隊に危険な任務を命じた――壕の外での遺体や四肢の埋葬、伝令、包帯の洗濯、食事や医薬品の運搬。こうした作業に出向くたび、銃撃や爆撃にさらされた。こうして少女たちは死んでいった。病棟壕がアメリカ軍による爆弾やガス弾の攻撃を受け、手足がちぎれ、頭が吹き飛んで死ぬ者もいれば、有毒ガスを吸って死ぬ者もいた。瑞泉学徒隊が勤務した南風原町のナゲーラ壕では、三人の少女が亡くなった。うちふたりは病死、ひとりは水汲み中の榴散弾の負傷による。「今日は私が死ぬ番だ」と毎日思いながらも、幸子は死への恐怖を感じなかった。望みはただ、苦しまず即死すること。他方、食料は乏しくなる一方だった。学徒と兵士はおにぎり一個で一日をしのいだ。それは少女の手のひらにすっぽり収まるほど小さなものだった。家から持ってきた櫛も鏡も歯ブラシも役には立たなくなった。身づくろいする時間も体を清潔に保つ水もなかった。顔には汚れがべったりこびりつき、頭にはシラミが、体にはノミがわいた。洞窟はすし詰めとなり、少女たちは寝る暇があれば、立ったまま眠った。月経や排便といった体の機能が停止した。当時の戦闘を思い出して、ある女性は「生きた心地がしなかった」と語っている。*19

沖縄戦で幸子のような少女たちが働き、亡くなった野戦病院壕跡のひとつに、幸子の娘の千恵が私を連れていってくれたのは、二〇〇九年の、湿っぽい風の吹くよく晴れた日のことだった。千恵は当時五〇代前半、高校の英語教師で平和活動家だ。この数年後には、大浦湾の抗議活動の現場にも私を案内してくれることになる。カラフルな服装で知られる彼女は、その日、ともに色鮮やかなピンクのシャツとジーンズをはいていた。髪は横でひとつにまとめ、ハイビスカスの造花をさしている。沖縄戦の激戦地となった島の南部へ車で行くと、ヘルメットと懐中電灯で支度をして、私たちは洞窟へ向かった。戦時中の恐怖を事務的に伝える入り口の立て札を、千恵が翻訳してくれた。立て札の解説によると、沖縄戦の間、島の多くの自然洞窟が日本軍や沖縄の民間人の隠れ家となった。この洞窟は病院として機能し、脳を損傷した瀕死の兵士をはじめ、ありとあらゆる傷を負った数多くの兵士がここで身を休めた。トイレや炊事場、寝床もあった。医師は麻酔薬なしで手術を行なった。歩ける者がこの場を離れなければならなくなると、置き去りとなる負傷者を即死させるため、注射で毒殺した。

洞窟が人々の命を救ったと、千恵は何度も口にした。地上で起こっていることに比べれば、洞窟の中は天国だったと。

私たちは壕内へ入った。ヘルメットと懐中電灯を持ってきてよかったとつくづく思った。通路は傾斜が急で滑りやすく、私は何度も岩に頭をぶつけてしまった。壕の中には闇が広がり、急に温度が下がった。大きな洞窟にいるのだと実感したのは、水滴がぽたぽた腕にしたたり、懐中電灯の光に驚いたコウモリが頭上で飛びかかったからだ。地面には瓶と陶器の破片が落ちていた――ラベルを見て、ひとつは一九七〇年代製の瓶だと千恵が教えてくれた。時にはほかのグループの声がこだまするのを聞くこともあるが、たいていいつも誰もいないという。

千恵は私に懐中電灯を消すよう言った。鼻をつままれてもわからない闇のなかに放りこまれた。戦争について、人々が耐えたもの――悪臭やうめき声、わめき声、暗闇――について千恵は話してくれた。それでも地上よりここのほうがましだった。叔母の文もこうした洞窟で従軍看護隊として働いたが、その詳細は知らないという。戦争末期に亡くなったからだ。

「この洞窟ではいまでも遺骨が発見される」と彼女は言った。

苦労して洞穴を進みながら、私は千恵が語った当時の状況を想像しようとした。腐っていく肉体や糞便の鼻がもげそうな悪臭、苦悶の叫び、闇のなかでぎゅうぎゅうに接し合う温かい肉体、ぬるぬると鉄のにおいのする血。戦況がさらに悪化すると、尋常でない音が聞こえてきた――ウジが腐肉を食む音だ。洞穴に差しこむ月明かりに照らされて、ウジの群れの白い花が咲く。そのウジの音を、ある生存者は「グッグッと、まるで物が煮えたぎるような音」と表現していた。[20] 地上で爆弾が爆発するたびに、洞窟の天井から石がざあざあ降ってくる。疲労と飢餓に加え、あまりに引き延ばされた死の恐怖で、体中が麻痺してもう何も感じなくなる。一瞬、子供の泣き声が上がるが、日本兵が口を塞ぎ、永遠の沈黙が訪れる。その間もずっとアメリカ人が地上を歩きまわり、服をはぎ取って強姦しよう、体を切り刻もう、殺害しようと待ちかまえているのだ。

　陽の光のなかへ出て、目をしばたいていると、蒸し蒸しする暑さが再び襲ってきた。ビジターセンターの中へ入ると、最近、工事現場で爆発した第二次世界大戦中の不発弾に関する記事が掲出されていた。[21] 糸満市で水道管の敷設工事中、パワーショベルが土に喰らいついた瞬間、爆発し、直径約五メートル、深さ約一・五メートルの穴が開いた。爆風で近所の高齢者施設などの窓ガラス一〇〇枚あまりが割れ、パワーショベルを操作していた作業員のヘルメットが吹き飛んだ。作業員は顔面に重傷を負ったが、命はとりとめた。ほかに高齢者ひとりがけがをした。次にどこで爆発が起こるか誰にもわからない。「沖縄南部すべてが同じ問題を抱えている。不発弾がどこに埋まっているかは不明だ」と近隣の行政区の長がコメントしていた。[22] これまでにも爆発事故は多数あったが、一九七四年には那覇市の幼稚園近くで下水道工事中に爆発が起こった。当時、園内ではひなまつり会の最中で、幼稚園児と保護者四〇〇人ほどが集まっていた。その時、作業員が土留めのため地中に打ちこんだパイルが、不発弾にぶち当たった。この爆発で作業員ら三人と三歳児ひとりが爆風で飛ばされたり、生き埋めになるなどして亡くなった。[*23]

ロケット弾、弾丸、砲弾、手榴弾、照明弾、機関銃の弾薬、地雷——あらゆる兵器が日常的に島のいたるところで発見される。戦闘中、島に落とされた約二〇万トンの爆発物のうち二五〇〇トンの不発弾が沖縄に眠っているとされる[*24]［沖縄県「不発弾等処理事業の概況」によると、二〇一六年度現在、埋没されている不発弾は約一九八五トンあまり］。学校の先生は子供たちに、弾丸や爆弾、手榴弾かと思ったら、その錆びた物体には近づいてはいけないと教え、自衛隊は発見された爆発物の処理に定期的に駆り出されている。千恵の話では、沖縄の人々はこの糸満市での事故の責任を政府に求め、賠償を望んでいるが、政府はそれを拒んでいるという。

大日本帝国軍の作戦はできるかぎり沖縄戦を長引かせることであり、司令部は最初から勝ち目がないと知っていた。[*25] なんといってもアメリカの兵力は日本の五倍だ。戦闘で連合軍側にできるだけ多くの死傷者を出させ、沖縄が本土攻略の基地になるのを遅らせるため、日本の指導者は沖縄の民間人の命を犠牲にすることを厭わなかった。日本軍は本島南部で壕を掘り進め、そこでアメリカ軍を迎え撃とうとし、一方のアメリカ軍は中部の海岸に上陸後、二手に分かれた。北上したアメリカ軍部隊はほとんど抵抗にあわず進軍。南下した部隊は激戦に遭遇した。沖縄の民間人にとっても島の南北どちらへ逃げるかが生死を分けた。那覇はアメリカ軍の上陸の数か月前に大規模な空襲を受けていたが、大日本帝国軍司令部のある南部へ疎開するほうが安全だと考える沖縄人もいた。地上戦によるアメリカ軍の進撃が始まると、住民は北か南へ逃げた。北部でアメリカ軍は住民をただちに連行し、収容所へ送った。そこで人々は食料を与えられ、戦線から離れることができた。南部の住民は戦闘に巻きこまれ、爆撃や砲撃にさらされ、避難所や食料を日本兵と奪い合う境遇に陥り、武器を持つ兵士に負けた。沖縄人は砲弾や弾丸の雨が我が身に当たらないことを祈りながら、飲料水や残飯、隠れ家を絶えず求めて、あちこちさまよった。離散する家族もいれば、家族に死なれる者もいた。

一九四五年の五月も終わりに向かう頃、沖縄の日本軍は総勢約一一万のうち三分の二ほどを失い、看護隊を従え、南への撤退を開始した。洞窟の野戦病院は見捨てられ、負傷して動けない兵士や学徒は置き去りか毒殺、あるいは手榴弾による自殺を迫られた。この運命に身をゆだねる傷病者もいれば、何が何でも死に抗う者もいた。医療従事者は抵抗する兵士を押さえつけて、毒薬注射を投与したという。ある女子学徒は、両脚を失った兵士が泥まみれになりながら、体を引きずって進む光景を目にして恐ろしかったと振り返る。

南への旅は新たな地獄だった。砲弾と雨が降りそそぎ、あちこちの弾痕に水が溜まり、ぬかるみを歩くのに難渋する道には水を吸って膨らんだ死体が散乱し、けがを負って疲弊した兵士や住民があふれていた。息絶えた両親の亡骸（なきがら）にしがみつく子供たちが、女子学徒に向かって「お姉ちゃん！」と叫んだが、足を止めることもできず、学友を乗せた担架を担いで、砲弾に当たらないよう逃げ続けるしかなかった。彼女たちは目に焼きついて一生忘れられない光景も目にした――頭部のない母親の乳を吸っている赤ん坊。爆発による衝撃で眼球がぶら下がった兵士。顔も尻も手足も吹き飛ばされた人体に内臓を詰め戻している学友たち。少女たちはこの種の死に感覚が麻痺していった。「もっと怖かったのは自分」とある看護隊の学徒は語っている。「死体を見ても涙も出ない、悪魔のようになってたんです。冷たい人間になっているのを感じました」[26]。瑞泉学徒隊のひとりは回想する。「なんとも思わない、人情がはたらかない、自分の心のなかに。（略）人間が人間でなくなるということをあとで感じたわけです」[27]

日本兵およそ三万、民間人およそ一〇万は本島の南端のますます狭い地域へ追いつめられていった。その先は海。振り返ればアメリカ軍が迫っていた。日本軍が首里にある司令部壕で降伏もしくは最後の抵抗を行なう代わりに、時間稼ぎの退却を選択した結果、この時期にもっとも多くの住民が亡くなった。日本軍（と看護隊）は南進しながら、住民を洞窟の隠れ家から追い出し、戦場で多くを戦死させた。伊原の壕を乗っ取るため、住民に出ていくよう日本兵が命じるのを見た幸子は、追い出された人たちがすぐにも死んでしまうと知っていた。その後生涯にわたる信念をこの時、幸子は形成しはじめた――軍隊は人々を守ってくれず、人々に害をなす。

戦局が混迷を深めたのは、六月半ば。米軍司令官のサイモン・ボリバー・バックナー中将が砲弾を受けて炸裂した岩片により戦死し、日本陸軍第三二軍司令官の牛島満中将が最後の軍命令を発したあとだ。「今や刃折れ矢尽き軍の運命旦夕に迫る。既に部隊間の通信連絡杜絶せんとし軍司令官の指揮は至難となれり。爾今各部隊は各局地における生存者中の上級者之を指揮し最後迄敢闘し悠久の大義に生くべし」[28]。この声明の数日後、牛島は正式に降伏することなく自決し、さらに戦闘を引き延ばした。アメリカ軍は「掃討作戦」を開始、司令官の戦死への復讐とも言われる残忍さをもって、兵士や住民を処分した。

焼けつくような六月の太陽の下、従軍看護隊の学徒たちは南の海岸をさまよった。目の前の入り江はアメリカの戦艦に埋めつくされ、背後には火炎放射器を持った兵士たちが迫っていた。この時まで生き残っていた少女たちはひとつの決断を迫られた。海岸の崖に隠れている住民に対し、米兵は投降を呼びかけた。「米軍が保護します」と戦艦から放送が流れた。「食べ物もあります。米軍が救助します」[*29]。しかし、敵に対する戦時教育は功を奏していた。「生きて虜囚(りょしゅう)の辱めを受けず」という「戦陣訓」の一節を少女たちは暗唱していた[*30]。投降しようとする戦友を日本兵が銃殺するのも目撃していた。学徒たちに生きるよう励ます日本兵もいたが、「最後まで戦え」という軍の方針を押しとおす者もいた。ある日本兵から幸子は自殺の方法を教わっていた。心臓近くに手榴弾を持っていき、爆発させれば、即死できる[*31]。

　アメリカ人の保護の約束など、誰も信じなかった。「悪魔の声」を聞いているのだと思ったとひめゆり学徒隊の宮城喜久子は回想する。「子供のときからずっと、〔アメリカ人を〕憎むことだけを教えられてきた。娘を裸にして、思う存分凌辱して、戦車で轢き殺すのだと。私たちは本当だと信じていた。（略）そして教えこまれてきたことが、私たちの命を奪ったのだ」。投降する代わりに、喜久子の学友たちはみなで自決しようと教師に哀訴した。いきなり至近距離から米兵に乱射され、追いつめられた教師はとっさに一同が潜む壕の中で手榴弾のピンを抜き、九人の少女とともに亡くなった。「私たちは服を剝ぎ取られ裸にされるのがあまりに恐ろしかっただけです。娘にとってこれほど怖いことはありませんから」[*32]

戦争中、日本本土の都市は大空襲に見舞われ、広島と長崎は原子爆弾を投下された。本土ではおよそ三〇万から四〇万人の民間人が命を落とした。日本で唯一戦場となった沖縄の民間人死亡率はもっとずっと高く、県の人口約四五万人のうちおよそ一四万人が亡くなった[*33]［県の人口と死亡者数は諸説ある］。九〇日の戦闘の結果、三分の一近くの沖縄人が犠牲になったことになる。[*34]日本軍に召集された者の死亡率はさらに高かった。戦闘訓練を受けていない防衛隊の「兵士」およそ二万二〇〇〇人のうち六〇パーセントが亡くなり、大日本帝国軍が半島から連れてきて、戦闘や肉体労働、性労働を強制した朝鮮人も、おそらく大多数が亡くなったと思われる。[*35]

甘い愛国心を抱き瑞泉学徒隊に入隊した六一人の少女のうち、三三人が命を落とした。[*36]幸子は生存者のひとりになった。ひとりまたひとりと級友が死んでいくのを目撃し、次は自分の番だと毎日考えながら壕の中でなんとか生き延びた。沖縄で起こったことを本土の日本人に伝えるためにも生きるのだと言った軍医の言葉が、自決を思いとどまる助けとなった。この体験を戦後長い間、胸の奥にしまいつづけ、記憶から自分を守っていた幸子だったが、ついにある時、試練の間に芽生えた反戦の思想を広めるため、語り部として生きる決意をする。

隠れていた幸子と学友がアメリカ軍に発見され、捕虜になったとき、幸子の洞窟での生活は終わった。驚いたことに、軍服のアメリカ人は日本人よりも親切に思えた。

幸子の一番下の弟・実美と上の姉たちも、本土へ疎開して戦渦を生き延びた。結局九人きょうだいのうちふたりが命を落とした。召集された長兄は本土で戦死し、従軍看護婦となった姉は栄養失調で亡くなった。まもなく幸子は渡嘉敷島の両親も幸運に恵まれなかったことを知った。沖縄戦が始まる前にすでにふたりは亡くなっていたが、それは恐怖に満ちた戦闘のなかでももっとも身の毛もよだつ状況下での出来事だった。*[37]

本島上陸の一週間前、慶良間諸島にアメリカ軍は現われた。渡嘉敷島に布陣した日本軍の赤松嘉次（よしつぐ）大尉は、ひとり乗りのモーターボートでアメリカの艦船に接近し、爆雷を投下する使命を負った隊員およそ一〇〇名の海上挺進戦隊の隊長だった。赤松の方針は沖縄人に対して無慈悲だった。いかなる者も、たとえ民間人であっても、アメリカ人に投降、協力してはならない。一九四五年三月末にアメリカの艦隊が押し寄せると、島民に対しすべての食料を戦隊へ引き渡し、指定された場所に集まるよう命令が下された。

五〇〇～一〇〇〇人ほどの村人が長い道のりをかけて到着したその場所の近くには日本軍の陣地があり、恩納川が流れていた。アメリカ軍の赤く光る曳光弾（えいこうだん）の猛攻のなか、一晩かけて歩いてきた者もいた。集まった人々のなかには幸子の両親の姿もあった。この時、子供たちは全員、本土に疎開したか軍に動員されて、島を離れていた。

村人たちはこれが最期かもしれないと思いながらも、その朝、女性たちはきれいに身づくろいし、髪を整えていた。何分だったか何時間だったか、刻一刻と待っていると、ついに防衛隊員から伝令を受けた――自決せよ〔軍命の事実関係については議論がある〕。隊員から手榴弾が配られたものの、三〇個ほどしかなかった。発火しない手榴弾が多かったが、爆発するものもあり、手榴弾のまわりに身を寄せてひと塊になった男や女、子供たちが爆死した。爆音を聞きつけたアメリカ軍が砲撃を始め、砲弾の雨が襲いかかると、渡嘉敷の島民に異常心理が伝播した。次に起こったことを理解するのは難しい。この光景は理解も想像も絶するように思われる。吹きこまれた軍人精神、アメリカ軍に惨殺・強姦されるという恐怖心、投降を禁じる日本兵の脅し、戦争の異常心理が混然一体となって、渡嘉敷島の人々を死に駆り立てた。日本兵は特攻隊の使命を遂行しているものと村人は考えた。ならば残された道はただひとつ、国家の言う名誉の玉砕をするときだ。自分たちがこれから突入するのは、せめてもの愛ある行為。

混乱と恐怖に陥った住民は［自力では死ねない］自分の家族を手にかけた。手榴弾がなくなると、カミソリや斧、鎌、棒きれ、石、紐(ひも)、身近にあるものが次々に凶器となった。息子が刃物で母親の首を刺し、兄が妹の頭部を石で叩き、男がへし折った大枝で妻子を殴り殺した。

「以心伝心で、私ども住民は、愛する肉親に手を掛けていきました。（略）私たちは『生き残る』ことが恐ろしかったのです。（略）〝共死〟の定めから取り残されることへの恐怖は頂点に達しました」と生存者の金城重明［沖縄キリスト教短期大学元学長］は語っている。当時一六歳の金城は、母と兄、弟、妹と一緒だった。「私の記憶では、最初は母でした。紐を使ったかもしれない。自分たちを産んでくれた母親に手をかした時、私は悲痛のあまり号泣しました。それは覚えています。最後には石を使ったかもしれない。頭部めがけて。そんなふうにして母を絶命させました。次に兄と私は弟と妹を死へ旅立たせました。地獄絵さながらの阿鼻地獄が展開していったのです*38」

残酷な死の嵐がおさまったとき、幸子の両親を含む三二九人が亡くなっていた。川の水は真っ赤に染まった。日本兵が特攻で自爆していなかったことを知って、生存者たちは大きな衝撃を受けた。特攻艇は出撃せず、隊員たちはまだ生きていた。「ショックだった。［日本軍が］全滅したと思ったから自決を選んだんだから――。その時、［軍との］連帯意識が音を立てるように崩れていった」と金城は回想する。[*39] それを境に、「アメリカ人よりも日本人のほうが私どもにとって恐ろしい存在になりました」[*40]

沖縄戦末期に壕から出てきた看護隊の学徒は、目が眩んで何も見えなかった。何週間も昼間に外に出たことがなかったのだ。目が慣れてくると、初めて敵の姿をまじまじと見た。この三か月にわたり自分たちの島を焼きつくしてきたアメリカの男たち。少女にとってこの男たちは悪魔であり、人間とは言えず、「山羊の目(ヒージャーミー)」として知られていた。侵略者は山羊のように夜目がきかないと沖縄人は信じるようになっていたからだ。[*41] 少女たちは覚悟を決めて、次に起こる事態に備えた――強姦され手足を切り落とされて殺される。「死ぬのは怖くない。早く殺して。殺して」と言って、ある少女は米兵の持っている銃を引き寄せ、銃口を自分の胸元に押しあてた。[*42] 射殺する代わりに笑うと、米兵は消毒薬で彼女の脚の傷の手当てをしてくれた。水には毒が入っていると思った少女たちがアメリカ人の差し出す水筒を拒絶すると、兵士たちはくすくす笑って、その水筒から水を飲み、安全だとわからせた。その水を少女たちは一口飲んだ。そして徐々に、将来は想像してきたようなものではなさそうだと考えるようになった。

第5章 アリサ

一九八〇年代、アリサが少女だった頃に父が一風変わった趣向の家族行事を発案した。ふたりの娘に、嘉手納基地の外周を一緒にてくてく歩いて一周してみようと言い出したのだ。一家の暮らす沖縄市内の家は、航空機の騒音軽減のため日本政府が費用を負担して防音サッシと換気・冷暖房装置をとりつけるほど、基地に近い地域にあった。父と娘の三人は自宅を出発すると、いつも有刺鉄線が張りめぐらされた高いフェンスに沿って歩いた。「嘉手納基地がどんなに大きいか、子供たちに教えたかったのね」とアリサは言う。嘉手納は東アジア最大の空軍基地だ。北谷町と嘉手納町と沖縄市にまたがる広大な土地に、約三七〇〇メートルの滑走路を二本有する。一九八七年に基地反対デモの参加者が手をつないで「人間の鎖」を作り、抗議したときには二万人以上の人員を要した。*1

アリサら一行は沖縄市内の基地の北東の端から歩き出し、フェンス伝いに南へ進み、バーやクラブの建ち並ぶ歓楽街を通った。〈A&W〉で昼食をとって休憩し、基地の西側にある国道58号線に到着したあと、北谷町の〈マクドナルド〉に立ち寄ってまた一服した。北に向かって嘉手納町へと入ったが、この地域は滑走路にもっと近いため、住民は日本政府からさらに多額の助成を受けていた。四、五時間かけて、一周の旅は完結した。父はよく頑張ったと言って、この遠足のたび娘たちに一万円をくれた。子供には破格のご褒美だ。

アリサの両親は共稼ぎで、忙しかった。父はエンジニア、母は小学校教諭。ふたりが基地について政治的な意見をかわすことはなかったが、母が基地反対派の候補者に投票し、基地の外で時々、教職員組合の抗議活動に参加していることは知っていた。アリサの通った学校も当然、基地反対という雰囲気があった。おそらく父はこの家族行事で、娘たちに不公平感の意識を芽生えさせようとしたのだろう。嘉手納基地が占有する土地面積がいかに広大か、身をもって教えることで。それはともかく、アリサはその遠足に好印象を持った。小遣い稼ぎになるからだけではない。冒険気分が味わえたからだ。歩きながら基地について想像をめぐらし、アリサの心には基地が刻印されていった。

二〇〇八年一一月のどんよりと曇ったある日、アリサは私をミニバンに乗せて、子供時代に一周した基地の中へと向かった。嘉手納基地のゲートで、沖縄人の守衛が彼女のIDを確認し、通るよう手を振った。かつて立入禁止だった世界が開け、彼女を受け入れる。道路は二倍の幅員となり、小ぎれいな白い建物の周囲には手入れの行き届いた緑の芝生が広がっている。沖縄中部のコンクリートが密集した都市風景とのろのろ進む交通を尻目に、ここは静寂に満ちた別世界だった。

アリサは大人になってフェンスの中の男性と結婚した。三〇代前半の彼女はそばかすのある、輝く瞳の美人だ。夫のブライアンが軍を退役後、基地の民間委託業者として働きはじめたため、家族には地位協定が適用され、基地への立ち入りが許されていた。その日、彼女は一歳になる息子を連れて沖縄国際カーニバルの会場へと向かった。そこでブライアンが道場の仲間とパフォーマンスを披露しているのだ。会場は基地の外のコザゲート通りだが、アリサは基地内を通って近道をした。基地を迂回していくと、もっとずっと時間がかかる。

ゲート2の近くで私たちはブライアンを見つけ、基地をあとにした。カーニバルのためコザゲート通りは通行止めになっていて、露天商がカップ入りのビールや脂っこい日本の食べ物を売っていた。じゅうじゅう焼ける肉の匂いに混ざって、なんとなくアンモニア臭が漂っている。「コザゲート通りではホームレスを見かける」と友人に言われたことがあったが、たしかに地域は豊かには見えず、ぼろぼろの服を着た地元の初老の男性たちが、ドル札か食べ物にありつこうと集まっていた。さらに米軍の家族や若い兵士たちに混ざって、ショートパンツにヒールという男の目を引く装いで、アメジョと言われてもおかしくないような女性たちもやってきていた。

空手着に黒帯を締めたブライアンが、息子を高い高いして揺すぶったあと、アリサに手渡した。四〇歳の白人のブライアンはミシガン州の出身だが、一八年間ずっとアジアで過ごし、そのほとんどを沖縄と韓国で暮らしてきた。ぜったいにここを離れたくないと彼は言う。彼の名を大声で呼び、こっちへ来いよ、一緒に飲もうぜと誘うアメリカ人の男たちに気がつくと、ブライアンはサバンナのライオンのように、大股で悠然と通りの向こうへ行ってしまった。ここを離れたくない理由がその時、わかった気がした。

この地域で、アリサとブライアンは初めて出会った。アリサは独身時代、米軍の構成員相手に賃貸物件を斡旋する不動産仲介会社で働いており、よくコザのセンター通りをぶらついていた。「そう、私はアメジョだったの」とあとで彼女は打ち明けてくれた。「でも、プレイガールじゃなかったわ」。人種にこだわりはなく、どの国籍の人と結婚したいか決めていなかったという。沖縄キリスト教学院大学で英語を学び、学生時代にカナダやアメリカのオクラホマ州、オレゴン州で暮らした経験があった。アメリカ人二、三人と付き合ったあと、不動産仲介の仕事が縁でブライアンと出会った。最初は年が離れすぎていると思った――彼は九歳上だ。追いかけまわされて一年が経った頃、彼との居心地のよさに気づくようになった。そうなると年齢の差は問題ではなくなった。

ブライアンのパフォーマンスを私たちは見物した。空手が、沖縄に伝わる盆踊り「エイサー」と共演していた。太鼓のビートにかぶさるように島独特の三線の音色があたりに広がる。毛むくじゃらの紫色の獅子が観衆をぱくっと噛むしぐさをするなか、ブライアンが突きや蹴りの型を決めている。

アリサは抱っこした息子を揺すってあやしながら、考えこんでいる様子だった。「若くて独身だった私は、ひどく結婚がしたかったのよ」。だが、いざ結婚してみると想像していたものとは違っていた。

「どれくらい？」と私は訊ねた。

彼女は言葉を探すと、「途方もなく」と言った。「際限なくね」

沖縄人女性と米兵との結婚第一号は、終戦から二年後の一九四七年八月と記録されている。地元社会はこの女性を「アミリカー初ちゃん」と呼んだ——彼女の名が「初めて」を意味する「初子」だったのだ。その数十年後の女性たちと同様に、夫であるアメリカ人に同化した彼女は、沖縄出身の「初のアメリカ人」になった。[*2]

沖縄戦の前には、敵の「鬼畜」と夫婦になるなど考えられないことだったろう。ところが、捕虜になった民間人は強姦や拷問、殺戮をしないという米軍の方針を知り、心底驚いた。食料や水を支給し、医療処置まで施すという対応は、侵略前に聞かされていたアメリカ人の恐ろしい話や沖縄人に対する日本軍の仕打ちとはきわめて対照的だった。沖縄人の仲間でさえも米兵のように助けてはくれなかった。従軍看護隊のある少女の言葉を借りれば、「アメリカ人を私は憎み恐れていた。けれど、学友や先生からも置き去りにされた私を、この人たちは大切に優しく扱ってくれた[*3]」。丸裸になった森、めちゃめちゃに破壊された家、爆撃で焼けた農地——戦後の荒廃した風景のなかで、征服者たちが分け与えてくれたささやかな贅沢品——チューインガムやキャンディ、ローション。そのイメージがいつまでも色濃く印象づけられることになる。「半世紀経った今でも、ジャーゲンズの石鹸やローションを使っているわ。そうすると戦後、耐乏生活を送った一〇代の頃の、嬉しかった瞬間を思い出すの」と、ある沖縄人女性は当時を語っている。[*4]

飢えに病気にけが、さらに戦争神経症に苦しんでいた沖縄人の目に、生活必需品を提供してくれるアメリカ人男性は、驚くほど風変わりな救済者のように映った。「目が青くて、私たちの二倍も三倍もある大きな鼻をした、なんておかしな人種だろう」と、初めてアメリカ人を間近に見た一〇代の少女は思ったという。兵士たちは彼女の頭をなでると、チューインガムをくれ、車で民間人収容所へ連れていく間、彼女のことを「キューティ（かわいい女の子）」と呼んだ。「どうしたら目があんな色になって、髪の毛が金色になるのだろう？　兵士には白人、黒人、それに日本人みたいな人もいるのに、お互い話が通じている。いったいアメリカってどんな国？」その後、この女性は米兵と結婚し、アメリカへ渡った。[*5]

アメリカ人の夫に惹かれたのは、沖縄人にない香りのせいだと回想する女性もいた。石鹸の香りがしたという。[*6]　別の地元の女性はアメリカ人の騎士道精神に参ってしまったと語る。同じ「レディファースト」の行為が数十年経っても沖縄人を魅了している。「たとえば私が、荷物を持って廊下を歩いていると、私の後ろにいた将校がさっとドアに近づいてきて、ドアを開けてくれる。いすに掛けるときは、いすをひいてくれる。日本人だったら、私みたいな小娘のために将校がドアを開けてくれると思う？　そんなこと絶対にないでしょう？　世の中にこんな親切な男たちがいるだろうかと思ったよ」と一九五〇年代半ばに基地で働いたある女性は振り返る。[*7] さらにアメリカ人は沖縄に男女平等のひとつのかたちももたらした。まだ地元住民が収容所にいた終戦直後、女性に参政権を与えたのだ。沖縄人女性は初めて、しかも本土の女性より七か月先んじて、公職選挙に立候補し、投票できるようになった。占領下における戦後初の市議・市長選挙に、この権利を女性たちは行使した。

初子の結婚報道の二週間後、日本語の新聞は、これが彼女ひとりではないことを報じた。「デイゴのごとく燃ゆる情熱に富む娘沖縄とボーイアメリカの間に加速度的に醸成された友情は（略）国境なく（略）発展し異国の人への縁結びは近頃各地での話題となっている」。[*8] 一九五〇年、ある村での国際結婚第一号を「米琉親善」のシンボルとして、地元の有力者までもが祝福した。[*9] ある資料によると、一九五〇年代半ばまでに沖縄人とアメリカ人との結婚は年間二〇〇件以上に達し、六〇年代には年間五〇〇件ないし六〇〇件以上にのぼったという。[*10]

カップルの愛は国境を越えたかもしれないが、まもなく言語や文化の壁、それに軍の存在や異なる国で生活する難しさなどの現実が、多くの男女に試練をもたらした。一九五八年、共通の問題を抱える文化の異なる夫婦を支援する機関が創設された。国際福祉相談所［ISAO。当初は国連の外郭団体「国際社会事業団」の沖縄代表部として始まり、復帰後に法人となった］は、沖縄県からの補助金と米人婦人クラブをはじめとする団体からの寄付金を受けながら、地元女性が職員となり、あらゆる手を尽くして問題の解決にあたった。一九六〇年代後半から約三〇年間、相談所のケースワーカーを務めた平田正代は、相談所の提供するサービスのひとつに、海兵隊家族サービスセンターと連携して基地内で行なうカウンセリングがあったと教えてくれた。平田とアメリカ人カウンセラーがふたり一組となって、基本的な文化的相違を説明しながら、夫婦にアドバイスする。たとえば、「アメリカ人なら『何か心配事があるの？　教えて』と言うところを、日本人は口に出さなくても相手はこちらの気持ちがわかるはずだと思っている。なぜ私が怒っているかわかるはずだと」。子供が生まれて一〇〇日目の記念に高額な写真撮影をするとか、近しい親族の結婚祝いに五万円包むとか、沖縄の風習をめぐって夫婦喧嘩が起きることもあった。ある夫婦は、夫が日曜日のバーベキューのために買ってきた骨付きのあばら肉を、日曜日が来る前に妻が昆布と一緒にゆでてしまったことが原因で相談に訪れた。平田は腹を抱えて笑った。「夫のほうはかんかんでしたよ」

そのほかの相談はもっと複雑で、ケースワーカーは臨機応変に対応しなければならなかった。ずっと行方知れずのアメリカ人の父親を捜す仕事をまかされた職員たちは、骨の折れる作戦に打って出た。アメリカの電話帳をしらみ潰しに調べ、該当する名前の男性ひとりひとりに連絡をとったのだ。アメリカにいる子持ちの沖縄人女性が離婚を望む場合には日本に帰国するよう勧めた。そうすれば裁判所は女性に監護権を与える公算が大きい。この助言は、現代から見れば、親による国際的な子の連れ去りを勧めていると解釈されかねないが、当時としては子供にとって何が一番いいか、それだけを職員は考えていたと平田は語る。沖縄で母親と一緒に大家族のなかで育つのが子供のためだと。

開設から四〇年後の一九九八年、ＩＳＡＯは資金難のため閉鎖された。助けを必要とする女性にとっては支援機関が消滅したことになった。「私たちがやった仕事をほかにやっている人はいなかった」と平田は言う。今日沖縄では米兵と地元女性との交際がますます一般的になり、国際ニュースに発展する可能性のある悪い出来事が起こるリスクが高まっているというのに、男女関係の問題を予防・解決する手段を見つけるのは難しい。兵士側には、文化的感受性の育成・指導やカウンセリングのような窓口が用意されているが、デートの相手である女性はたいてい自力でなんとかするしかない。日本には個人の問題を口外してセラピストに相談する文化がなく、加えて沖縄では米兵と付き合うことは不面目だという考えが根強い。女性たちが家族や友人に打ち明けても、「私たちに何を期待しているの?」と共感されなかったり、非難されたりするかもしれない。米軍の支援サービスは構成員の配偶者しか利用できず、ガールフレンドには基地に入る権限もない。［ISAOの相談事業は沖縄県男女共同参画センター「てぃるる相談室」に移されたものの］地域行政の役人は女性の交際トラブルまでは取り合ってくれない。国際離婚や子供の養育問題に詳しい弁護士も数少ない。私が沖縄に住んでいたとき、この種の案件処理で知られる基地の外の弁護士はわずかふたりで、ともにアメリカ人女性だった。結局、多くの女性は誰にも言えずたったひとりで、いらいらしてうろたえることになる。

そこで、ISAOの閉鎖から一〇年経たないうちに、米兵と付き合う女性や結婚した女性を支援する組織が誕生した。ボランティアが寄り集まったかなり急場しのぎの団体で、アリサもその一員だったが、これで人助けができるとは思えないような組織だった。というのも、メンバーの多くが自身の抱える問題に対処している最中だったからだ。

「アメリカ人との関係で困っていませんか?」チラシのカップルの挿絵の上にはこう書かれていた。図体の大きな軍服姿の男性は顔を背けている。その横で彼の半分の身長しかない細身の女性がへそ出しルックの腰に片手を当て、ぼんやりというかうんざりした面持ちでこちらを向いている。

チラシは起こりうるトラブルを列挙していた。

思いがけない妊娠
子供を養子に出す
離婚
アメリカへ帰国した、子供の父親捜し
子供の養育費など法的な問題
孤立感、拒絶感
日本人の家族や友人に打ち明けられない問題を抱えている

息子が生まれ仕事を辞めたあと、アリサは東京から移り住んできたアツミという女性が二〇〇七年に創設したこの組織に参加した。ボランティア活動は子育ての合間の時間の有意義な活用法だと思ったのだ。二〇人ほどのメンバーは全員がボランティアで、そのほとんどが自分自身アメリカ人と結婚しているか付き合っている女性だ。専門の訓練は受けていないが、メンバーは、助けを求めて電話してきた「クライアント」に、助言やサポート、情報や問い合わせ先を提供しようと精一杯頑張っていた。メンバーはたいてい島にたくさんある〈A&W〉のひとつを集合場所にして定例会を開き、ルートビアとカーリーフライを前に、クライアントの問題について話し合う。助言は自分の体験をもとにすることが多かった。暴行や性的暴行といったもっと深刻な問題は、海兵隊の「家族支援プログラム」で基地内カウンセラーとして働くアメリカ人ボランティアにゆだねた。家族支援プログラムではおもに家庭内暴力の被害者の支援をしている。

アフリカ系アメリカ人の夫を探しているイヴもメンバーの一員だった。結婚の夢を実現できたら、いつか役に立つであろう救済法を知っておきたかった。

二〇〇八年一一月のある晩、沖縄市にあるアツミのアパートで開かれたグループミーティングに私は出席した。アメリカではバラク・オバマが大統領選挙に勝利したばかりで、彼のスローガンの「チェンジ」が沖縄にも波及するものと、多くの島民は楽観的に考えていた。オバマ政権によって基地が縮小すると活動家は期待し、アツミは米兵に関する沖縄人女性の不満に政権が耳を傾けてくれるようになることを期待した。彼女は大統領に手紙を書くつもりでいた。

アツミのアパートは照明が薄暗く、シナモンの香りが強くした。カメのいる水槽が床で赤く光っている。アツミの夫である黒人の海兵隊員と八歳になる息子はソファに座ってテレビを観ていた。ふたつ並んだお揃いの丸刈りの頭は、次々に玄関から入ってくる女性たちに連帯して対抗しているように見える。私が到着すると、アツミはにこりともせず姿を現わした。彼女についてはいろいろ聞いていた。アメリカ人と付き合っているほかの女性たちは、米軍に立ち向かうタフで決然とした彼女の態度を尊敬した。独特の風貌やわざとらしい態度も彼女流だった。「ぜひとも彼女に会って」とアメリカ人の友人は私に言った。「日本人だなんて信じられないわよ。生まれたときはぜんぜんあんなじゃなかったでしょうに」

昔のアツミがいかなる人物だったにせよ、私が出会ったときには、彼女は新しい人間になっていた。肌は浅黒く、髪は明るくして、どちらもゴールドブラウンの色調を帯び、瞳はヘーゼルブラウンのカラーコンタクトで覆い、その上にアイブロウペンシルで茶色く眉を描いていた。耳朶と首にはゴールドのアクセサリー、きらきら光る花やヤシを描いた四センチ近い長さのつけ爪もしていた。その話し方も人々を惑わせた。「電話で彼女と話をしたら、ぜったい黒人だと思うわ。でも違うの」と私の友人は言っていた。たしかにアツミは日本人だが、彼女の沖縄人の友人エリも同じように感じていたそうだ。私はというと、初めて電話で彼女と話をしたとき、黒人のアメリカ人の口調を誇張したパロディみたいだと思った。

彼女は、私とメンバーをキッチンの奥にあるフローリングの小部屋へ案内してくれた。その空間はダイニングテーブルと椅子で占められていた。私は椅子の端に腰かけ、アリサやエリのほか六人の女性たちもそれぞれテーブルのまわりに落ち着いた。女性たちは一体化しているように見えた。会のお揃いのポロシャツを着ているだけでなく、全体的な風貌がよく似ていた。多くはきらきら光るつけ爪をして、髪色は明るく、肌は褐色。それぞれがアツミのようだった。なかに生後二か月の赤ん坊を抱っこしている女性がいた。坊やは半分白人で、茶色い巻き毛がふさふさ生えていた。

アツミの話では、一年半前に発足して以来、団体はのべ六〇～七〇人のクライアントを支援してきた。女性たちが電話してくる理由でもっとも多いものを訊ねると、アツミはチラシの「思いがけない妊娠」という文言をとんとんと指で叩いた。つながりができる最盛期は夏だと彼女は指摘する。地元住民と米兵に加え、観光客がうだるような暑さのなか、昼はビーチで、夜はクラブで過ごす。思いがけない妊娠の条件が揃っている。多くの兵士は年若く、初めて故郷を離れて職場というより春休みに出かける行楽地のような場所へやってきた。アツミは言う。「男の子たちは二年間のバケーションくらいのつもりでいる。女の子はまともに英語も話せない。それでも出かけていって、大勢の男たちといちゃついてセックスをする。そのあとで自分が妊娠していることに気づく。でも、相手の男の名前も、どこで勤務しているのかも、何をしている人なのかも知らないのよ」。グループは男たちを追跡して女性たちを助けようとした――名前や社会保障番号、アメリカに妻がいるかどうか。数十年前にISAOのケースワーカーが、アメリカの電話帳を繰って行なっていたことの現代版だ。グループの努力もむなしく、思いがけない妊娠は中絶でピリオドを打つとアツミは語る。西洋のように宗教論争のない日本では、こうした処置は一般に問題にされないが、この選択肢をアツミは好まなかった（「赤ん坊を殺す行為だ」）。とはいえ、女性はまだ若く、シングルマザーになりたくないのはアツミにも理解できた。「あなたにはぜひうちのメンバーに会ってほしいの」とアツミは私に言っていた。そのひとりは妊婦で、お腹の子の父親である米兵の夫はついこの前イラクで戦死した。「彼女はいろいろ経験してきたわ。これほどの困難を切り抜けてきた人はそう多くはいない」。メンバーには流暢な英語を話す大卒の女性もいた。アメリカで夫に浮気され、帰国したばかりだった。彼女も多くを経験していた。アツミのグループの女性たちの間では、苦労が勲章なのだということに私は気づきはじめた。ひどい境遇に耐え、乗り切った人間ほど、尊敬される。

会合でアツミは女性たちに指示を出した。「どうしてグループに参加したのか、その理由を英語で説明してあげて」。それから彼女は退席した。

皆がもじもじしてお互いに顔を見合わせていると、私の右に座っていた女性が口火を切った。「私が入会したのは、アメリカに二年住んでいたとき、夫にひどい扱いを受けている女性たちを見たからです」。そう言ったのはヨウコという名の、ゆるやかなウェーブのかかったロングヘアの女性だった。彼女は、ロサンゼルスの東にあるトウェンティナイン・パームズの海兵隊基地に住んでおり、夫がその基地に勤務していた。当時はなんの知識もなかったので周囲の女性たちを助けることができなかったが、今は支援している。

狐のような鋭い目鼻立ちの会計係が話に入ってきた。二年前、アメリカ人のボーイフレンドと突然、連絡がとれなくなった。彼は沖縄駐在の兵士だった。アツミに電話すると、二時間ですべてを理解し、解決してくれた。ボーイフレンドは既婚者で、子供がおり、しかも事故に遭って亡くなっていた。

「奥さんがいると知って、私は気が変になりそうだった」。あまりに世間知らずで、彼が独身ではないというサインを見落とし、気づかなかった。もう二度とこんな過ちは犯したくない。

ほかの若い女の子にも同じ目に遭ってほしくない。彼女は自分の腹を優しく叩いた。それ以来、もっと強くなって、いい暮らしをしようと決意し、一生懸命働くことにした。「ハーフベイビー」（と彼女は英語で言った）のために。これは半分アメリカ人という意味だが、子どもの父親について彼女は言及しなかった。

グループで最年長のエリの番がまわってきた。三四歳の彼女は尊敬されるまでにはならなくても、二〇代ばかりの女性たちのなかである種の存在感を持っていた。エリは朗々とした低音で話し出した。強調するように短いセンテンスと長く間をとったリズムにのせて、あたかもこれがずっと伝えたかった教会の説教であるかのように。

「どこから始めればいいかしら？」とエリが口を切ると、周囲からくすくすと笑いが起こった。「夫との間に三人の息子がいます。初めて妊娠したとき、私は彼のことを知りませんでした。ただ恋していただけで」。アメリカにガールフレンドはいるのかと訊ねると、彼はいないと答えた。確かめるために、彼女は社会保障番号とアメリカの住所、電話番号を調べた。女性の影は浮上しなかった。それで安心した。妊娠中のある日のこと、沖縄での勤務期間が切れたが、延長することができないので、帰国しなければならないと彼が宣言した。「わかった。あなたを信用するわ」とエリは彼に言った。あとから自分もアメリカへ行くつもりだった。ところが、帰国するとすぐに電話がかかってきた――彼の妻からだ。

エリは男の不在中、沖縄でその男の子供を出産した。養育費もない、仕事もない状態だった。相談できる相手もなく、いつもお腹を空かせ、赤ん坊の粉ミルクやおむつが買えるか心配していた。息子が二歳になったとき、父親が戻ってきた。今度はエリと結婚すると彼は約束した――あとで知ったことだが、男はまだアメリカ人の妻と別れてはいなかった。

「何度裏切られたか知れやしない。何度も彼は嘘をついた。私は精神的に追いつめられて、自殺しそうになった。でも、坊やが命を救ってくれた。子供がいなかったら、今頃生きていないかもしれない」

最近、エリはいろいろな声を耳にする――「中絶」「父なし子」。新生児をあやしているグループのメンバーを指し示すように手を伸ばし、紹介した。当の本人は英語の話が理解できていないようだった。この子の父親は二三歳の既婚の兵士だとエリは明かした。赤ん坊が生まれたあと、この母親に黙って島を去ってしまったという。そこで、彼女はその男を追跡しようとした。実父確定検査をして、養育費を請求するためだ。だが、行きづまった。女性は彼が戻ってくるかもしれないという希望にすがっている――彼は赤ん坊を見たがっているし、事実、気にもかけている。ソーシャルメディアで一度連絡してきたのだ。

こんなことがなぜ地元女性とアメリカ人の間でしょっちゅう起こるのか、今のエリにはわかる。日本の女性たちは文化の違いを理解していないと、彼女は言った。日本人の男なら女性とキスしてセックスすれば、付き合っているとみなす。女性が妊娠したとわかれば、結婚してくれと切り出す。「責任をとるのよ」とメンバーのひとりが声を上げた。「たとえ一夜限りの関係でも、男は結婚する」とエリも続けた。

赤ん坊が生まれたあと、夫婦は離婚するかもしれない。それでもまずふたりは筋を通して、結婚する。日本には「できちゃった結婚」という俗語がある――「おっと、子供ができちゃった。結婚しなきゃ」。だが、「ベイビー・ダディ（生物学的父親）」という俗語はないと、女性たちは指摘する。

アメリカ人男性には責任をとるという感覚がない。この点で全員の意見が一致した。

「アメリカ人は冷たい」とエリは言った。自分の赤ん坊になんの感情もわかないのだろうか。

時間をかけてエリはもっとアメリカ流に、もっと率直になることを学んだ。「はい」と「いいえ」をはっきり伝えるようにもなった。最終的に彼は妻と離婚し、彼女のところへ戻ってきて、三人目が生まれた。だが、夫となった今もコミュニケーションには苦労している。

「いつも意見が合わないの」。日本では子供の前で夫婦は愛情表現を慎むとか、小学校に上がる息子にランドセルを買ってやるのに三〇〇ドルかかるとか、基本的なことをいちいち説明しなければならない。「日本文化について知ってもらう必要がある」

「彼は意欲的？」と私は訊ねた。

「そうするしかないと言っているわ」

夫に思いやりを示すと、それが本心からの思いやりなのか疑われることもあると、アリサが発言した。日本人だから丁寧に礼儀正しくしているだけかと責められるという。彼女はそう言われてはおしまいのような気がした。

「こちらが折れるしかないときもあるわ。アメリカ流に従うしかない」とエリ。

「アメリカ人とデートしたいなら、相手が自分をどう扱うかわかってなくちゃ」とヨウコが口をはさんだ。

日本人は概して騎士道精神が欠けている。女性が戸口に近づいても、男性はドアを開けて待っているより、女性を肩で押しのけて、すり抜けようとする。恋人たちが愛情を言葉で語ることも少ない。「愛している」を表現する一般的な日本語は、「好きです」だ。だから、ドアを開けてくれたり、食事代を払ってくれたり、「レディファースト」で行動する男性とデートをすれば、一足飛びに結論に向かってしまう。

「自分は大切にされていると思っちゃう」とエリも言う。「こんなふうにしてくれるなんて、彼は私にぞっこんにちがいないと」。でも、アメリカ人男性にとって、そうした言葉やジェスチャーにはなんの意味もないのかもしれない。「習慣として、ただそうやっているだけで」

米兵とデートするのは探偵ゲームのようなものだと、女性たちは話す。調査能力が試される。男性の言っていることをそのまま信用できないからだ。若い女性はそのサインが読み取れない。だからグループのメンバーが教えてあげる。軍の階級から、男性の給与ランクや教育レベル、仕事への貢献度がわかる。どの基地に勤務するかが独身か既婚かのヒントにもなる。海兵隊基地キャンプ・ハンセンだと独身者の可能性が高いから、女性のほうに興味がなくても、しつこく追いかけまわしてくるかもしれない。嘉手納基地の場合はおそらく既婚者だ。空軍所属で、もし独身なら、頭がよくて礼儀をわきまえているだろう。ただし、空軍所属でも海兵隊員並みにひどい連中もいる。女性たちはアナリストのように、米軍に関する数字や傾向を研究し、ひとりで新生児を抱えることにならないよう情報を集めていた。

だが、結婚しても危険がつきまとう。現役兵士の場合、戦闘中に負傷したり亡くなったりする可能性がある。この運命を甘受することになったグループのメンバーがいた。ホタルだ。結婚してわずか一か月後、出産を控えての出来事だっただけに、ホタルの話はやるせない。

その会合があった週末、沖縄市にある自宅でアリサがホタルのためにベビーシャワー（安産祈願のパーティ）を催した。アリサの家は明るく広々としていて、新しくて高そうなアメリカンサイズの家具や電化製品が揃っていた。巨大な冷蔵庫は基地で買い求めたもので、黒い革張りのバーチェアにぐるりと囲まれた背の高い食卓には、盛りだくさんの食べ物が並んでいた。テーブルや壁に飾られた額の中でにこやかに笑っているのは、角張った顎のブライアンとふくよかでかわいらしい息子だ。部屋を見まわす来訪者たちは羨ましそうだ。アリサは、アメリカ人との結婚で当たりくじを引いた。気配を察したアリサは、いつもこんなふうだったわけではないのよと、慌てて言い訳した。ブライアンが軍を退役してから数か月というもの、仕事がなくてびくびくしっぱなし。貯金が底をつきそうで、しかも新生児を抱えていた。ようやく基地の仕事を見つけ、家族は狭苦しい和風住宅から今のこの住まいへ引っ越した。

ホタルはテーブルの主賓席に腰を下ろした。二五歳の彼女は若々しい印象的な顔立ちの女性だった。染めていない漆黒の髪に、大きくて情熱的な目、アイラインにかすかにラメを引いている。まだ細いのねと誰かが指摘すると、妊娠して四・五キロくらいしか体重が増えていないと彼女は言った。予定日まであと二か月弱。

「大勢集まれなくて、ごめんなさい」とアリサは彼女に詫びた。

ホタルは力なくほほえむと、気にしないでほしいとアリサに応じた。

グループからは四人が出席していた。大きなシルバーの輪っかのイヤリングをつけ、目に厚化粧を施したイヴ。アツミの会合に出席していたヨウコとエリ。それに二〇代前半と思しきサトミ。きつめのアイブロウに、黒のヨガパンツをはいている彼女はパーティの間も携帯電話をずっといじり、メールしていた。

サンドイッチの皿とチーズパフのボウルを前に、ホタルは片方の手をお腹に当てて座っていた。その表情はすべてを心得ているようにも不安げなようにも見えた。あの出来事からまだ三か月しか経っていなかった。その全貌を米軍の準機関紙『星条旗新聞（*Stars and Stripes*）』が報道していた。[*11]

ホタルと夫が初めて出会ったのは、沖縄北部の海兵隊基地キャンプ・シュワブのパーティでのこと。彼女は地元の娘、彼はテネシー州出身の上背のある白人の美青年で、海兵隊の三等軍曹だった。彼がデートに誘ったとき、彼女は断った。お互いの文化の違いから、うまくいかないと考えたからだ。しかし、彼は粘った。記事には「ふたりの育った異なる環境や文化や、直面するだろう困難について話し合った」と、ホタルの言葉が引用されていた。「納得のいく話し合いの結果、私たちはいかなる相違も克服できると確信した」

その年の春の初めてのデートの日、ふたりは名護市の水族館を訪れた。年末の休暇が始まった頃には、真剣な付き合いになっていた。クリスマスには一緒にテネシーへ行った。彼の出身地は小さな田舎町で、ホタルは「すぐに気に入った」。「田舎の雰囲気」が沖縄の自分が育った土地を彷彿とさせ、「自分がこの町に馴染むとわかった。そして、何よりも彼の家族や親類みんなが私を温かく受け入れてくれたのです」。沖縄に戻った彼はさらに四年、兵役期間を延長することにした。高校を卒業してすぐ、一七歳で軍に入隊した彼は、「まだ自分の任務を果たしていない。自分は班長で、部下と一緒に出撃しなければならない」と語っていたとの母の言葉が同紙に掲載されている。兵役期間を延長すれば、イラクへ配置されることを彼は知っていた。

ホタルは、派遣される前の彼の様子が「おかしかった」ことを覚えている。島を離れる前に、最後のチャンスという言葉をしきりと口にした——友達と会う最後のチャンス、美しい風景を眺める最後のチャンス。「そして……彼は赤ん坊を産んでほしいと言いました——自分の遺伝子を残すために」。五月、彼がイラクへ旅立って一か月後、ホタルは妊娠していることに気づいた。赤ちゃんを授かるなんて奇跡だと彼は言い、すみやかに代理人による婚姻を望んだ。地球の反対側にいる者同士が結婚できるかホタルは訝しく思ったが、彼はあらかじめ準備を進めていた。彼女に託していたスーツケースの中には、記入ずみの必要書類がすべて揃っていた。彼女が記入して書類を完成させるよう彼は急き立てた。彼女はつわりでたいへんだった。それでも彼は予定された任務が迫っており、その前に手続きが終わることを求めた。

七月にふたりは結婚した。そして八月、彼は銃撃戦で亡くなった。バグダッドの北にある砂漠地帯の見捨てられた人家での出来事だった。

今、ふたりの赤ん坊はケーキの上にいた。私は思わず息をのんだ。青黒い背景に、グレーのまだら模様の絵が見える。超音波診断によるレンダリング画像が、大きなシートケーキの上に飾りつけられていた。その人物写真は奇妙だった――膨らんだ頭部、エイリアンのような眼、手足のようなもの。離れて眺めると、ようやく胎児に見えてきた。

「4D」とヨウコが説明する横で、ホタルが写真の紙焼きを回覧した。驚異的な医療技術によって、私たちは母体の中の様子を画像化して、胎児の顔の輪郭を目にすることができる。

「ハーフだね」とエリが言うと、ほかのみんなも頷いた。

私は眉をひそめた。羊水に浮かぶこれからも変化する画像から、ふたつの人種の血を受けた子供だなんて、わかるのだろうか。人間のようにも見えないのに。

台所からアリサがナイフを取ってくると、ホタルに手渡した。「私には赤ちゃんは切れないわ。できるのはお母さんだけよ」

ホタルはケーキを小さな四角形に切り分けてくれた。赤ん坊が生まれたら、テネシー州の田舎に引っ越して、義理の両親と一緒に暮らす計画だ。『星条旗新聞』に彼女はこうコメントしている。「こんなに多くの人たちに父親が愛されていたことを、息子に教えてあげたい。父親が育った環境で息子を育てるのが一番いいのだ。そうすれば、息子は父の存在を感じ、父を誇らしく思うことだろう」。出産後一か月か二か月したら彼の両親が沖縄へやってきて、母子をアメリカへ連れて帰る。両親はまだ若いと彼女は私たちに説明してくれた。義父は自宅を増築して彼女の住まいを別に用意していた。玄関も洗面所や風呂場もリビングも母子専用で暮らせるように。

みんなでケーキを食べている間、彼女は引っ越すのが怖いと打ち明けた。よく知らない人たちと一緒に暮らすのも不安だし、日本食が食べられなくなるのも、言葉の壁も不安だった。彼女はあまり英語が話せなかった。文化の違う者同士が付き合うことについて当初彼女が抱いていた懸念にも似たこうした不安について、『星条旗新聞』は触れていなかった。むしろ、ホタルの母は娘のアメリカ行きについて「複雑な心境」だが、ホタルの決心は固いと報じていた。記事から浮かび上がるのは、利他的で自信のある強い女性像。しかし、沖縄の女性たちと一緒に食卓を囲む目の前の彼女は、内気で自信がないように見える。同紙は彼女の話を歪曲しているのではないか。『星条旗新聞』は第二次世界大戦中、いわば米軍のプロパガンダ新聞だった。もっとも、戦後は独立的立場で編集するようになり、沖縄での米兵の犯罪や基地反対運動の記事も掲載するようになった。確実に言えることは、同紙の語る彼女の話が愛国的で、感動的な美談であることだ――結局は犠牲となったことも含め、夫は兵士として祖国愛に燃えていた。文化の異なる男女の付き合いにまつわる心配が解消された彼女の事例は、米軍基地にまつわる沖縄人の心配を和らげるヒントとなるだろう。米軍社会からは支援の動きが起こった。記事には、「海兵隊からはたいへん多くの支援を頂いた」とのホタルの言葉が引用されていた。後日、夫の所属した大隊の兵士の妻たちもサプライズでベビーシャワーを開いたと、同紙は伝えた。「車に積みきれないほどたくさんの贈り物を頂戴した」と彼女は語っている。「温かい気持ちに胸がいっぱいになった」

実際の彼女よりももっと確たる自信に満ちた人物として描かれていたかもしれないが、海兵隊員の夫への忠誠心は純粋で揺るぎないもののように思われた。赤ん坊には父親の名前をつけ、自分は彼を慰霊する小さなタトゥーを入れようと考えていると、彼女は私たちに語った。彼が上腕の内側に彫っていた図案は海兵隊に古くから伝わる髑髏(どくろ)マークだ。右半分が髑髏、左半分がパラシュートの合体した絵を中央に配し、片側から潜水士の半身が横へ飛び出し、反対側からは翼が生え、さらにナイフとパドルが斜めに交差する。

彼女はテネシー州の合法的な滞在期間を知らなかった。グリーンカードを取得するには、アメリカ人と結婚して二年を経過していなければならない。ホタルの場合、おそらく六か月程度の観光ビザでテネシーへ行き、一度出国し、また戻って六か月滞在することになるだろう。それが当地に滞在できる限度かもしれない。この期限付きで彼女は何度渡米できるだろう。やろうと思えば一年は暮らせるはず。だが、ずっと続けるのは容易ではない。

「私はアメリカで死にたくないわ」とアリサが声を上げた。渡米が迫ったホタルを前に、ほかの女性たちの脳裏にもアメリカ暮らしの難点が去来していた。

ヨウコも同じ意見だった。フロリダで夫が国立墓地を指して、いつか自分たちもここに入るのだと言ったことがあった。「でも、私は入るつもりはないわ」。彼女は自分が実家の墓に入れてもらえるのか前もって父親に訊ねていた。沖縄では、誰を家の墓に入れるか、その許可を家長が下す。沖縄の伝統的な墓の形状の多くは亀の甲羅に似ていて亀甲墓と呼ばれるが、これは女性の子宮を模したものだ。死んだら人は生まれる前の場所に帰る。女性は夫の家の墓に入る習わしがあり、結婚していないか外国人と結婚した女性はひとりのけものにされるかもしれない。

「アメリカ軍では、夫婦は同じ墓で上下に重ねられて埋葬されるの。横に並ぶのではなく」とヨウコが言った。

「ずいぶんロマンチックね」とホタルが応じた。「一緒に眠っているみたい」。彼の上に埋葬される自分を想像しているのだろうか。自分の目の前にもう別の男性は現われないと思っているのだろうか。ホタルは地球の反対側へ行き、亡き夫の両親と一緒に暮らそうとしている。まだ二五歳だというのに。

当初、彼女が懸念を口にしたあと、彼とふたりでどんな「納得のいく話し合い」をしたのか、その様子を私は頭に思い描こうとした。彼の言葉が実際に彼女を納得させたのか。それとも彼の笑顔が、えくぼが、テネシー訛りがそうさせたのか。彼がまだ生きていたら、ふたりは文化の相違を克服できただろうか。彼女は知る由もない。彼と彼女は永遠に夢見る眼差しをした、ハネムーンのなかにいる。時間が経つにつれ、彼は理想の人に近づいていくだけだ。

歳月は流れ、私は再びアリサに連絡をとった。二〇一七年、私たちは朝食をとりながら二度ほど会う機会を持った。一度はハワイアンパンケーキの店で、それに北谷町の〈アメリカンビレッジ〉にある流行りのカフェでも会った。今では息子も一〇歳になり、もうすぐ六歳になる娘もいた。ブライアンとの結婚生活は続いていた。文化の違いから何度も離婚の危機に見舞われたが、破綻を食い止めるのはいつもブライアンだった。彼は一貫して投げ出すことをしなかった。「私たちが離婚しない理由は、夫があきらめないからね。私はほとんどギブアップ」
支援グループの活動を通じて、アリサは、アメリカ人とデートする女性も結婚する女性も、あまり幸せになっていないことを知ったという。「正直言って、あのグループにいると、悲しくなっちゃって。悲しい話ばかり聞かされるんだもの」。家庭内暴力の事例がいくつもあり、望まない妊娠をした女性も大勢いた。多くは父親が見つからず、中絶した。「ハッピーエンドなんて聞いたことがない。女性がなんとか頑張って赤ちゃんを産み、シングルマザーとして働くのがハッピーエンドなの」。アリサは絶望的な気持ちになって、グループに長くとどまることができなかった。そうなったのはアリサだけではなかった。資金もなく訓練を受けたカウンセラーもいないグループは空中分解してしまったが、設立者のアツミだけはまだ活動を続けていた。

アリサはつくづく自分は幸運だと思った。ブライアンのねばり強さのせいだけでなく、現役兵士の夫についてアメリカへ移住した友達とは違って、彼女の一家はずっと島で暮らすことができた。それもブライアンがセキュリティマネージャーとして米軍委託の民間の会社で働いているおかげだ。経済的に十分収入があるので、彼女は働かなくていいし、子供はインターナショナルスクールに通えるうえ、休暇をハワイやフロリダで過ごすこともできた。アメリカ人の夫を持つことで、彼女の生活も楽になった。「夫は家事にとても協力的なの」。それに引き換え、友人の日本人の夫は朝八時から夜は一〇時か一一時まで働いて、子供の顔もめったに見られず、妻が働いていても家事は全部まかせっきり。おまけに、お盆に祖先の霊を祀るため、お供え料理の準備をしたり、墓参りをしたりと義理の親族に関係する義務を果たす必要もアリサにはない。

　自国の文化から逃れられる気楽な立場ではあるが、相手を思いやる日本人的な考え方など、自国の文化の多くはとどめている自分が誇らしい。自分の本質は変わっていないと彼女は思った。それでも、アメリカ人と結婚して世界を見る目は変わった。違う文化の人と一緒に暮らしたことで、彼女の心の目が開かれ、異なる視座を得、その視座のもとに子供たちを教育していた。こうした考え方が基地問題のとらえ方にも影響した。少女時代、嘉手納基地を一周する遠足をしていた頃、基地反対の立場が当たり前だった。今でも沖縄人の抗議活動は理解できるし、小さな島にこれほど多くの米軍基地があるのは不当だという意見には賛成だった。人口過密な島の交通渋滞を避けて、嘉手納基地を通り抜けるのは特権行為だということもわかっていた。「基地の一部は本土に移転すべきよ」と彼女は言った。だが、基地反対運動には今後も参加しないような気がした。「結婚したら、アメリカ人の妻として反対側から物事が見えるようになった。今はどちらの側につくべきか決められない」。第一、基地がなくなれば、夫の仕事がなくなる。一家は島を離れなければならなくなる。「こんな立場から、基地反対派を支持することはできないわ。『基地はいらない（ノー・モア・ベース）』ってあんな大声を張り上げることはできない……。結婚する前なら、やろうと思えばできた。でも、今はだめね」。両親も影響を受けていた。「私がアメリカ人と結婚したせいで、家族は変わったわ」。両親は基地とのいい経験を積み重ねるにつれ、メディアの流す悪いニュースを割り引いて聞くようになった。以前は基地に反対していた母も、娘のことがあるので、違う考え方をするようになったのだ。

「太鼓の音が聞こえると、自分のなかの沖縄人の血が騒ぐ」とアリサは言う。それでも、長年の間に基地とはますます切っても切れない関係になっている。彼女のなかにはふたつの世界が同居していた。最近、北部へ出かける機会があり、キャンプ・シュワブのそばを車で通りかかると、その沖合に建設予定の辺野古の新基地反対を掲げて沖縄人がデモをしていた。抗議をしている人たちに近づくにしたがい、彼女は心配になってそわそわした――「私は日本人で沖縄人なのに、Yナンバー車を運転している」。抗議活動の理由は知っていたし、理解できた。でも自分は米軍のナンバープレートをつけて、沖縄人の顔をしている。そのことに彼らが気づき、いっせいに自分に向かって声を張り上げ、裏切り者呼ばわりする場面が頭に浮かんだ。だが、彼女がゲート前でプラカードを掲げる初老の沖縄人の列を通りすぎたとき、何事も起こらなかった。すべては彼女の頭のなかだけで起こったドラマだった。

第6章　スズヨ

世の中を一変させるその事件は、最初ローカルニュースが触れたにすぎなかった。[*1] 詳細は曖昧模糊としていた。「外国人と思われる」容疑者三人が小学生に「暴行」した。沖縄のような土地で暮らす人々は行間を読む。およそ一週間後、その話を高里鈴代は那覇空港で知った。北京で開かれた国際規模の女性会議〔第四回世界女性会議の非政府組織（NGO）フォーラム〕から帰国したばかりだった。出迎えに来た友人から新聞の切り抜きを渡された鈴代は驚愕した。世界中から集まった女性たちと意見交換し綱領を採択した会議の高揚感は、またたくまに消え失せた。

世の中の知るところとなった事件の経緯は次のとおりだ。一九九五年九月四日の午後八時頃、一二歳の地元の少女が学校帰りに金武町にある商店街を歩いていた。金武町は本島のほぼ中央の東海岸に位置し、海兵隊基地キャンプ・ハンセンがある。少女は学校の制服を着て、肩掛け鞄を下げていた。ノートを買おうと文房具店に立ち寄り、店から出てきたところに白い車が停まった。三人のアメリカ人男性が車の中から話しかけてきたが、どうやら道に迷った様子だ。少女は車に近づいた。

その日は普段と変わらぬ月曜日だったが、米軍職員にとってはレイバーデー（労働者の日）の祝日だった。非番の海兵隊員ふたりと海軍水兵は、もうひとりの米兵を加えた四人組でレンタカーを借りて那覇市内をうろつき、国際通りのバーやクラブで女性を引っかけようとしたが、「女を手に入れる」目論見は失敗に終わった。そこで次なる方策を話し合った。ほしいものは買って手に入れることもできたが、二二歳の水兵マーカス・ギルが、売春婦に出す金はないと文句を言い、別の提案をした。「レイプしようぜ」。「ただの面白半分だった」と彼はのちに証言している。ほかの者がダクトテープとコンドームを用意した時点で、もうひとりの米兵は本気だと気づき、計画から抜けた。

ギルとふたりの海兵隊一等兵ロドリコ・ハープ（二一歳）とケンドリック・リディット（二〇歳）は白いレンタカーで金武町をあちこち走りまわった。ハープとリディットはともにジョージア州の小さな町の出身、ギルはテキサス州の小さな町の出身だった。三人とも黒人で、故郷の人から見れば「礼儀正しい若者」だ。『ロサンゼルス・タイムズ』紙の報道によれば、リディットは「元ボーイスカウト団員で、教会の案内係を務めたこともあった。テキサス人のギルは高校時代、大学初級レベルの英語コースを受講し、フットボール選手として奨学金を得ていた」という。[*2] 多くの若者と同様にこの男たちも今の環境から逃れ、もっといい生活がしたくて、軍に入隊した。「いつも海兵隊に入りたがっていた。それがこの小さな町から脱出する本人なりのやり方だったし、自分を変える方法だった」とハープの女きょうだいは語っている。[*3]

ギルによると、文房具店に入る少女を目撃し、目をつけたのはハープだった。少女が店から出てくると、男たちは道を尋ねるふりをした。それから体をつかむと殴って車の後部座席に押しこみ、ダクトテープで口を塞ぎ、手足を縛った。じっと自分を見つめる少女の視線が気になるとギルが文句を言うので、リディットがダクトテープで目隠しをした。

サトウキビ畑に囲まれた人気のない場所まで行くと、ギルが後部座席に潜りこんだ。彼は「戦車（タンク）」と呼ばれ、身長およそ一八〇センチ、体重は一二五キロほどもある。ハープの弁護士の話では、ギルが「俺のやりたいようにやらせろ」とわめきながら、少女を「激しく」殴りつけたという。顔面と腹部にパンチを入れ、レイプした。残りのふたりは少女があまりに幼いことに気づき、レイプするふりをしたと供述し（「そんな気にはなれなかった」）、ギルに続く自分たちのレイプへの関与を否定した。これに対してギルは、ハープとリディットが我勝ちにレイプに参加したと証言した。ギルによると、リディットは興奮して「いくぞ！」と叫んで行為に及んだという。レイプの様子と被害者について三人が口にした汚いジョークをギルが法廷で説明するなか、法廷通訳はあふれる涙を抑えることができなかった。

暴行後、三人は血まみれで気を失っている少女を車から放り出し、新しい学習ノートと少女の血で染まった自分たちの下着をごみ箱に捨てた。少女はなんとか近くの民家へたどり着くと、助けを求めた。多くの性的暴行の被害者とは違い、少女と家族は犯罪を警察に届ける決意をした。報道によれば、男たちがもうぜったいに誰にも危害を加えないようにすることを少女が望んだという。「犯人を死ぬまで刑務所に入れてください」[*4]。豊富な物証から、警察は難なく容疑者を突き止めた。「自分たちの足跡をまったく消そうともしない態度が傲慢で、私たちを見くびっているとしか思えない」とある地元住民は語っている。「少女にこんなことをする権利があるとでも思っているのか」[*5]。少女は快復までに二週間の入院を要した。

世界女性会議のあとだっただけに、事件のニュースは鈴代の心を強く揺さぶった。「あちらで私たち女性の権利向上が力強く主張され、大きな一歩が踏み出されたその時に、ここでは一二歳の少女がひとりぼっちでこんなにも恐ろしく悲痛な思いをしていたなんて――なぜこんなことになるのか」。彼女はただちに行動を起こした。世界女性会議に出席していた地元の女性たちに電話して、次の朝、副知事の執務室で会おうと連絡した。副知事も会議に出席していた女性だったのだ。集まった女性たちは声明文を作成し、記者会見を予定した。新聞の短い記事を発端に、ここから女性たちは国際的な抗議の嵐を巻き起こした。

それから二〇年近く経ったある日、私は鈴代に面会した。那覇の高層ビルの一角にある狭苦しい事務所には、床から天井に届くほど、うずたかく書類と本が積み上げられていた。七二歳になる鈴代はキャラメル色に染めた髪を短く切り、明るい目をしていた。よく笑う彼女は落ち着いた態度でなごやかに何時間も話をしてくれたが、抗議集会の指揮なのか、次のインタビューなのか、別の用事に遅刻すると気がついて、それで私とのインタビューはお開きになった。

鈴代は沖縄の米軍基地閉鎖を求める著名な活動家のひとりで、「基地・軍隊を許さない行動する女たちの会」共同代表として、女性の権利や人権、脱軍事化のために闘っている。会のおもな事業に、第二次世界大戦末期以降の地元女性に対する米兵の暴力事件すべてを記録して文書化する作業がある。体験記から新聞記事、郷土史、行政文書、警察調書、個人の証言までを丹念に調べ上げ、年表にまとめる。二〇一六年発行の「沖縄・米兵による女性への性犯罪」年表（第一二版）には、少なくとも数百件の犯罪の詳細が記録されている。被害者も多種多様なら加害者の米兵も多種多様だ。サツマイモを収穫する畑が集団レイプの現場になるなど、日々の生活が恐怖と隣り合わせだったということが年表からは読み取れる。事件の「処罰の方法」の欄は「不明」と分類されているものがほとんどだ。

1946年4月6日――正午頃、芋堀り作業から帰る途中の19歳の女性、米兵4人に拳銃で脅され、交代で強姦される（浦添村）

同年4月7日――午後2時頃、芋掘り作業から帰る途中の26歳の女性、米兵6人にGMCトラックで拉致され、防空壕内で強姦される（北谷村）

同年4月7日――午後8時頃、夕食を終えて夫と雑談中の28歳の女性、土足のまま部屋に侵入してきた米兵3人に夫の前で強姦される（首里）[*6]

鈴代ら女性活動家は、一九九五年の女子小学生強姦事件後、沖縄で最初の「強姦救援センター・沖縄」とあわせて、「基地・軍隊を許さない行動する女たちの会」を設立した。これらの誕生は鈴代の功績によるところが大きい。実際、女性に対する米軍の暴力への怒りをエネルギーにして、沖縄で三番目に起こった大規模な基地反対運動に火をつけたのは、鈴代その人だった。

沖縄でアメリカ人による最初の有名な性的暴行事件が起きたのは一八五四年、東インド艦隊司令官マシュー・ペリーが三隻の軍艦を率いて琉球王国を再訪したときのことである。[*7] 鎖国中の日本を開国させようとしていたペリーは、その足がかりとして琉球列島の本島に一時的な米軍基地を建設した。これが一〇〇年後の沖縄社会が抱える数多くの基地の先駆けとなる。アメリカ艦隊の寄港中、ウィリアム・ボードという水兵が酒に酔って民家へ押し入り、女性を強姦した。叫び声を聞きつけた琉球の男たちが駆けつけ、ボードを取り押さえようとしたが、ボードは逃げ出し、海岸へと走った。群衆が石を投げつけ、追いかけた。防波堤に追いつめられたボードは石に当たったのか、つまずいたのか、海へ落ちて溺死した。公式遠征記によると、この一件の聞き取りを終えたペリーは、「間もなく次のように確信するに至った。すなわち、その水夫の死は女性を蹂躙（じゅうりん）するとの不当な行為によってもたらされたものに相違なく、したがって厳罰を以（もっ）て処されなければならない」[*8]

集団で私的制裁を加えたこの一件は、米軍の駐留にあまり神経をとがらさない、温和で楽天的な沖縄人という一般的なイメージに反するものだ。たとえば沖縄の米軍政府による一九四六年のパンフレットは、「平均的な沖縄人はアメリカの占領以降、自分たちの暮らしに押し寄せた変化の波を消極的ながらも受け入れる、おとなしい素朴な市民である」と述べている。[*9] 終戦直後の海軍記念パンフレットも「地元沖縄人」を「足るを知る純朴な人物」として描いている。[*10] ダグラス・マッカーサー元帥は一九四八年に、沖縄人を指して「米軍基地の開発から多額の金を得て、そこそこ幸せな生活を送る」ことができる「素朴で気立てのよい人々」だと述べた。[*11] その二〇年後、時には無秩序だった占領時代を描いたM・D・モリスは、「幸いなことに生活が、当然予想される事態より平穏なものになっているのは、ひとえに琉球人の穏やかな気質によるもので、彼らが米軍が駐留を続ける背景にある重大な理由を尊重してくれているからだ」と書いている。[*12] 近年になると、米軍やアメリカ政府の職員は、沖縄人の基地反対運動が強欲に突き動かされたものであり、連邦政府からの補償金をもっとせしめるための計算ずくの行為(「苦情は言った者勝ち」)、すなわち怠け者の行為であり、本業で働く代わりに、中国にひそかに雇われてデモを行なっているとの見方を表明するようになった。

こうした固定観念は、沖縄人の抵抗の歴史を見過ごしている。米軍基地がやってきて以来、市民は幾度となく自発的に集結して組織化し、日米両政府から受ける不公平な待遇と闘ってきた。このような運動は多くの場合、日米安保体制を中核とする同盟関係に影響を与えるだけの力を持っていた。とはいえ、その結果は活動家の求めるものにはなっていない。

初めての大規模な基地反対運動が起こったのは、一九五〇年代、施政権を有する米軍の統治下においてだった。[*13] 琉球列島米国民政府(USCAR)はアメリカ政府の沖縄統治機関で、一九五〇年に米軍からその任務を引き継いだ。[*14] ところが、USCARは前身の米軍政府とあまり変わらなかった。初代はダグラス・マッカーサーが、後任は沖縄で名の知れた米軍総司令官が民政副長官［のちの高等弁務官］として機関を指揮した。これらの人物はワシントンに報告をしながら琉球列島の米軍を指揮し、民間人を絶対的権威によって統治したので、「帝王」との異名をとった。

米軍の指導者から見れば、沖縄には植民地型の支配が当然のように思えた。沖縄戦で米軍は領土獲得に多くの血を流していた。しかしながら、公然たる植民地主義は、民族の解放者や民主主義の国といったアメリカの戦後のイメージとは矛盾するし、時代遅れだ。こうした状況から政府の役人は沖縄統治の実態について語ることを避けた。一九五〇年代半ば、在沖米国総領事はこう記している。「沖縄におけるアメリカの存在が『植民地』の図式になっているということを、老練な政治学者なら否定するかもしれないが、世界の目から見れば、ここでの私たちの地位は植民地主義に近く、その汚名のレッテルを貼られてもおかしくない。植民地主義の基本原理に世界でもっとも強く反対する大国が、みずから外国のある地域とその住民を支配しているのはじつに奇妙だ」。[*15] 一九五七年に『サタデー・イブニング・ポスト』紙は、「島は戦果として実際には［米］軍によって統治されているが、役人は明言を避ける」と報じている。[*16]

アメリカは日本の政治・経済・社会改革の「非軍事化および民主化」の課題のもとに本土の占領を実行したが（「戦争の意志(ウィル)が継続しないように」と当時の国務次官は述べている）[*17]、本土とは異なり、沖縄でのアメリカの政策は基地が最優先で、沖縄社会の再建や人々の権利保障を考えることは二の次だった。USCARの統治下で、沖縄人は日本人でもアメリカ市民でもなかった。憲法で保障された権利がなく、見せかけの民主主義（『サタデー・イブニング・ポスト』紙の言葉を借りれば、「実体はないとしても」政府の「外観［USCARの下に設立された沖縄人の自治組織、琉球政府を指すものと思われる］」を持った「産声を上げる前の［民主主義の］かたち」[18]）を与えられた。沖縄人が日本本土へ旅行するにはUSCAR発行のパスポートが必要だったし、共産主義活動への関与を疑われた者は旅行を認められず、USCARが反米、共産主義と判断した資料は検閲や公的な非難を受けた。カメラのような反体制活動に使われるおそれのある物品は没収された。

基地は地元経済の中心だった。一九五〇年代半ばには、基地関連の仕事に従事する沖縄人は就業人口の三分の一にのぼった[19]。調理人や園丁、メイドのような基地内のサービス業は低賃金で、ほかの国籍の同僚の給料に比べてもかなり低かった。米軍は階級制の給与体系を敷き、日本人には沖縄人の三倍、フィリピン人には一〇倍、アメリカ人には一八倍支払った[20]。多くの沖縄人は電気や水道といったインフラを利用する経済的余裕もなかった。一九五三年にボリビア政府が沖縄人四〇〇人の移民の受け入れを提示すると、四〇〇〇人が応募した[21]。

一方、日本本土では一九五二年に主権が回復。日本での米軍基地の受け入れを認める日米安全保障条約の締結に伴い、占領時代に始まった反対デモが激化した[22]。日本全国の農民や学生、政治家、労働組合や左翼団体は一致団結して、土地の収用や基地周辺の住民が被る危険、憲法違反とみなされる国家の再軍備化といった、沖縄と同じ不満を解消するために闘った。人々は大規模な決起集会を開き、基地の外で座りこみをして、地元警官ともみ合いになり、警棒で頭を叩かれた。人々の基地反対運動は法廷で争われることになった。一九五七年の「砂川事件〔立川基地拡張反対運動の過程で起きた事件〕」で東京地方裁判所はデモ隊のうち基地内の立入禁止区域に侵入した七名を無罪とし、活動家の行為は違法ではなく、国家の平和憲法に照らし日米安保条約こそが違憲であるとの判決を下した。「わが国内に駐留するアメリカ軍隊は憲法上その存在を許すべからざるものといわざるを得ないのである」と裁判長は述べている。最高裁はこの判決を覆したが、東京地裁の判決をきっかけに本土の基地反対運動はにわかに活気づき、一九六〇年の新安保条約締結反対の大規模運動へと発展していった。

本土の反対デモが成功と言えるのは、その勢いに押されて、米軍が駐留の候補地をほかに探さざるを得なくなったことからも証明できる。基地反対の国民感情がこのまま続くようなら日本での地歩を失いかねない、とアメリカ政府は考えた。当時の国防長官チャールズ・ウィルソンの言によれば、アメリカは「日本国内に蔓延する、この国はいまだ占領下にあるという考えを根絶する」必要があった。「こうした思想を撲滅できなければ、日本列島での我々の地位を完全に失う」[*23]。この政治的局面が、航空技術の進歩が徐々に軍事基地の立地条件の許容範囲を広げていった時期と重なった、と歴史学者ダスティン・ライトは私に説明した。「より遠くまで飛べる飛行機が製造されるようになると、必ずしも本土に空軍基地を置く必要はなくなる。この点を基地反対運動をはじめ、本土にわだかまるこの種の反米感情と結びつけて考えたアメリカ政府は、沖縄への移駐を模索しはじめた」。沖縄は日本本土から地理的にも心理的にも距離がある――しかも依然米軍の統治下にあった。沖縄の占領政府は土地を没収するにも法的手続きに時間を費やす必要がない。ただ奪い取ればいい。抗議活動を禁止する法律や命令を制定し、沖縄人が法的手段に訴えることを禁じれば、地元住民の基地反対運動も抑えこめる。おまけに、一致団結した多くの本土の人々の支援も得ることができない。海に隔てられ、USCARの渡航制限によって日本と切り離された沖縄人は、領土内で少人数の集会を開くのが関の山だろう。

そこで一九五〇年代、冷戦下の基地増強にあたり、米軍は沖縄に目を向け、私有地の接収に乗り出した。沖縄人は多くの場所で抵抗したが、軍は武力で対抗した。ある沖縄県の史料は、宅地や農地を破壊する米軍のブルドーザーを住民約一二〇〇人が阻止しようとした一九五三年の事件を記録する。機関砲を備えた装甲車一四、五台が乗りこんでくると、「完全武装」の米兵三五〇人が住民を取り囲んだ。「最初はあまりの物々しさに住民は演習だと思い込んでいました。しかし、その包囲網が狭まってきて、銃剣の先が住民の肩や胸に触れたので、一時は全員死を覚悟しました」。ついに米軍は「銃床でなぐりつけ、軍靴で蹴り、片っぱしから住民を溝に投げ込むという実力行使を開始」した。[*24]

こうした暴力による土地収用で、沖縄人が失ったものは家と暮らしだけではなかった。沖縄文化の伝統からすれば、土地は同じ土を耕し、住み着いた祖先との絆の象徴だった。「土地は商品ではない。売買の対象とはみなせないものだ」と一九九六年に当時の沖縄県知事・大田昌秀は説明している。「もっとかみ砕いて言えば、土地は、遺言によって祖先から恭しく受け継ぐ、かけがえのない遺産、つまり祖先とみずからを結びつける精神的紐帯（ちゅうたい）なのだ」[*25]。もうひとつ、米軍は祖先との結びつきを断ち切った。埋葬地だ。沖縄特有の亀甲墓が島内の米軍施設に点在する結果となり、祖先の墓参りをするには、基地に立入申請の手続きをして米軍の許可を得なければならなくなった。

一九五五年までに立ち退かされた沖縄人の数は二五万人に達し、[*26] 翌年には地元住民が集結して各地で組織化し、「島ぐるみ闘争」が起こった。[*27] 七月には一五万人あまりが那覇高校の校庭に集まり、抗議集会を開いた。校庭に入りきれない参加者は校舎の屋上に鈴なりとなり、高校前の道路を埋めた。地元紙は、「会場は割れるような拍手を送」り、「大会気分は最高潮に達した」と報じた。[*28] つめかけた人々はむんむんする熱気のなか、扇子やうちわであおぐことも忘れ、演説の言葉に聴き入った。人々の大きな不満は、接収した土地の使用料を米軍が一括払いしようとしたことにあった。土地所有者たちは、公正な価格で算定した年払いの土地使用料を要求した。

時には米軍による性暴力に対しても人々は集結し、抗議活動を行なった。一九五五年に由美子という名の六歳の沖縄人女児が米空軍兵に強姦され殺害されると、この「由美子ちゃん事件」が反基地感情を加速させ、それが島ぐるみ闘争へと発展した。その同じ年、ほかにも事件は起きていたが、届け出があったのはその一部だった。

1955年9月6日——就寝中の32歳女性宅に米兵が侵入して女性を強姦(真和志市[現那覇市])

同年9月9日——9歳の少女が就寝中、海兵隊所属の一等兵に拉致、強姦され重傷を負う

（具志川村［現久米島町］）

同年9月14日――就寝中の24歳女性宅に米兵3人が土足で侵入、女性を強姦しようとしたが、制止しようとした彼女の夫にナイフで斬りつけ逃走。逃走中、27歳の女性の腹部も斬りつける（那覇市）[*29]

多くの資料によると、占領時代は性的暴力が蔓延した時代だった。[*30]沖縄戦に続いて起こった強姦の正確な件数は不明だ。そのほとんどは届け出がなかったか、黙殺されたからだ。それでも、鈴代らがまとめた年表や個人の証言、語り伝えられた話、米軍の政策から、事態の苛酷さをうかがい知ることができる。一九四五年五月に沖縄の米軍司令官は、暴行事件の減少を目指し、強姦を犯した者を死刑にした。効果のほどは今ひとつだったようだ。戦後、沖縄人が送りこまれた民間人収容所で、米兵が「娘狩り」を行なっていたと目撃者たちが証言している。男たちは時には白昼堂々と強姦するためにテントからテントへ女性を物色してまわった。村では、米軍が廃棄した使用ずみの酸素ボンベを叩いて米兵が近づいてきたと住民に知らせた。「アメリカ人が来るぞ！　隠れろ！」と人々は大声を張り上げた。ある沖縄人女性はこう回想する。「終戦直後のあの時期はあまりに強姦事件が頻発したので、通りでアメリカ人を見かけると、きっとあいつは強姦魔だと思った」。警鐘の音でたいていは追い払うことができたが、いつもうまくいくとは限らなかった、と彼女は言う。[*31]

米軍は、女性とくにアメリカ人女性を守る政策を打ち出した。病院では、非番の衛生兵が特別警察として小銃を携帯し、病床をパトロールして、忍びこんで看護師や患者を強姦しようとする米兵の発見に努めた。島にわずかながらいたアメリカ人女性（軍人の家族や看護師）は囚人同様の生活を強いられた。当時米軍にいたM・D・モリスは、看護師の状況をこう記している。「女性であるがゆえに（略）彼女たちは防御柵の中で暮らさなければならなかった。そのまわりを高い有刺鉄線のフェンスが取り囲み、出入り口には番兵が立った。この修道院のような聖域から自由に出入りして、病棟に仕事に出かけたり、病院の敷地の限られた区域内で息抜きをしたりした。それでも、この拠点を離れて、PXや映画鑑賞、観光に出向くときは、三人一組になって車で移動しなければならず、それも日中の時間に限られていた。夜間は武装した男性に警護され、例外なく門限は〇時と決められていた」[32]。さらに戦後、米軍はアメリカ人女性に対し、小火器の携帯を命じた。公安部長のポール・スキューズは、この武器携行規定は「貧しくて従順な地元住民からアメリカ人女性の身を守るためではなく、「我々の軍の兵士から身を守るためのもの」だったと書いている[33]。米軍憲兵に呼び止められ、武器を携帯していないとわかれば、女性は切符を切られることになる。外へ花を摘みに行くときでも、将校の妻はコルト32オートをジーンズのベルトにとりつけたホルスターに収めた。基地内のクラブで食事をするときも、女性たちはまず帽子とピストルを身につけているか確かめた。

アメリカ人女性が性的暴行の標的から外れると、「下士官の大多数の関心は当然、琉球の娘へと向かった」とモリスは記している。モリスは米兵の女性への渇望を表現するとき、「当然」という言葉をよく使う。「当然ながら、スポーツや映画では満足しなかった。軍の規定や結果がどうであろうと、男たちは女を見つける必要があった」。おまけに、男たちの頭には、「すべての沖縄人女性は、征服者である英雄にとって正当な獲物だという発想」があった。走行中のトラックに乗った米兵二〇人が地元の「女」を捕まえて、輪姦し、停車することなく、女性をトラックから放り出した事件を、モリスは記述している。[*34] 男性も性的暴行の被害者になった。一九四九年には六二歳の沖縄人男性が数時間にわたり掘っ立て小屋の中で、米兵に性的・身体的暴行を受けている。

多発する強姦への対応に、米軍はスケープゴートを見つけた。[*35] 差別されていたアフリカ系アメリカ人の部隊だ。伝えられるところによれば、沖縄人が占領政府に対し、黒人兵士が多数犯罪に関わっていると訴えたという。これに対し、軍指導部は黒人部隊の島からの撤退案を打ち出した。一九四六年に米軍政府総務部長ジェームズ・ワトキンス少佐は米軍政府副長官あてに、沖縄人と沖縄に駐留するアフリカ系米兵との間に「極端な悪感情」が高まっており、「残忍行為、レイプ、暴力の恐れが米軍の権威に対する尊敬の念にとって代わっている」と文書で報告した。「黒人部隊だけが犯罪を侵しているのでは『決してない』」が、「これ以上沖縄人からみた米国の信用の低下を防止するため」、黒人部隊の撤退を促すに十分であると考えたと少佐は述べている。[*36] 翌年のうちに、ほとんどのアフリカ系アメリカ人の部隊は島から追い出され、その埋め合わせに新しい集団が投入され、次なる責めを負う番となった。「フィリピンスカウト」として知られるフィリピン人部隊が沖縄に到着すると、すぐに島民は性暴力犯罪をフィリピン人のせいにするようになった。この非難に公安部長ポール・スキューズは同意し、その理由として先のアフリカ系アメリカ人よりフィリピン人の犯罪件数のほうが多いとみずからも主張、スカウトの沖縄投入は当時の軍の政策で最大の失敗だったとのちに述べた。

性暴力犯罪の比率において、これらの部隊が白人部隊より高かったかどうかはわかっていない。だが、それが本当である理由を多くの人は説明しようとした――黒人部隊は数が少なかったため、部隊数の多い白人とは違って、「腐ったリンゴ効果」により深刻な結果になってしまったとか、フィリピン人は戦時中の日本軍に受けた残虐行為の復讐をしていたとか、有色人種の男が沖縄人に残忍なのは、差別の序列で自分より下位の人間を見つけたからだとか（「少なくとも一部の黒人部隊は、沖縄人のなかに「グーク［東アジア人の蔑称］」を見出し、自分に優越感を抱いて、これまで自分が扱われたように扱ってもいい人間たちだと思った」と、当時、米軍政府にいた退役軍人は書いている）[*37]。しかしながら、おそらくこうした部隊に問題があったわけではないだろう。沖縄人と米軍将校が一緒になって、彼らを責める傾向があったのだ。第二次世界大戦末期のフランスにおける米軍の研究で、歴史学者のメアリー・ルイーズ・ロバーツは、フランスでも地元住民は白人よりも多くの黒人兵を強姦罪で告発したことを指摘する。「不釣り合いな数の黒人が、実際にレイプをしたのかどうかを判断するのは不可能だ」。彼女の主張では、「多くの場合、黒人兵士に対する告発は、人種的嫌悪や恐怖が広まるなかでのうわさや『目撃』に基づいたものだった」。人種差別のせいで、黒人兵に対する強姦の告発を米軍が事実として取り上げる傾向も強かった。十分な取り調べもせずに有罪を宣告し、白人兵に比べて信じられないほど高い割合でアフリカ系アメリカ人を死刑にした。この「性犯罪を起訴するうえでフランス市民とアメリカ軍当局が協力したことが、黒人兵士に対する告発の急増を招いたのだ」とロバーツは書いている。ふたつの集団が「人種差別において忌むべき同盟」を結んだのだ[38]。沖縄においても、浅黒い肌の人間に対する日本の人種差別の歴史があり、同じく米軍もフランスでの偏見を抱いたままでいた。沖縄でアフリカ系アメリカ人やフィリピン人の部隊を住民と当局が「協力」して告発する構図は、想像にかたくない。

　理由はどうであれ、沖縄で注目を集めた強姦事件でも「不釣り合いな数の黒人」が被疑者になっている。一九九五年の事件も、二〇〇一年、〇八年の事件でもそうだった。そして島袋里奈さんを襲ったと自供したケネス・ガドソンもそうだ。ひとつひとつの事件のピースが組み合わされて、獲物を狙う黒人兵の亡霊ができあがる。「容疑者が軍出身の黒人なら、ここの人たちは有罪にちがいないと思いこむ」と、二〇〇一年に強姦容疑を受けた軍人の代理人を務めたアフリカ系アメリカ人弁護士のアネット・エディーキャラゲインは語っている。「私たちとしては、何か起こるたびにいつも、どうか黒人ではありませんようにと思わずにはいられない」[39]。

戦後からのひとつの言い伝えがある。それは軍部が抱く「貧しくて従順な地元住民」像とはかけ離れたもので、沖縄人が村中で結束し、強姦事件の連鎖を断ち切ろうと米兵相手に報復攻撃して、その事件を五〇年以上秘密にしていたというものだ[40]。地元の人の話によると、沖縄戦末期、三人の黒人海兵隊員が、島の北部の森林地帯にある勝山という山村を恐怖に陥れた。毎週土曜日になると、武器を持っていることもあれば丸腰の時もあったが、この男たちが地元の女性を拉致して強姦した。村人たちは計画を練った。ある週末、一行は身を潜めて、強姦魔三人を待ち伏せした。複数の日本兵が助太刀して、茂みから発砲すると、村人たちが三人のアメリカ人に襲いかかり、撲殺して、その遺体を洞窟に投げこんだ。世間はこの場所を黒人の蔑称に洞窟を意味する沖縄語を加え、「クロンボガマ」と呼ぶようになった。殺害は地元の伝承となり、当局には知られないようにしていたが、一九九八年に人骨が発掘され、一九四五年に行方不明となった一九歳の黒人海兵隊員三人のものと同定された。すでに時効が成立しており、県警はこの一件を調査しなかった。「おわかりでしょう。だから多くの沖縄人は黒人を怖がるんですよ」と、その話を思い返して、地元の女性は語っている。[*41]

このように戦後は性暴力と人種問題がはびこった時代だったにもかかわらず、初期の基地反対運動は土地の問題に焦点が当てられた。数年後、米軍は譲歩することでようやく島ぐるみ闘争を分裂させることができた。地主に対しては土地使用料の引き上げに合意し、地元の労働者に対しては団体交渉権を定めたのだ。こうして島を挙げての大規模な抵抗運動は下火となった——ベトナム戦争の時代に再び大きな高まりをみせるまでは。

鈴代が活動家になったのは人生の半ばを過ぎた頃だが、その種は早くに宿していた。鈴代は当時、日本の植民地だった台湾で一九四〇年に生まれた。父は官吏で、沖縄人の両親は当地でのべ一五年暮らした。一家は戦中を台湾で生き抜き、その後は日本本土や植民地にいた沖縄人と同様に、沖縄への引き揚げを命じられた。一家が移り住んだ宮古島は琉球列島のなかでも比較的小さな島のひとつで、鈴代の祖父母が住んでいた。本島の那覇市へ転居するまでの五年間、鈴代が一〇歳になるまで一家はここで暮らすことになった。戦後のたいへんな時期だったが、鈴代は宮古島での幸福な幼年時代をよく覚えている。母は教師で、家族に惜しみない愛情をそそいだ。「母は四人の子供を育てたが、私たちきょうだいは自分こそが一番かわいがられていると強く信じていた」と言って、鈴代は笑った。母は美声の持ち主で歌がうまかった。鈴代も母譲りで歌が好きだった。少女の頃、夜になると、家の裏手のサツマイモ畑へ行き、誰もいない畑の真ん中で、母が教えてくれた歌を声を張り上げ、歌ったものだ。

宮古島での楽しい歳月のなかで、鈴代はひとつの試練を経験した。彼女の左利きを母がなんとか直そうとしたのだ。「母は私を愛してくれたが、右手で字を書くよう練習させた」と鈴代は語る。左利きというほかの人との小さな違いが、幼い鈴代の心に、不公平感を強く意識させた。そして、社会が勝手に定めた決まりや慣習が一部の人に不当な不利益をもたらすことを強烈に感じた。「私はものすごく怒った。だからいつも反抗していた」

那覇でソーシャルワーカーの仕事に就いた鈴代は一九八〇年代当時、来談者からぞっとするような話を再三聞かされるようになった。セックスワーカーの女性たちが、米兵に首を絞められ死にそうになったというのだ。これはベトナム戦争中の集団体験であることに鈴代は気づいた。PTSD（心的外傷後ストレス障害）で精神がぼろぼろになった兵士が「休養とレクリエーション」のために沖縄へ立ち寄り、基地周辺のバーや売春宿に足を運んだことで、東南アジアで起こった暴力が沖縄へ持ちこまれたのだ。のちに鈴代は、ベトナム戦争中、沖縄では年間一～四人の女性が米兵に殺されていたことを知った。米兵に絞殺され、裸で遺棄された被害者は往々にしてセックスワーカーだった。このような殺人事件は、無数の性的暴行や殺人すれすれの行為の紛れもない証拠だった。「生きている女性たちは沈黙したが、死体は実際の暴力を雄弁に語った」

1969年2月22日――21歳のホステス、砲兵連隊所属の二等兵に自室で絞殺され、全裸死体で見つかる（コザ市）
同日――19歳の女性、間借りした自室で、牧港補給基地所属の米二等兵に絞殺される（コザ市）
同日――20歳の女性、第15砲兵隊所属の米兵に絞殺される（コザ市）[*42]

ところが、セックスワーカーの殺害はベトナム戦争中、沖縄の世論の怒りの中心にはならなかった。当時、島全体が軍事化され、アメリカは沖縄を海の向こうで戦うための補給基地、前進基地に変貌させた。米軍部隊がベトナムに展開しはじめると、「沖縄は軍事物資の巨大な兵站部になる」と『ロサンゼルス・タイムズ』紙は報じた。「ありていにいえば、沖縄では米軍基地が何より優先され、島民の生活は顧みられなかった。沖縄人は基地と境界を接した畑で野菜を育てたり、射撃練習場の安全担当官が驚くほどの危険を冒して、使用ずみの薬莢（やっきょう）を集めようと練習場内に大勢で入りこんだりした」[*43]。この点についてM・D・モリスは著作のなかで繰り返し指摘している。「事実上、沖縄全体がひとつの巨大な米軍基地なのだ」。「文字どおり、水兵や海兵隊員、空兵がそこらじゅうにいて、島内で兵士を見かけない場所はない」[*44]

巨大兵站基地のなかで暮らす沖縄人は事故に遭った[*45]――一九六五年には軍用機から落下したトレーラーの下敷きになって沖縄人女児が死亡した。それに汚染物質にもさらされた。本土の基地とは異なり、沖縄の基地は規制がなされていなかったので、米軍は好きなように使うことができ、化学兵器や核兵器も貯蔵できた。一九六九年には沖縄市の米軍弾薬庫から猛毒の神経ガスが漏出し、米兵二十数人が病院へ搬送された。そして同年、在沖米軍の駐留人数が戦後最大の八万人に達した[*46]。

二等国民としての地位、基地に兵器に事故、加えて違法行為を犯す戦争後遺症の兵士の存在やアジア人殺戮に加担しているといった現状につくづく嫌気がさした沖縄人は、アメリカの占領を終わらせ、日本へ復帰することを要求した。これが第二の大規模な基地反対運動に発展し、沖縄は本土「復帰」をめぐる闘いに突入した[*47]。沖縄人は、本土復帰を果たせば、日本国憲法で保障された権利と日本の生活水準を手にするだけでなく、米軍基地の撤退も実現すると考えた。この運動の中心的役割を担ったのは、教師と学生だった。一九六〇年代には本土復帰が最善の道との考えに賛成する沖縄人は九〇パーセントを超えた。アメリカ人から自分の国を取り戻したいと、日本本土でも多くの人が沖縄返還に賛成した。

一九六九年に日米は施政権返還の合意に至り、数年のうちに本土復帰が実現することを沖縄人は知った。だが、それは人々が望んだ勝利ではなかった。沖縄は日本に復帰するものの、米軍基地は沖縄にとどまることになる。こうした解消されない不満への怒りが一九七〇年一二月の土曜の夜、コザ市の通りで爆発した。[*48] コザはベトナム戦争中のどんちゃん騒ぎと無差別暴力の震源地だ。騒動の発端は、米兵の乗った車が沖縄人歩行者をはねたことだった。沖縄人男性は軽傷だったが、すでに人だかりができていたところへ現場に駆けつけた米軍憲兵が兵士たちを安全な基地内に連れていこうとして、群衆を激怒させた。数週間前にも、酩酊状態の兵士が、歩道を歩いていた地元の女性を轢き逃げして死亡させた事件があったが、米軍はこの兵士を無罪にしていた。その一二月の夜は誰も容易には立ち去らなかった。事故が起きてまもなく、アメリカ人の運転する別の車が地元住民の運転する車に追突した。これを見ていた人々はその米兵の車を取り囲み、窓ガラスを割った。すぐに近所のバーテンダーやバーのホステス、酔漢、ロックバンドの面々、学校教師、公務員らが瓶や石を米軍憲兵に投げつけ、憲兵が空に向かって威嚇発砲すると、火に油をそそぐ結果となった。暴徒は次々に車からアメリカ人を引きずりおろし、殴りはじめた。車をひっくり返すと、バーの女性従業員がコーラ瓶に入れて持ってきたガソリンで火をつけた。喚声を上げる沖縄人もいれば、座りこんでじっと炎を見つめる者、琉球舞踊を踊り出す者もいた。「お祭りのような雰囲気だった」とある沖縄人男性は回想する。「この時、初めて私たちはアメリカ人に立ち向かった。初めて自分たちの感情を露わにし、わからせてやった」。彼はその瞬間をベルリンの壁崩壊になぞらえた。「この時ばかりは、正しいことをやったという感覚が怒りと高揚感に入り混じっていた[*49]」

群衆は五〇〇〇人もの沖縄人で膨れ上がり、数百人の地元警察と米軍憲兵が鎮圧にあたり、米軍のヘリコプターが催涙ガスを撒いた。放水砲も使われ、散り散りになった暴徒の一部は嘉手納基地のゲート2へ向かった。燃えている車を警備員に向かってひっくり返すと、人々はゲートを突破してなだれこんだ。基地内の学校の窓ガラスが割れ、火炎瓶がさらに多くの車を燃え上がらせた。「コザ暴動」――「コザ蜂起」と呼ぶ人もいる――は一晩中続き、アメリカ人[と沖縄人]数十人がけがをし、およそ八〇台のアメ車が燃えた。

これほど過激な抗議行動に訴えても、日米の合意は変わらなかった。一九七二年五月一五日――抗議する者のなかには、「屈辱の日」と呼ぶ者もいる――全島が再び沖縄県になった。そして、「抑止力」のために、日本は在沖米軍の駐留継続に合意した。[*50] そのために実際のところ日本政府は巨額の金を支払った。歴史学者ガバン・マコーマックと乗松聡子が指摘するように、これは「返す」というより「購入」に等しかった。日本は沖縄の施政権を取り戻すためにアメリカに約六億五〇〇〇万ドルを払ったうえに、米軍基地の駐留経費の大部分も負担するようになったのだ。[*51]

一九七二年の「購入」にあたっては、沖縄人の要求の一部が満たされたにすぎなかった。[*52] 日本人としての市民権は政治的権利と法的権利の復権を意味するが、同時に同化圧力の復活も意味した。たとえば場所によっては、沖縄語を話す学童が恥ずかしい思いをすることになった。ただし、皆無になることはなかったが、米兵による犯罪は減少した。これは法的に説明がつくし、ドルと円の為替レートが米兵の懐を寂しくし、基地の外の歓楽街への足を遠のかせたことも影響していた。地元の所得水準は本土にはつねに及ばなかったものの、島の経済は上向き、日本政府は沖縄の公共事業に何十億ドルも投入するようになった。道路や公民館、学校などの新設・増設には、地元の基地反対を鎮静化させる狙いがあった。ところが、一九七二年以降、米軍の駐留継続に加え、自衛隊が新たに駐留を始め、島はさらなる軍事化にさらされ、多くの沖縄人にとって、闘いの時が始まろうとしていた。

一九八九年、鈴代は那覇市議会議員に立候補し、当選した。リーダーとして頭角を現わした鈴代は、女性の権利を主張して支持を集めていった。政治家となった彼女は、ソーシャルワーカーとしての経験に基づき、女性に対する軍の暴力と、その暴力で被った消えることのない精神的ダメージの問題を強調した。「軍事主義の暴力によって人生を破壊された沖縄人女性たちの悲痛な話に、私は相談員（ソーシャルワーカー）として、一〇年間耳を傾けてきた」と一九九四年に彼女は書いている。「戦争によって真に傷を負ったのは、破壊された建物ではなく、むしろ沖縄人とアメリカ人双方の人間の心なのだ」[*53]。鈴代がよく引用するのは、相談を受けたある女性の話だ。女性は二一歳の時、米兵三人に強姦され、その蛮行がきっかけで人生を転落した。基地のゲート周辺のバーでホステスやダンサーとして働くうち売春するようになり、やがて精神科病院に入院する。ある日、女性は鈴代に言った。「『私は二一歳で人間でなくなったけど、私は人間よ。忘れないでね』。女性は『汚い女』と言われている妄想に苦しめられて」いた。だが鈴代は、これは社会の問題であって、彼女の問題ではないことがわかっていた。「私と彼女は同い年でしたが、私たちの違いはただラッキーかどうか、それだけでした」[*54]

一九九五年、那覇市議会議員二期目に入った鈴代は、沖縄から七一名の女性代表団を率いて、北京で開催された国連の第四回世界女性会議に出席した。会議で鈴代は女性に対する軍の構造的な暴力について発表した。彼女は沖縄の過去の歴史を調べるうちに、語られざる痛みの歴史を発見しはじめていた。「今にして思えば、本土復帰運動や復帰そのものが女性の問題を見落としていた。戦場での暴力を生き抜いた沖縄の女性たちは、戦後、新たな戦争に直面した。性暴力は米軍の占領時代も、米国民政府時代もずっと続いていた」[*55]。この問題を白日の下にさらしたかった。同年九月一〇日、北京から帰国したとき、鈴代はその機会を見つけた。

1995年9月4日――米兵3人による小学生拉致、強姦事件発生[*56]

鈴代によると、沖縄県は初めこの強姦事件の公表を望まず、事件がいつ起こったかも明記されない概略だけの数行の新聞記事でよしとしていた[*57]。ところが、いったん鈴代らがニュースを公表すると、県知事の大田昌秀はこの強姦事件を使って、基地反対を声高に訴えるようになった。県知事はみずから記者会見を開き、日米両政府に対し、米軍にある容疑者の身柄を地元警察へ引き渡し謝罪すること、県内すべての基地を閉鎖することを要求した。県知事としてだけでなく、歴史学者、戦争の生存者、元フルブライト交換教授としての立場で、大田は日本のメディアにおける基地反対運動の顔になった。

女性活動家たちは国内よりも世界のメディアからの取材を数多く受けた。その九月、鈴代は三回行なわれた女性たちの決起集会のひとつを組織し、それが大いにメディアの注目を集め、とくに海外記者の関心を引きつけた。アメリカ、イギリス、オーストラリアの主要報道機関の特派員が沖縄へ派遣され、抗議活動を取材した。鈴代は女性団体を代表する人物として、たびたびCNNなどの報道番組に出演した。東京で九月末に行なわれた集会でも、鈴代は基地の議論から性的暴行の問題が抜け落ちていることを力説した。「米軍の撤退を要求するとき、地位協定の改定を求めるとき、日米安保条約に抗議するとき、今なお女性や少女に対する性暴力が止まらないことを私たちは念頭に置いているだろうか」と鈴代は訴えた。「こうした脅威は、沖縄人の人生や命を破壊するものとして、ヘリコプターの墜落や飛行機の爆音、フェンスを越えた流れ弾と同列ではないか[*58]」

海外ジャーナリストによるインタビューで、鈴代は同じ質問を繰り返し受けた。これまで沖縄で米軍が起こしてきた性的暴行の件数は何件ですか。データの出どころは？　ところが、占領時代、米軍政府は公式の数字を残しておらず、本土復帰後は県警が犯罪捜査を始めたが、統計には届け出のあった事件しか含まれていなかった。「現実に比べて非常に小さな数字です」と鈴代はてきぱきと説明した。そして、もっと正確な数字に近づけるために彼女が中心となって、活動家たちは過去の新聞を調べ、「沖縄・米兵による女性への性犯罪」年表の作成に着手した。第一版は全五ページだった。これを英訳し、英語版を持ってアメリカの各都市をまわり、「ピース・キャラバン」を行なった鈴代ら一行は各地で研究者や学生、活動家と会い、沖縄の歴史と今なお続く米軍の性暴力の問題について意見交換して、アメリカ国民や政府に自分たちの要請を提示した。こうした要請のなかには、米軍職員が沖縄で過去に起こした犯罪の調査をはじめ、県内の基地撤退計画の着手、軍の新兵オリエンテーションの改善および感受性育成の指導強化などが盛りこまれていた。沖縄に戻った女性活動家たちは性的暴行の調査を継続し、さらに多くの記録を丹念に調べ上げ、目撃者の発見に努めた。こうして年表は厚みを増していった。

このような鈴代の努力にもかかわらず、報道の中心はすぐに強姦から移ってしまった。その原因のひとつに、日本のメディアは、被害者のプライバシー保護のため強姦を報道しないという不文律があった。「強姦は殺人に至った場合のみ報道される」とＮＨＫ記者の油井秀樹は説明する。[*59] 一九九五年の女子小学生強姦事件を報じるにあたって油井は、容疑者の拘禁についての記事を書けば、日米安保条約と警察の管轄権という大きな議論に発展させることができると、上司を説得した。女子児童の強姦を発端にほかにも問題が噴き出した。事件の数週間後、大田は軍用地の賃貸借契約の代理署名拒否を表明した。これまで沖縄の地主は強制的に米軍に土地を貸し出していたが、抗議の意味で賃貸借契約の更新を拒んでいたのだ。そして、この一九九五年の強姦事件は沖縄全体、とくに事件の起こった地域の強姦を象徴するものとなった。この犯罪がシンボルとして効果的な理由を、日本文化研究者マイク・モラスキーはこう書いている。「何よりもまず、幼い無垢の少女への強姦罪であったという事実ゆえであることは明白と思える。強姦以外のいかなる行為も――殺人でさえも――外国の占領下での生活の屈辱と恐怖とを演出する力をもたない。そしてまた、少女ほど、社会的身体の傷つきやすさを象徴する被害者はいない。（略）彼女の受けた損害は知れわたっているが、その名前は誰も知らないという事実によって、彼女のアレゴリーとしての価値は高まるばかりである」[*60]
一九九五年の強姦事件は寓意（アレゴリー）としての威力を大いに発揮した。この事件は沖縄史における転換点、新しい時代の幕開けとして引用されてきた。[*61]「あれ以来すっかり変わった」と島の元米軍兵士は語る。「あれは世の中を一変させる強姦だった」と言う者もいた。鈴代らが事件を公表したことで、二〇年間人々の心にくすぶり続けてきた基地に対する怒りの感情が揺り起こされた。一九九五年の沖縄戦終結五〇周年を記念して、世界平和を呼びかける式典が行なわれた夏以後、基地反対の気運がとくに高まっていた。世界女性会議から帰国した鈴代が経験したように、こうした理想と打ち続く暴力の現実とのギャップが、この事件をいっそう忌まわしいものにした。女性活動家たちと県知事の抗議活動に、教職員組合や労働組合、各政党といった組織が加わって、市井の人々も巻きこむ一大運動に発展した。活動家が組織した一〇月の総決起大会の動員数は約八万五〇〇〇人に達し、本島以外の宮古島や石垣島の集会も合わせると約九万一〇〇〇人が抗議の輪に加わった。これまで基地問題に沈黙してきた保守派政治家や財界の大物も参加した。抗議の矛先は、駐留米軍の基地だけでなく、沖縄に基地を存続させている日本政府にも向けられた。
この大規模な抗議運動に、日米の政治家は地位協定の再検討を迫られ、普天間基地の返還に合意した。とはいえ変化への期待はすぐに消えてしまうのだが。一九九六年九月、大田は圧力に屈し、軍用地の賃貸借契約の更新に署名した。その数日後、当時の首相・橋本龍太郎は、普天間の返還には本島北部の新基地建設が条件であることを明らかにした。活動家は反対集会を開き、政治的膠着状態が続いた。普天間基地は依然そのままの状態となり、沖縄の人々は各々の日常へと戻っていった。次の凶悪事件が人々を集会場所へ向かわせるまでは。

一般市民の怒りが下火になり、世界女性会議に出席したグループの女性たちが散り散りになっても、鈴代は基地反対活動から離れることはなかった。メディアやほかの指導者たちが軸足を移しても、鈴代は女性や子供に対する性暴力の問題から目を逸らさず、共同で創立した沖縄初の「強姦救援センター・沖縄」と、女性の人権擁護団体「基地・軍隊を許さない行動する女たちの会」の仕事を続けた。行動する女たちの会の第一回会合には、一〇〇人を超える女性たちが参加した。[*62] 専業主婦もいればリタイア組、大学生、教師、公務員もいた。人々は鈴代と県議会議員の糸数慶子（いとかず）を会の共同代表に選出した。それから数か月間、会は抗議の座りこみを決行、日本政府に代表団を送り、アメリカへ行って軍の性暴力の問題に関する意識向上を求めた。ほかの団体と結束して辺野古の新基地反対運動を行ない、米軍基地を受け入れている国々の活動家とともに世界会議を開催するようにもなった。「軍事主義を許さない国際女性ネットワーク」第一回会議から二〇年経った二〇一七年六月には第九回会議が沖縄で開催された。フィリピン、グアム、ハワイ、プエルトリコ、韓国、アメリカ本土から代表者がやってきた。女性たちは最新情報を交換し、島をめぐり、戦争が遺したもの、現在展開する辺野古の闘争についての知見を深めた。

このネットワークの目標のひとつに、米軍内で横行する性的暴力が全米の注目を集めていたのと同様に、在外米軍基地周辺での事件にもアメリカ人の意識を向けることがあった。アメリカ国防総省によると、二〇一六年には米軍内で性的暴行事件が六一七二件報告されている。前年から微増、二〇一二年の報告件数のほぼ二倍に匹敵する数だ。一方、無記名アンケートによる結果では、性的暴行の総数は一万四九〇〇件で、二〇一四年の前回調査に比べ減少した。[*63] この数値は改善を意味するととらえる者もいる。安心して被害を届ける男女が基地内で増えたからで、総数は減少しているという主張だ。他方で問題は依然深刻との見方もある。届け出をした被害者の一〇人中約六人が報復された経験があると回答しているのだ。ジェンダーや人種問題の研究者で、「真の安全を求める女性たちの会（WGS）」創設メンバーのグエン・カークによると、鈴代は米軍内でのこうした数字と沖縄の基地の外での出来事を関連づけたという。「同僚に対してレイプや暴力行為を犯す人間なら、基地の外の地域社会でも女性に対して同じような行動をとっても不思議ではないと、鈴代は指摘した」とカークは述べる。政治学者の佐藤学はこれと同様の見解を私に語った。米軍は基地内の性的暴行を防ぐのにも苦慮しているというのに、「基地の外の犯罪を取り締まることなど不可能だ」。米兵が「沖縄社会に入りこみ、事件が何も起こらないとすれば、それは奇跡だ」

　鈴代が沖縄の外の女性たちとの連携に興味を持ったきっかけは、若い頃の二年間のフィリピン留学経験にあった。一度、クラスメートにオロンガポ市を案内してもらったときのこと、スービック湾に米軍の巨大な海軍基地が広がっていた。「ショックだった。自分が沖縄にいるような気がした」と鈴代は当時を思い出す。基地の周辺地域はコザそっくりだ。この時から鈴代は、沖縄の問題は島を越えてはるか遠くまで広がっているのだと考えるようになった。

フィリピンでは、太平洋戦争中、日本軍がアジア諸国で犯した残虐行為についても学んだ。級友たちの家を訪問した鈴代は、愛する人が殺害された話や行方不明になった話、日本兵の蛮行についての話を聞いた。日本兵が女性たちを拉致し、性奴隷として働かせたことも知った。「米兵だけでない、日本兵も、軍隊の制度そのものも私は非難する」と彼女は私に言い、社会にも責任があると語った。家族に金が必要となれば若い娘を売り渡して売春させる、家父長制的な沖縄社会にも責任がある。生まれた環境に基づいて人間を格付けするかぎり、社会は暴力に加担していると鈴代は考えた。

2016年3月13日――観光客の40代女性、酒によってホテルの廊下で寝込んでいたところを、米海軍一等水兵（24）によって強姦される（那覇市）
同年5月19日――4月28日から行方不明になっていた20歳の女性、嘉手納基地勤務の元海兵隊員・軍属（32）によって強姦、殺害され、遺体で見つかる（うるま市）*64

二〇一七年三月に、私は沖縄キリスト教学院大学の学生三人と会い、性的暴行と里奈さんの死について話し合った。私たちは国道58号線沿いの〈スターバックス〉のテラス席に座っていた。金曜日、国道は通勤ラッシュで渋滞していた。道路の向かい側はキャンプ・レスター（キャンプ桑江）。基地の北側部分の区画はすでに返還され、海軍病院のあったところに今は〈マクドナルド〉が建っている。

女性たちは泡立つコーヒーをすすっている。エリカは二一歳、もうすぐ大学を卒業して、〈アメリカンビレッジ〉内に新しくできた国際的なリゾートホテルで接客の仕事を始める。同い年のレイコは普天間基地近くで育ち、留学してニューヨークに滞在したことがある。メイは二三歳、那覇出身。明るい性格で、いつも周囲に笑いの輪を広げている。三人とも沖縄史における新時代幕開けの年、一九九五年頃に生まれている。それでも三人は米兵を警戒してはいなかった。全員英語を話し、アメリカ人のボーイフレンドがいて、そのうちふたりは兵士だった。

最近になってケネス・ガドソンは、里奈さんを襲ったのは、日本の女性がめったに強姦の被害届を出さないことを知っていたからだと動機の一部を明らかにした。二〇一四年の日本政府の調査で、強姦について家族や友人も含め口外する被害者は全国で三分の一以下であることがわかった。警察に届ける人はわずかに四パーセント。[*65] これはアメリカでの強姦の届け出件数を大幅に下回る——ある調査によると、アメリカのおよそ三分の一だ。一九九五年の女子小学生強姦事件でも、こうした傾向を知ったうえでの犯行であることを男たちは認めていた。[*66] このことについて三人の学生に私は訊ねた。日本ではなぜ女性が強姦を届けないのか。

「警察に話をする場合、証拠が必要になる」とメイは言った。友人が日本人の親しい友達に強姦されたが、警察へは行かなかった。証拠がないと考えたからだ。「もし私が強姦されても警察には言わないだろう。強姦は身体的な虐待で、証拠を見つけるのは難しい」。ほかにも届け出をしない理由として、両親をかばうため（「親の悲しい顔を見たくない」）、それに法廷で「股は開きましたか」といった心が折れそうになる質問を受けたくないからだと加えた。

エリカは一度性的暴行を届けたことがあった。中学生の時、帰宅途中にうしろから自転車で近づいてきた沖縄人の男に胸を触られた。男は走り去ったが、「本当に怖かった。現場は自宅の目の前で、家族に話すと警察に電話してくれた」。学校に不審者注意の掲示がなされたが、犯人は特定できなかった。「私を触ったのが誰かもわからない」。だが、相手が知り合いだったら対応が違っていたかもしれないと彼女は言う。友達に性的暴行を加えられても、警察には言わないだろう。「悪いことをした相手でも気の毒だと思うから」

「みんな人間関係にひびが入るのがいやなのだと思う」とメイは説明した。「今までどおりの付き合いを続けたいから」。赤の他人に強姦されたら相手のことは気にかけず、おそらく強姦を届けるだろう。友達から強姦されたら、社会的なつながりを保つために秘密にするだろう。

エリカも同意した。「私の彼氏の友達に海兵隊員がいた。その人が基地内で同僚を強姦した。同僚はアメリカ人だった。彼女は警察に届け、相手は今、獄中だ。その人は私の友達でもあるので……気の毒に思う。悪いことをしていても」

「やったことに対して投獄されるべきだとは思わないの？」と私は訊ねた。

「うーん」とエリカは考えこんだ。「ああ、難しい」彼女は神経質な笑い声を上げた。

「本当に難しい」とこれまで黙っていたレイコが、熱っぽく語りはじめた。「でも私だったら相手が知り合いかどうかは気にしない」

「警察に届け出るの？」とメイは訊ねた。

「ええ、警察に話せる人間は私しかいないから。もしかしたらほかの女の子も同じ目に遭って、私より傷つくかもしれない」と言ってから、レイコはその主張をやや後退させた。「彼を逮捕してくださいと言うつもりはない……それでも彼から目を離すべきではない」

日本人や沖縄人の男性より米兵のほうが性的暴行を犯す割合が高いと思うか訊ねると、レイコはそうは思わないと答えた。そしておもむろに話しはじめた。

「男のせいばかりではないときもある」と彼女が言うと、ほかのふたりも賛同の言葉をつぶやいた。「女子が気をつけるべきよ……バーに行くとか夜遅く外を歩くときは。まともな人間は午前二時頃、外を歩いたりしないことはみんな知ってる」。悪いことをしたのはぜったいに強姦した男だとレイコは続けた。「そういうことは起こってはいけない。でも……男のせいだけではないと思う」。エリカとメイも賛成した。三人は、タイトスカートをはいて、クラブで酔っぱらって、悪い男を物色している女子の話をした。この手の女子は我が身を強姦の危険にさらしている。

それでも、里奈さんに起こったことが彼女のせいだとは誰も考えなかった。

「彼女は午後八時にランニングしていた」とメイは言った。「自宅周辺を。よく知っている場所だった」

後日、私は被害者非難について鈴代と話をした。日本や沖縄の社会は、地元紙も含めて、性暴力の被害者に対し、隙があったとか、相手を誘惑したとか、無防備だったという言い方をよくする、と彼女は指摘した。だから、多くの女性は届け出をいやがるのだ。社会が被害者をどんなふうに扱うか見てきたので、沈黙を通すことで自分を守ろうとする。
鈴代は、二〇〇八年に起こった一四歳の少女の強姦事件を引き合いに出した。この少女は学校の制服も着ていなかったし、文房具店から家に帰るところでもなかった。友達と一緒にコザゲート通りをぶらついていた。三八歳の海兵隊員がバイクで近づき、家まで乗せていってあげるというと、少女は申し出を受け入れた。そのあと男は家に送り届ける代わりに自分を強姦したと、彼女は証言した。しかし、この事件は一九九五年の強姦事件のように大規模な抗議運動を呼び起こさなかった。鈴代がデモを組織しようとしていると、電話がかかってきた――少女はなぜあんな服装をしていたのか。なぜあんな場所にいたのか。母親はどこにいたのか。一九九五年のように一般市民が事件に幅広く共鳴するには、「もっと清純な」被害者が必要だった。
こうした被害者非難は折に触れて表面化する。たとえば、二〇〇一年の強姦罪容疑事件。〈アメリカンビレッジ〉のナイトクラブを出たあと、駐車場に停めてあったステーションワゴンのボンネットの上で空軍兵に強姦されたと、地元の女性が主張した。男は合意のうえだと言った。案の定、自業自得のアメジョの言い分だとしてはねつける者もいた。当時の（女性）外務大臣は、「その女性もなんで夜中の二時に飲み屋にいたの」と、被害者の女性にも問題があったのではないかという趣旨の発言をした。[*67]
世界中で関心を集める #Me Too 運動でさえ、日本の場合、韓国など諸外国のようには効力を発揮しない。性暴力に声を上げる数少ない日本の女性たちは、メディアから無視されたり、批判を受けたりする。「もっともひどいコメントは、男性上位の社会で長年生きてきた年長の女性から届くように思える」と、大物ジャーナリストから強姦されたことを公表した伊藤詩織は語っている。「私が日本人女性のとるべき態度をとっていないと、彼女たちは感じたようだ。記者会見でシャツの一番上のボタンを留めていないのはよくないと言われた。私が泣いていたら、もっと同情してもらえたのだろう」。身の危険を感じる脅迫を受けても、自分の話を世間に伝え、社会が前進するよう公正さを追求する伊藤の決意は変わらなかった。「つらかった。それでも負けるわけにはいかなかった。負けてしまえば、こうした犯罪には声を上げてはいけないということを人々に示す事例になってしまうから」[*68]

このような問題は、日本の法律や取り調べ、裁判にまで及ぶ。職場でのセクハラは刑事罰とはならず、蔓延している。性犯罪に関する刑法は最近一部改正されたものの、問題も含んでいる。「強姦に関する日本の法律は非常に遅れている」と鈴代は私に言う。一〇〇年以上もの間、時代遅れの刑法が、ペニスの膣内挿入という強姦の狭い定義を掲げてきた。二〇一七年、ようやく国会はこれを改正し、新たに口腔性交と肛門性交の強制も含めてレイプとみなすこととし、法定刑の下限の引き上げも行なわれた。だが、加害者に「暴行または脅迫」されたと証明できなければ有罪にできないといった問題は積み残されたと、活動家たちは指摘する。今回の改正では、判決に心理的強制の問題が入りこむ余地はない。性交の同意年齢は一三歳のままだし、配偶者間のレイプに対する法律もない。

警察の取り調べが、被害者が法的手段に訴える気力を失わせることもよく知られている。[*69]

延々と続く尋問、暴行の再現。この取り調べが第二のトラウマになる危険がある。警察から被害者の性体験など、不適切な質問を受けることもある。「加害者に自分が魅力的に映ったと思いますか」「アナルセックスの経験はありますか」。裁判に持ちこめば、被告の弁護人からもっと屈辱的な質問を受けると警告されるかもしれない。こうした実態を知っている被害者なら、警察への届け出に二の足を踏みたくもなる。

発生件数より届け出件数が少ない問題があるので、鈴代は編集した年表の暴行件数そのものには注目しない。「数は重要ではない。まだ満足いく状況にはないので、件数だけ数えて、三〇〇だ、四〇〇だと言っても意味がない」。日本と沖縄における強姦の届け出件数の少なさは、社会における「根深い性差別」の表われであり、これが基地をとどまらせる要因になっていると、鈴代は考える。「もし性暴力の被害を誰もが訴えられる社会なら、ここまで米軍は駐留し続けられたでしょうか」と彼女は疑問を投げかける。[*70]「レイプ」の大見出しが連日連夜新聞に踊り、ニュースで声高に叫ばれたら、基地はどうやって存続できるだろう。

一九九六年、那覇地方裁判所の裁判官三人は、マーカス・ギルとロドリコ・ハープ、ケンドリック・リディットに対し、逮捕監禁・婦女暴行致傷の実刑判決を下し、ギルとハープに懲役七年を、リディットに懲役六年六か月を言い渡した。[*71]リディットの刑期のほうが短い理由は、彼がほかのふたりのようには姦淫を遂げなかったと裁判官が判断したためだ。リディットの女きょうだいはメディアの前で、三人は基地反対運動の「スケープゴート」にさせられていると主張した。「土地と引き換えに人生を犠牲にするのは非人道的だ」[*72]。全米黒人地位向上協会（NAACP）沖縄支部長は、この三人は人種もしくは国籍のせいで、沖縄人の基準より長く求刑されたとみる。「彼らがアメリカ人だからなのか、それともアフリカ系アメリカ人だからなのか、その理由はわからない」

三人は日本本土の刑務所に服役し、携帯電話や自動車部品を製造する刑務作業に従事、その後アメリカへ帰国した。三年後の二〇〇六年八月、リディットの遺体が、ジョージア州アトランタ郊外の二二歳の女子大生の自宅アパートで発見された。ふたりはピザ店の元同僚で、女性も死亡していた。女子大生は性的暴行を受け、首を絞められ、頭部を強打されており、リディットの両手首には深い切り傷があった。警察は殺害後に自殺したものと判断した。

鈴代の考えでは、軍事訓練と性暴力は不可分の関係にある。「他者を差別し、自分の力を行使して意に沿わせる意識がなければ、兵士としてやっていけないからです」[*73]。一九九五年の女子小学生強姦事件後の東京での集会で、鈴代はこの見解についてさらに説明した。「軍隊自体が構造的な暴力の一形態なのだから、教育しても効果はない。兵士は自分の母にとってはよき息子、妻にとってはよき夫かもしれないが、ひとたび軍隊に組みこまれると、敵に殺される前に敵を殺すという責務を学ぶ。（略）兵士は暴力を加えるよう訓練されている。実は、これこそが軍事訓練の目的なのだ。軍隊で人間性を教えるということは、大きな矛盾だ。残虐性を教える場所が軍隊なのだ」[*74]

「軍事主義を許さない国際女性ネットワーク」の二〇一七年の会議で、グエン・カークが同様の見解を表明し、警告している。「もちろんすべての米兵が性暴力に関与しているわけではないことは明言すべきだし、明言しなければいけない。だが、事件が繰り返し起こる以上、軍の信念と理想、敵を殺すよう訓練されること、女性、とくに有色人種の女性（沖縄の場合、アジア人女性）に対する態度といったこととの関係性を考えることは重要だ」

沖縄の米軍社会の内部からも同様の声が上がり、多くは海兵隊員を名指しする。「海兵隊員に問題があると言ってもいい。それは軍事訓練のあり方と関連がある」と元空軍兵は語っている。沖縄北部で海兵隊が行なう「過酷なジャングル戦闘訓練」は、眠ることもできない、食料もない状態で「三か月間、密林の中を自力でサバイバルする」訓練だと彼は述べた。この退役軍人とその家族は北部をドライブ中に一度、海兵隊の一行に遭遇したことがあった。「汚らしくて、まるで野蛮人の群れのようだった。こんな生活を三か月送った男たちを、今度は基地に連れ戻し、週末には休暇をとらせ、沖縄の町へ送りこみ、北谷や那覇のバーで正常な行動をとるよう期待しても、そうはいかないだろう」[*75]

もうひとつの要因として、多くの軍構成員の沖縄での滞在期間が短いことも指摘されている。「部隊展開プログラム（UDP）」は、アメリカ本国に勤務する海兵隊員を六〜一〇か月間、アジア太平洋地域へ派遣して訓練するというものだ。新兵オリエンテーションでの説明どおり、海兵隊員はキャンプ・シュワブかキャンプ・ハンセンにまとめて送りこまれ、「気候に慣れたところで、この地を離れる」。沖縄での滞在は一か月ほどで、その後、ほかの国の海兵隊施設へ行き、訓練を受ける者もいる。こうした海兵隊員は肉体的能力と暴力性を高める戦闘訓練に集中し、沖縄での滞在期間が短いため、地元女性への暴行に走りやすいのだと主張する者もいる。金武町のバーの経営者は、このあたり、キャンプ・ハンセン周辺の歓楽街で問題を起こすのは、いつも「UDPのばか野郎たち」なのだと私に言った。このような仕組みが暴力を誘発するといえる事件が二〇一二年に起こった。[*76] 二日前に沖縄入りした部隊の海軍兵ふたりが、次にグアムへ出国する予定の数時間前に、沖縄人女性のマンションの入り口付近で女性を襲い、強姦した。このタイミングからすると、「『沖縄を出てしまえばわかるまい』とでも考えたのだろうか」と『朝日新聞』はコメントしている。[*77]

二〇一二年に、一九九五年の女子小学生強姦事件で実刑となった男のひとりロドリコ・ハープが、あの日、マーカス・ギルが少女の強姦を提案した理由のひとつに、ギルがまもなく沖縄を離れるという事情があったと述べた。「これが最後の海外勤務で、もうすぐ帰国できるとギルは言った」。だが、ギルは以前にも沖縄で女性を強姦したことがあるとハープは思った。「この手のことはいつもやっているようだった。そんな口ぶりだった」[*78]

沖縄でもっとも注目を浴びる女性活動家として、鈴代は批判に対し当意即妙に返答する。男性の基地反対活動家は、自分たちには政治的とは思えない女性の問題にばかり焦点を合わせるとして、鈴代を非難する。ある沖縄の平和活動家たちの集会で、ひとりの男性がいきなり彼女を指差して声を張り上げた。「ちょっと！　この問題を女性への暴力の問題に矮小化するな！これは日米安保の問題なんだ」。鈴代は彼を指差して言い返した。「女性に対する軍隊の暴力がこの問題の一部だってことがわからないんなら、安全保障の半分しかわかっちゃいないのよ」[*79]
学者たちも鈴代に狙いを定める。沖縄を研究する文化人類学者クリス・エイムズはこう主張する。彼女は「基地の存在そのものが公害なのだ」というような言い方をよくするが、これでは、善悪の二項対立の構造を生み出し、基地だけでなく、基地に関係するすべてのもの、たとえば基地で働く沖縄人や米軍社会の構成員と付き合っている沖縄人もみな「公害」にしてしまう。エイムズは、軍が兵士の心に暴力を植えつけるという彼女の信念もやり玉にあげる。この考え方は、「米兵の夫や父、友人を持つ沖縄人の自尊心を傷つける」[*80]。島袋まりあは、こうした考え方は米兵と恋愛関係にある沖縄人女性やふたりの結びつきから生まれた子供たちを、基地反対運動へ参加できなくさせてしまうと、さらに踏みこんだ発言をする。「沖縄人の直接行動は、米軍からもっとも影響を受けた個人が『運動』に参加しづらい状況を作り出すまでになった」と島袋は書いている。[*81] リンダ・アングストは鈴代が「不穏なほど」家父長制の言葉を使った言いまわしをすると批判する。たとえば、鈴代は沖縄が「日本によって身売りされた娘」だというような言い方をする。これについてアングストは、「一九九五年の強姦事件の被害者を指して、身売りされた娘とかいけにえにされた娘というのは、一貫して女性を無力な犠牲者の比喩に使い、現在も続く国家主義的な家父長制の言説のなかに、被害者を祀り上げつつ従属させることになる」と説明する。鈴代を名指しすることはないものの、アングストは「抗議活動の指導者たち」は沖縄の伝統的な社会を平和と平等の世界と理想化し、「実際に身売りされた沖縄の娘たち」、つまり基地の町のセックスワーカーの問題を無視しているとも主張する。[*82]

鈴代と話をした私は、こうした批判の根拠をほとんど見出せなかった。鈴代らは、軍隊と性暴力が関連することについて説得力のある証拠を挙げて、女性の安全の問題を安全保障についての議論に含めるべきであると主張してきた。基地が地域の民間人を守るために存在するのなら、駐留軍に危害を加えられる数多くの女性がいる事実を、当局はどう説明するのか。鈴代はこうも指摘した。自分は沖縄社会や日本社会の責任を見逃さない――理想化された過去は存在しない。しかも彼女は、「実際に身売りされた娘たち」のことも忘れてはいなかった。これまでもセックスワーカーへの支援を続けてきたし、彼女たちに関する議題は、「軍事主義を許さない国際女性ネットワーク」の二〇一七年の会議にも盛りこまれた。

それでも私は、基地に関する議論の全体を俯瞰するとき、どこかひっかかると思わずにはいられなかった。もしかすると鈴代もその一端を担っているのかもしれない。一九九五年の女子小学生強姦事件は九万人を超える人々が抗議集会に参加する正当な根拠となった。だが、その四か月前に起こった米兵が日本人女性をハンマーで殴打して殺害した事件も、世論の怒りを買って当然の事件だった。軍事訓練が暴力を助長することは紛れもない事実だが、多くの米軍の構成員は家族と平和に暮らしている。基地に賛成か反対かといった議論の性格が人々を二極化させ、取り残されたあいまいな領域、グレーゾーンで生きる人々を沈黙させる。こうした軍の暴力にさらされる危険のもっとも高い、基地周辺のバーや売春宿で働く女性たちでさえ、鈴代が主張した犠牲者に必ずしもなるとはかぎらなかった。こうした女性たちのなかには、この仕事をみずから選択し、ほしいものを手に入れて、足を洗うことに成功した者たちがいた。

第7章　デイジー

デイジーは自分のために、そして何よりも母のために、もっといい暮らしがしたかった。デイジーが幼い頃、一家はフィリピンの田舎に住んでいた。「質素な生活」で、夜はろうそくを灯し、雨の日にはバナナの葉を傘にした。ほかの暮らし方を知らなかったので、その生活が楽しかったのを覚えている。それでも、母が身を粉にして働きながら女手ひとつで七人の子供を育てる姿は見ていた。食い扶持を賄うために果樹園でバナナやココナッツ、カカオを栽培し、農作物を荷車に積んで週に二回市場へ売りに行った。母の帰りは夜遅く、いつも酔っぱらっていた。翌朝は仕事のために四時に起きたが、まだ酔いがさめていない日もあった。母の物音が聞こえないときは、息をしているかよく確かめたものだ。お母さんの命をお守りくださいと彼女は神に祈った。

家族は度重なる悲劇に見舞われていた。デイジーがよちよち歩きの頃、父が結腸と肝臓のがんで亡くなった。それから二か月ほどして、赤ん坊だった弟が火事で亡くなった。どうして火事が起きたのかデイジーは知らない。子供たちを家に残して、母は仕事に出ていた。デイジーが覚えているのは屋根がめらめら燃えていたことだけで、家は焼け落ちなかったものの、炎が弟を襲った。以後、母はけっして子供たちだけを置いて外出しなかった。

　デイジーは下から二番目の子供だったが、反政府勢力のゲリラ戦を逃れるため一家がミンダナオ島南部を離れると、母と妹の世話をする責任を引き受けた。一番上の姉は一〇人の子供がいたうえ、夫に暴力を振るわれていた。兄たちはルソン島へ渡って仕事をしていた。そこで、デイジーは一六歳で高校を中退し、母と妹を養うために働きはじめた。最初は裕福な家庭で住みこみのメイドをし、月に二〇〇ペソ、約五ドルを稼いだ。時間を見つけては、こっそり英語の雑誌を読み、学校へ行けないぶん独学した。その後、子守として一定期間働くも、労働時間が減ったので、「いい働き口ではなかった」。次に見つけた仕事はベーカリーで、メイドの二倍の給料がもらえた。店主だった薬学部の学生は親切な人で、デイジーが実家に帰るときはいつも、パンやチーズ、飴をどっさり持たせてくれた。やがて、首都マニラの印刷工場に転職し、ここではTシャツにシルクスクリーン印刷をした。給料は今までの最高額、部屋と食事付きで一日三五ペソだった。ようやくここまでたどり着いたが、それでもまだ十分とはいえなかった。

　デイジーは子供の頃、いとこの家へ遊びに行ったことがあった。いとこの父は米兵で、デイジーのおばと第二次世界大戦中に出会っていた。家の中を見まわしてデイジーは思った。「わあ、すごい。なんて金持ちなんだろう。いつか私もこんなふうになりたい」。雑誌から住宅の写真を切り抜くようになり、いつかこんな家を建ててあげるからねと母に約束した。

その約束を果たすには、もっとお金が必要だった。二一歳の時、デイジーは日本へ行く決心をした。危険は承知のうえだった。興行ビザで日本へ渡った若い女性たちの話や、横須賀のアメリカ海軍基地周辺で殺害された女性たちの話も聞いていた。日本へ働きに行くと言うと、みんなの考えることはわかっていた——ああ、体を売る気だな。デイジーは自分の夢が台無しになるといけないので男性を避け、デートしたことさえなかった。母は行かないでくれ、マニラにとどまってくれと懇願したが、デイジーの決意は固かった。日本へ行けばフィリピンよりずっと稼ぎが多くなる。自分は死をも恐れないと母に言った。「そうなったら、そうなるまでよ」。彼女は一番年かさの姪と一緒に日本での就労のため六か月の興行ビザを申請し、取得した。ビザの資格は公的には民族舞踊の興行に関わる活動となっていたが、渡航先で何が待ち受けているかはデイジーにもわからなかった。

日本での配属先はプロモーターが決める。長身で美人の姪は日本本土へ送りこまれた。「本土が一流だと言われた」とデイジーは笑った。「私があんまりきれいじゃないからでしょうね」。デイジーは沖縄に配属された。

国を離れる前、彼女は天使が自分を守ってくれるよう神に祈った。「どうか体を売るようなことになりませんように」

沖縄にアメリカ軍基地が存在するかぎり、部隊の相手をするセックスワーカーも存在する。長年の間にこうした女性たちの出身や労働環境、斡旋の形態も変わってきたが、大日本帝国軍とアメリカ軍はともに、セックスワークは兵士が戦闘意欲を維持するのに必要不可欠なものとみなしてきた。太平洋戦争中、日本軍は悪名高い「慰安婦」制度を創設し、日本や植民地、占領地域の数多くの女性たちを奴隷状態にして、日本兵に性の提供を強制した。[*1] 朝鮮半島や台湾、フィリピンをはじめアジアや太平洋の島々出身のこうした女性たちは、日本軍が行く先々で行なった組織的な強姦や暴行に耐えた人々で、沖縄もその例外ではなかった。沖縄戦が始まる前、日本軍は数多くの朝鮮人女性を沖縄南部の島々に連れてくると、県内およそ一三〇か所に「慰安所」を設立した。本国から連れ去られた朝鮮人女性と沖縄人女性は一日何十人もの男の相手をさせられた。戦闘中にほとんどの女性は亡くなったが、生き残った者は仕事を続け、今度は米兵の相手をすることになった。

降伏後、日本政府は新たに占領軍専用の「慰安施設」の設立を急いだ。男にはセックスが必要であり、こうした施設を作らなければ、一般市民が片端から凌辱されるというのが当局の設立理由だった。日本政府と警視庁は東京で売春宿の経営者たちとこの問題に取り組み、政府はこの事業にお墨付きを与え、融資した。「一億円で純潔が守れるなら安いものだ」と当時の大蔵官僚が言ったと伝えられている。[*2] お国のためになる仕事に応募したのは貧しい女性たちで、自分よりも裕福な女性の身を守るため犠牲となった。「新日本女性に告ぐ」と書いた看板が東京の銀座に立てられた。看板には「戦後処理の国家的緊急施設の一端として、進駐軍慰安の大事業に参加する新日本女性の率先協力を求む」とあった。[*3] やがて「特殊慰安施設協会」は本土全体に広まり、客となる米兵を人種と階級で分け、セックスを一ドルで提供した。[*4] 協会に兵士が殺到したため、わずか数か月で占領軍は協会を廃止し、性感染症の大流行を抑えようとした。それでも売春は公的に許可され、今度は特定の地域に限定されることになった。戦後の混乱期、何万人という日本人女性がこの仕事に従事して家族を養った。

本土と切り離され、アメリカの施政権下にあった沖縄の状況は、本土とは似て非なるものであった。米軍も沖縄人指導者も売春を黙認し、数多くの沖縄人女性が生きるためにセックスワークへと流れていった。戦争で男の働き手を失い、基地建設で農地を失った女性たちはほかに生きる選択肢がなかった。本土との大きな違いは、沖縄の場合、占領時代が長かったぶん、国家が認可する売春が長く続いた点にある。

占領時代の沖縄での体験を綴った著作のなかで、退役軍人のM・D・モリスは、米軍は「公益のため」、戦後、売春を合法化する前に、売春地帯を設けたと書いている。「賢くも健全な指導者たちは非公式の制度を編み出した。この仕事に関わる娘たちはもれなく一か所に集められ、そのなかで酒の接待や金の受け渡し、健康診断が行なわれ、数千人全員の行動が規則正しくきっちり管理されていた」。軍用バスが部隊を勤務時間後にこの地域へ運んでいったが、「チャプレンたち」がここでのバスの停車を禁じると、バスは「ローギアに切り替えてのろのろ運転」をし、走っている車から男たちが飛び降りた。ついに「改革派」の主張が通り、売春地帯が閉鎖されると、セックスワーカーたちは散り散りになった。米軍は健康診断の強制ができなくなり、「島全体の性感染症罹患率が急増した」。料金も跳ね上がり、部隊が売春宿に行く車を盗む事態まで発生した。そこまでしない兵士たちは退屈しのぎに酒におぼれ、規律に違反する危険人物になっていった。「その気のある姐さんに代わり、再び清純な沖縄娘がどうにも止まらぬ狂暴な色欲の犠牲になった」とモリスは記している。日本政府と同じく、モリスをはじめ沖縄の米軍社会も、「清純な」地元女性と「その気のある姐さん」の二項対立で物事を考えた。規制をかけてセックスワークを囲い込み、一部の女性たちが米兵の「どうにも止まらぬ」「狂暴な」性欲を処理することになるという考えが、彼らの念頭にあった。[*5]

非公式の売春地帯が廃止されると、沖縄人女性たちは客との密会場所に、住宅街の民家を間借りするようになった。今日沖縄市となったある地域では、セックスを求めて米兵が通りをうろつかないように、こうした女性たちを立ち退かせようと地元の指導者が団結した。地元住民が嘉手納基地のアルヴァン・キンケイド少将に相談に行くと、「血気盛りの若い米兵だから、こちらの方としてもどうしたらよいか名案がない。米兵の性の問題まで関知するのは難しい」と言われ、あまり取り合ってもらえなかった。[*6] その後、干渉するなら村長の自宅を焼き打ちにすると米兵たちが怒り出し、地元住民との対立が激化したので、キンケイドは今度は自分が「関知する」案件と判断し、解決策として町はずれに「特殊地帯」を作ることを地元の指導者に提案した。

このような経緯により、基地周辺の売春地帯設立に、沖縄当局が米軍に協力するようになった。[*7] こうした「ダンスホールその他の慰安娯楽」施設が地元地域に、経済効果や性感染症拡大の抑制、「清純な」女性の保護といった恩恵をもたらすのか、あるいは社会倫理に反し、慰安施設で働く女性にとって有害なのか、地域社会全体で議論が行なわれた。後者の理由で女性活動家は反対したが、設立阻止には至らなかった。

この一帯に、米軍は性感染症の蔓延を食い止めようと、Aサイン制度を導入した。一九五三年に始まったこの制度では、米兵が出入りできる施設は、米軍から公的に「認可」を受け、大きな赤い大文字で「A（approved）」と書かれた許可証を掲げた店に限られた。バーやレストラン、クラブは、従業員に性感染症検査を受けさせ、衛生基準に合格した場合、この許可証を取得できた。それでも性感染症の問題はなくならなかった。一九五七年、海兵隊のある師団は、四分の一の兵士が性感染症で不適格になったと報告し、翌年、その数は三分の一を超えた[8]。一九六四年の『ワシントン・ポスト』紙は、在沖海兵隊内の性病罹患率が「非常に高い」ため、「司令部は罹患率を『機密扱い』にしていた」と報じた[9]。

M・D・モリスはこうした地帯のひとつを指して、「野蛮人にとってのネオン輝く至福の世界」と表現する。米軍憲兵がパトロールするなか、この楽園には「所属や人種、体格もさまざまな下士官」があふれた[10]。質屋から即日貸付を受けた米兵がバーの従業員の「外出料」を支払うと、ふたりは「その一帯にある『ホテル』にしけこんで、兵士は二週間後に性病にならないことを願いながら、汗を流した」。一九五七年の『サタデー・イブニング・ポスト』紙には、性を売る施設は「歓楽の王宮（ジョイ・パレス）」で、その数は「一〇〇〇軒を超え、〈ヴィーナス〉〈バタフライ〉〈シンデレラ〉〈チャッターボックス〉」といった名がつけられ、「どれもけばけばしいネオンで『美人ホステス大集合』と宣伝している」とある。この記事は、沖縄人女性が新たな専門職（売春）に「喜んで取り組んでいる」とも報じている。というのも兵士に体を売る伝統があるからで、「戦前の日本軍の部隊で慣れていたうえ、政略結婚を受け入れてきた沖縄人は、今日、親交と娯楽のためにアメリカ人が進んで金を払うので喜んで取り組んでいる」というのだ。[*11]

言うまでもないが、すべての女性が喜んでいたわけではなかった。高里鈴代は、占領時代に年季奉公契約で女性を売春宿につなぎとめていた、身売り奉公の制度について説明してくれた。[*12] 典型的な例としては――貧しい家庭の娘が性労働に同意し（あるいは強制され）、その代わりに売春宿が家族に高額の貸しつけをする。これで家族は食べていけるようになるが、女性は売春宿に借金を負うことになる。高利貸しのため、一晩でどんなに多くの米兵を客にとっても、返済はほぼ不可能だった。鈴代によれば、当時の売春料金は一人五ドルだった。ある退役軍人から私は、一晩中過ごすと二〇ドルかかったと聞いた。こうした稼ぎは、売春宿が課す罰金で帳消しになることもあった。米軍の給料日に仕事を休んだら二〇ドルの罰金。病気や生理で休んだら一〇ドルの罰金。ほかにも部屋代や食事代、個人で使う物に高い料金が設定されていた。この料金の総額と高額の利子を合わせると、月末に給料が出ても、女性の借金はかさむばかりという結果になった。鈴代の話ではセックスワーカーの借金の平均額は二〇〇〇ドル。「これはあまりにも高い。当時の教員の給与は月一〇〇ドルだったから」。記録に残る最高額は一万七〇〇〇ドルだったという。

こうした前借金制度から脱出できた沖縄人女性もいた。アメリカ軍人との長期にわたる付き合いを確かなものにし、家をあてがわれ、いい物を買ってもらえる女性は、戦後「ハニー」と呼ばれた。沖縄人はこの英単語を米兵の女性たちへの呼びかけの言葉と知って、使うようになった。地元住民の間で、ハニーは不道徳として軽蔑される反面、物質的恩恵に対する羨望の的ともなった。「チョコレートや石鹼、美容クリームの贈り物」を享受し、いつも新しい服を着ているハニーのことを、ある沖縄人女性は覚えていた。それに引き換え、自分たちは「さえない粗悪」品の、「縫い目が裂け、お尻の擦り切れた」服を着ていた。[*13]

米軍の公認となったセックスワークに多くの女性が従事し、米兵と地元住民との経済格差が顕著であるというこの戦後の風景のなかで、性の商品化は米兵にとって当たり前のことになった。海兵隊の退役軍人ダグラス・ラミスが一九六〇年に沖縄に赴任したとき、基地司令官が部下に向かって、「沖縄には米軍とほぼ同数の売春婦がいる。君たちひとりに対しひとりという計算だ」と説明したという。売春婦を買うのは「たいしたことではなく」なったと、ラミスは当時を振り返る。「一部の例外はあるものの、実質的には全員がそのサービスを利用した。それがある意味、海兵隊から見た沖縄のイメージをエキゾチックなものにしていた」[*14]

沖縄のセックスワーカーの数がピークに達したのはベトナム戦争時代だ。一九六九年の警察局の統計には、売春に従事する女性の数はおよそ七四〇〇人とある。[*15] 別の資料の推計ではその数は二倍。[*16] ということは、一〇～六〇歳の女性のうち二〇～二五人にひとりがセックスワークに従事していた計算になる。[*17] 総計すると、セックス産業はほかの地元の産業（パイナップルとサトウキビ農業の合算）より多くの金を生み出した。[*18] 金武町のクラブのオーナーはベトナム戦争当時、米兵が自分の店にどれだけ金をつぎこんだかを回想している。二〇人の「ホステス」を雇っていたが、現金が文字どおりあふれていた。「〔札束を〕バケツに押し込んで、それでもあふれるから足で踏みつけて、またドルを入れた。（略）〝ドルの雨〟だった」[*19]

セックスワークを禁じた、一九五七年施行の日本本土の売春防止法を、琉球政府は七〇年に立法化する機会があったが、正式な本土復帰まで待つことにしたと、鈴代は私に教えてくれた。「こうしたところに沖縄の人々のねじれた感情がある」。議員たちは年季奉公契約による数多くのセックスワーカーたちの惨状を知っていたが、売春を禁止した場合、米兵が強姦に走ることを恐れた。それに経済を潤すセックス産業を手放したくはなかった。「ある意味で」当時の沖縄は「売春婦として働く個々の女性たちに経済が支えられていた」。こうした女性たちは戦後の貧困から家族を救い、事実上、沖縄社会全体を救い出した人々だ。[*20]ところが、世間の目は、このつらい仕事と自己犠牲を、無私無欲で崇高な賞賛すべき行為とみなさず、彼女たちを恥ずべき存在とみなした。

一九七二年に沖縄の施政権が日本に返還されると売春は違法となり、女性たちは借金による束縛から解放された。一部には仕事を続ける者もいたが、地元警察は黙認した。離職希望者に対しては日本政府が経済支援を行ない、一時的な住まいも提供した。鈴代によれば、政府は売春宿経営者がホテル経営に鞍替えする手助けもしたという。ところが、政府が外国人労働者に興行ビザを発給したことで、ある意味、セックスワーカーの次のブームにも認可を与えてしまった。まもなく、基地のゲート周辺の歓楽街に、沖縄人に代わりフィリピン人女性がやってきた。

飛行機を降りるとき、デイジーは用心深く右足（ライト・フット）で沖縄の土を踏んだ。そうすれば正しい方向（ライト・ディレクション）へ進んでいけるだろうから。一九九二年三月、彼女は二四歳だった。これから六か月働くことになる外国の島から受けた第一印象は、清潔ということだった。巨大都市マニラのカオスのようなところからすれば、沖縄は小さくて静かで、とても清潔に思えた。

その足でキャンプ・ハンセンの外にある金武町の住宅へ向かった。これからこの家で、クラブで働くほかのフィリピン人と共同生活を送ることになる。当時、金武の町はフィリピン人女性のクラブで大賑わいだった。デイジーが送りこまれた先は沖縄人女性が経営する店で、そのママさんはひとつの建物にある三軒のバーのオーナーでもあり、二軒が階下に、一軒が上階にあった。ママさんは客とおしゃべりをしたり、ステージで踊ったりしながら、三軒の店をかけもちしていることをデイジーは知った。報酬には目を見張った。食事手当だけで月一万円に加えて米の支給があり、その額は印刷工場での給料より高かった。

米軍基地周辺の歓楽街でデイジーのような女性たちが沖縄人の後釜に座った、その要因は経済にあった。一九七二年に日本に返還された沖縄の通貨は、ドルから円に替わった。米兵にとっては新しい為替レートで物価が上がった。他方、日本の領土となった沖縄は、経済が上向き、女性の経済力も向上した。教育や雇用の機会にも恵まれ、もはや多くの女性はセックスワークに従事する必要がない。まもなく、地元女性と米兵は、島のクラブやショッピングセンターで出会い、デートを通じて交流することが主流になった。往々にして女性が男性に代わり金を払うようになった。年下の米兵のボーイフレンドに服や食事、電化製品、車を買ってやる沖縄人女性の話を、私はずいぶん耳にした。三二歳の時、二〇歳の海兵隊員とデートしていた沖縄人女性は、「彼があれがほしいと言うと、いつも私が買ってあげた。一度など、三〇インチの素敵なテレビを見かけたが、自分には買えないと彼がこぼすので、『いくら?』と訊ねると、『一七〇〇ドル』という返事。『まあ、安いじゃない』と言って、買ってあげたの。お互いがそれぞれの理由で、相手を利用していたのね」[*21]。ミッチという名の退役軍人が一九九〇年代初めに私にこんな話をしていた。友人が年上の沖縄人女性とデートしていたが、自分たちはその女性にあだ名をつけて「一万円」と呼んでいた。高額の紙幣で全額払ってくれたから。「友人と出かけると、彼女のほうがいつも払ってくれた。友人はすごく楽しんでいたが、自分のことをペットだとは思っていなかった。私もだ。ふたりとも気づかなかった」。米兵が「ハニー」になってしまったことを。

この新たな関係は米兵にとってプラスだったが、学者たちに「軍事化された男性性[*22]」と指摘されるものの向上という点からすれば、マイナスだった。「軍事化された男性性」とは、実戦で役立つ兵士になるためには、男性はステレオタイプの男らしさを強化する必要があるという米軍内の考え方を言う。これはステレオタイプの女らしさを備えた(セックスの相手となる従順でか弱く、男に守ってもらう必要がある)女性との関係で成り立つ。女性に金を払わせていては、戦場で突撃するのに必要な雄々しさを育むことはできない。米軍はこの仕事をする新たな労働者を必要とした――日本や沖縄の女性たちより経済的な弱者である労働者を。

他方、過剰労働力と対外債務の問題に頭を悩ませていたフィリピン政府は経済戦略の一環として、女性に対し家政婦やエンターテイナーとして海外へ出稼ぎに行くことを奨励した。*23一九八〇年代を通じて、日本に出稼ぎに来たフィリピン人の契約労働者の数は右肩上がりだった。一九八一年には一万一六五六人、八七年には三万三七九一人。*24女性エンターテイナーが圧倒的に多かった。その多くは本土のクラブで日本人客相手のホステス業に就き、沖縄では基地周辺に集中した。フィリピンは自国にも米軍基地を抱えていたが、日本の基地の町の歓楽街で働くほうが稼ぎがよかった。

一九八〇年代半ばには、推計四〇〇〇人のフィリピン人女性が沖縄の米軍基地周辺のバーで働いていた。同業の沖縄人女性は、沖縄や日本の男性客が来る、もっと高給がとれる地域へと移った。鈴代によれば、日本人観光客はセックスに五〇ドル払うが、基地周辺のアメリカ人は占領時代で五ドル、今日なら二〇ドルが相場だという。タイなど諸外国の女性も、沖縄のバーやクラブで働いていたが、日本政府とフィリピン政府が出稼ぎしやすい環境を作ったため、フィリピン人女性が大多数を占めた。合法とはいっても、フィリピンでのプロモーターも含め、興行ビザの仕組みはおもにやくざがとりしきっていた。沖縄にあるバーのオーナーがやくざがバックにいるプロモーターに料金を払うと、プロモーターはバーへ女性を送りこみ、かなりの額を自分の懐に入れた。「私の月給は四〇〇ドルだが、二九〇ドルしかもらえない。一一〇ドルが保険料として天引きされ、一〇〇ドルがプロモーターであるフィリピンのマネージャーのところへ行く」と、一九八九年に金武町で働いていたフィリピン人女性は語っている。[25] 女性たちの取り分からは沖縄までの往復の旅費も差し引かれた。

女性たちは「海外芸能アーティスト」として合法的に日本へやってくる。この身分は歌や民族舞踊をグループで披露することを意味する。そのため、最初の夜にショックを受ける者もいる。ひとりで、しかもほとんど、あるいはまったく衣服を身につけずに踊らなければならないと知って。ロウェナという女性は、ステージで初めて声を上げて泣いた。「パパさん」が「ブラを取れ」と叫んだのだ。もしパンティも脱げば、「ナンバーワン」になれると彼は言った。それだけでなく、女性たちは月に決まった量のアルコールを売りさばくよう「ノルマ」を課せられた。一九八〇年代後半、金武町のあるクラブではノルマが四〇〇杯。一杯の料金が一〇ドルと高く設定されていて、女性は一ドルの歩合を受け取る。ノルマを達成できないと、罰金として歩合が半額になる。ノルマをこなすには、ほとんどの女性が月に二日ほどしか休めなかった。

クラブでどんな生活が待っているかは運まかせ——デイジーに言わせれば、それは神の思し召しで決まった。プロモーターがどのクラブへ送りこむか、女性はいっさい手出しができなかったし、仕事内容もオーナーによってまちまちだった。アルコールのノルマを高く設定し、達成できなければ女性をフィリピンに送り返す店もあれば、女性にヌードダンスを強要したり、「ダークコーナー」で客相手に売春まがいのことをさせる店もあった。女性のクラブ外での行動を管理する店もあり、部屋に鍵をかけて閉じこめる店まであった。一九八三年には金武町の歓楽施設で働くフィリピン人女性ふたりが宿舎の火災で焼死した。アパートの外から施錠されていて逃げられなかったためだ。

デイジーは初出勤の夜の前に、何度も祈りを捧げた。「神様、お願いです。どうか私を守ってくださる天使をお遣わしください」。「セクシーダンス」をしなければならないことはわかっていた。屈辱を受けることも、それに対してなす術のないこともわかっていた。それでもデイジーの同僚は面倒見のいい人たちだった。経験がないとわかると、踊り方を教え、デイジーをかばってくれた。最初の夜、彼女たちがデイジーをステージに上がらせたとき、クラブには客がいなかった。ママさんも思いやりのある人だった。月のノルマが達成できなくても固定客がつけば、それでよしとしてくれた。[*26]

ある晩のこと、デイジーの最初の客は中年のアフリカ系アメリカ人の海兵隊員だった。一緒に席に着くと、彼は、新顔だな、フィリピンにボーイフレンドはいるのかねと訊ねた。「いいえ」とデイジーは答えた。

「ああ、そうだね」と彼は言って、デイジーをからかった。「みんなそう言うんだよ」

次の晩、その男性がまた彼女に会いにやってきた。次の晩も、その次の晩も。あの客は今までそれほど頻繁に来店したことがないと、女性たちはデイジーに言った。客の名はトマス。善良な心の持ち主だとデイジーは直感した。バージニア州出身で三八歳の彼は高校から海兵隊へ入隊し、デイジーのように一六歳で働きはじめた。今は妻と別居して、三人の子供を養っているという。話をしているうちにデイジーは、彼が辛抱強くて、礼儀正しく、ほかの男性客のように彼女にあれこれ命令しないことに気づいた。彼は彼女に入れこむようになり、月末になると、ノルマ達成まであと何杯必要か訊ね、その分の金を払ってくれた。酒代を賄うためにアルバイトまで始めた。彼は神に遣わされたのだとデイジーは考えるようになった——私の天使。

デイジーは神が見守ってくださると感じながらも、みずから運命を切り開いていった。自分に向いた方法で、ストレスの高い環境を生き抜いていく術をすぐに考え出した。まず、酒とたばこを控えた。こうしたものを自分の母がやめたのを見ていたからだ。客との会話では社交的で親しみやすい態度に磨きをかけた。性的な話題は避け、くつろげるよう心がけた。「いい会話をするのに、流暢な英語で話す必要はない」。米兵たちが彼女の家に遊びに来ていると考えるようにした。兵士には歓待されている気分を味わってもらう必要がある。まさにもてなす者（ホステス）として、楽しませなければいけない。戦略として、話題を選び、家族の話をした。祖国にいる親きょうだいの様子を訊ね、奥さんはいるか訊ねた。女親や女きょうだいの写真を見せてと話しかけた。兵士たちもデイジーと同じ、見知らぬ国に来た外国人で、もっといい暮らしがしたくて危険な仕事に身を投じたのだ。彼らも孤独で、自分を大切にしてくれる人と陽気な会話がしたいのだ。そう気づいた彼女の接客は多くの客に好まれ、贔屓（ひいき）の客が増えていった。

「クラブで働いているんだから、体を売ることになるとほとんどの人が言う。でもそれは真実ではない」と彼女は私に語った。「本人次第だ」。女性が望めばバーに外出料を一〇〇～一五〇ドル払ってもらい、一緒に店を出て、必ずというわけではないが、おそらくセックスする。ママさんは自分たちにそれを強要したことがないとデイジーは語る。「女性次第だ。個人の問題。

一度に大金がほしかったら、私もそうするかもしれない」。デイジーは一度だけ、男性と外出するよう強要されたエンターテイナーの話を耳にしたことがあった。それから何年かして、彼女はたまたまその客のガールフレンドだったと知ったという。クラブで売春を求められない理由のひとつに、出入国在留管理局の存在がある、と彼女は説明する。覆面捜査官が定期的に立ち寄り、質問するので、すぐに役人だとわかる——給料はいくらか、ここで何をしているのか、年齢は？　それは本名か。法律のうえではエンターテイナーは客と同席すらせず、ステージにグループで出演することになっており、物理的に客とは離れている。入国警備官の手入れがいつ入るか、その情報を店のオーナーは入手していると話す女性たちもいた。するとオーナーはその晩は店を閉めるか、周到に女性たちに地味なダンスをグループで踊らせた。

米陸軍の退役軍人ラブ・オーシュリは、エンターテイナーの仕事を日本の芸者の「格安版」になぞらえる。フィリピン人ホステスが「客の隣に」座る「目的はなれなれしく話しかけ、お酒をつぎ、たばこに火をつけてあげて男の自尊心をくすぐるなど、その場にふさわしいあらゆることをしてやるためだ」と彼は書いている。芸者と同じく、フィリピン人女性は売春婦ではない。両者の仕事内容は表面的に違うだけだ。「芸者は『洗練された伝統文化の』三味線を弾き、バーのホステスはカラオケを歌う。芸者が豪華な着物をまとい、昔ながらの髪型（実際にはほとんどの場合はかつら）に、白ペンキのバケツに浸したような顔をしているのに対し、バーのホステスはもっと現代的な恰好をして、芸者と同じように酒をついで、甘い言葉で話しかける」。両者のおもな仕事は、「男の自尊心をくすぐり、高めることなのだ。そうしておいて（略）男が苦労して稼いだ金をむしり取る」[*27]。これは「軍事化された男性性」の構築に役立つ仕事だ。ある米兵が韓国の米軍基地周辺にあるバーのフィリピン人女性について語ったように、彼女たちは拒絶される恐怖から彼を解放した。「祖国に帰れば、バーに行くと、私は椅子から立ち上がって、女性のところへ行かなければいけない。ここではただ座っていればいい。そうすれば彼女たちが私のところへ来てくれる。しかもすごい美人が」[*28]

ところが、男の自尊心を持ち上げる技に熟達したアーティストとして、女性を見る米兵はほとんどいなかった。多くは彼女たちをセックスワーカーとみなした。人種差別と性差別と軍事主義の色眼鏡を通して。デイジーが金武町で働いていた当時、女性のフォルムをかたどった図柄に「LBSM（リトル・ブラウン・セックス・マシン）」の文字をあしらったTシャツを着た米兵を見かけることがあったかもしれない。この頭文字の組み合わせは、「SLBM（潜水艦発射弾道ミサイル）」をもじったもので、基地周辺で働くフィリピン人女性を暗に指している[*29]。ある飲み屋街に貼られていた、米兵と女性との一夜を描いたポスターにはこんな文句が使われていた。「つり上がったふたつの瞳が俺を見つめる」。女が訊ねる。「軍人さん、こっち来る?」翌朝ひとり出ていく男は自問する。「俺、あいつをファックしたのか?!」[*30]こうしたバーでは米兵が入ってくるなり、「やあ、ビッチ、おまえ、いくらだ?」と声をかけ、その言葉に泣き出す女性もいたと、ラブ・オーシュリは振り返る。

デイジーは保護者としてふるまうママさんに感謝した。男性客が深酒をして詰め寄ってきたときも、とりなしながら客との間に一線を引いてくれる。クラブで一度だけデイジーはいやな経験をした。酔漢が、そろそろもう一杯いかがとママさんに勧められたとき、ジッパーをまさぐって、「触ってみろ」とデイジーに言ったのだ。それを拒んでトイレへ立つと、男は怒ってママさんに女はどこかと訊ねた。デイジーがわけを話すと、ママさんは男を追い出してくれた。

性的なサービスをして臨時収入を得る選択肢はつねにあった。家を建てる夢を考えると、気持ちが傾くときもあった。ある時、日本人男性からセックスに一〇万円出すと言われたが、彼女はその申し出を断った。習慣化したくなかった。「一回でも外出して大金を稼いだら、またやりたくなる。そういうことに慣れてしまう」

だが、恋愛となると話は別だ。「クラブで働くことは楽しかったが、いつ恋に落ちるかわからなかったので、恐ろしくもあった」。ほかの女性たちが捨てられ、心を打ち砕かれるのを見ていた。用心はしていたが、デイジーは自分がトマスに恋していることに気がついた。ユーモアのセンスがあって、忍耐強く、彼女を尊重してくれるところが好きだった。幼い頃に父親を亡くして大きくなったので、年上で父親のようなところも好きだった。彼は彼女を大切にしてくれた。「天から遣わされた人なのだ」と彼女はまた思った。

沖縄での六か月が終わる頃、トマスから求婚された。だが、デイジーは結婚を信用しなかった。姉が夫に虐待され、苦悶する姿を見てきたからだ。フィリピンに戻った彼女は、もしトマスが自分に真剣だということを示してくれたら、思いなおして結婚しようと考え、もう一度、六か月のビザを申請し、沖縄の仕事に復帰することにした。

白状すると私はデイジーから違う話を聞かされるものと思っていた。大学を卒業した年に、「人身取引（トラフィッキング）」という用語がさかんに使われるようになり、私は、トラフィッキングにより、韓国からロードアイランド州プロビデンスにある私の通うキャンパスにほど近い地域に連れてこられ、奴隷状態に置かれていた女性たちの話を研究報告にまとめた。その後、カンボジアで、私は人身取引に反対するＮＧＯを助成する財団で働いた。ホテルの客室清掃の仕事という名目で、プノンペンにおびき寄せられ、売春宿に強制的に送りこまれた匿名の若い女性たちから聞いた悲痛な証言を公表したこともある。デイジーと会った私は、そうした類の物語を聞き出そうとした。「圧力をかけられたことはあるか」「売春を強制された女性の話を聞いたことはあるか」。だが、私の思い描いたシナリオをデイジーはことごとく否定した。「いいえ、それは本人次第。個人の問題」。金武町で働くほかのフィリピン人女性たちの話もデイジーの言葉と重なる。セックスワークに携わるかどうかは、みずからが選択することなのだ。

著名な沖縄人写真家・石川真生（まお）の作品からも、バーで働くことは売春とは無関係で、女性たちに力を与える経験であったことがうかがえる。それはフィリピン人だけでなく、沖縄人女性にとっても同じことだ。一九七五年、二二歳の真生は米兵の写真を撮るため、コザのバーで働きはじめた。その店は黒豹党のたまり場で、コザの照屋黒人街で最大のバーだった。ベトナム戦争が終わったばかりで、客はこの店で再会を喜び、拳を突き合わせて抱き合い、生還できたのは誰かを確認しあった。店で働くうちに沖縄人よりも黒人男性を相手にするほうが気分がいいことに真生は気づいた。黒人は真生たち女性と対等な態度で接してくれると思った。やがて、両者のこうした心の絆は同じく闘う立場にあるからだとわかった。沖縄は本土の日本人から差別を受けており、アフリカ系アメリカ人も白人のアメリカ人との関係で沖縄人と同じ立場にあった。

黒人兵とバーのホステスとの間のこうした感情について、私はほかの人からも聞かされた。黒人兵のほうが地元女性を強姦する傾向にあるのは、「自分に優越感を抱いて、これまで自分が扱われたように扱ってもいい人間」が見つかったからだという、戦後に主張された推論とはまったく逆の話だ。[*31] アフリカ系アメリカ人の兵士は白人兵士に比べ、地元住民に強く共感を示すと人々は言う。嘉手納基地周辺でバーテンダーとして働いたことのある沖縄人女性は、「バーにやってくる白人客はアジア人を見下す傾向があった。アジア人女性に優越感を抱き、臆面もなくそうした態度で接してきた。（略）多くは、酔っぱらえばアジア人女性の体を触ってもかまわないと考えている。たとえば尻を触るとか。（略）彼らは無作法で、傲慢で、相手に敬意を払わない」と話す。[*32] 韓国の米軍基地周辺の歓楽街で働くフィリピン人女性が、同情を買うために処女だと嘘をつき、黒人兵を客に選んだのは、彼らが「善良な心」を持っていると思ったからだ。[*33] 一九九一年に陸軍兵として沖縄にやってきたアフリカ系アメリカ人のミッチは、仕事でフィリピンに赴いたときのことを私にこう語った。二〇〇〇年代初め、彼は軍を辞めていたが、沖縄にとどまり、基地内で自動車販売の仕事をしていた。出張中のある晩、彼らセールスマンはアンヘレス市のかつてクラーク空軍基地があったあたりの悪名高い売春街へ行った。「ショックだったのは、フィリピン人女性をモノのように扱って、白人が悦に入っていることだった。

黒人なら不快になってしまう……私たちはああいうやり方を好まない」。白人たちは酒に酔って気が緩んでいた。「今まで見たこともない白人の一面を見た思いがした」。ミッチには白人でない同行のふたりも落ち着かない顔をしているのが見て取れた。「白人は黒人をあんなふうに見ているんだという、ある種の洞察を得た思いがした。居合わせた三人全員が同じことを悟ったのが暗黙のうちにわかった」。この力学は沖縄にも及ぶと彼は思った。白人と違い、アフリカ系アメリカ人は地元の女性のことを、性的満足を得る対象物とは考えなかった。「優越感もなければ、自分にその特権があるという感覚もなかった」

ほどなく、照屋黒人街で真生はボーイフレンドを見つけた。「思いやりのある人だった」と彼女は語る。「でも不細工だった。私のタイプじゃない。そこですぐに別の男を見つけた」。真生と私は二〇一七年に宜野湾市で会った。六〇代半ばとなった彼女は髪を錆び色に染め、ふわふわにパーマをかけていた。耳には金の大きな輪っかのイヤリング。ぶかぶかの赤いアロハシャツが直腸切除によるストーマ（人工肛門）を隠していた。最近、ステージ4のがんと診断されたが、彼女は意気軒昂に見えた。目を見張ったり、不満げに表情を硬くしたり、恥ずかしがったり、生き生きと魅力的に自分の人生を語ってくれた。真生は沖縄を代表する写真家のひとりだが、駐留米軍の問題に取り組んでいる人物でもある。彼女のプロジェクトのひとつに、島内のすべての基地の周囲を歩き、写真を撮るというものがある。「フェンス沿いに歩こう、そしたら沖縄が見えてくる」*34

一九七〇年代に真生はクラブを辞め、二番目のボーイフレンドとその友人カップルの四人で、普天間近くの小さなアパートに引っ越して共同生活を始めた。真生はその暮らしぶりを写真に撮りはじめた。白黒写真に映る沖縄の女性たちは細い眉にボリュームのあるアフロヘア。ベルボトムの女性もいれば、ジーンズにホルターネックのトップスを着た女性もいて、胸とタトゥーを見せている。たばこを吸い、酒を飲み、ゆったりとした雰囲気のなかみんなで笑っている。背後の壁には黒人の男や女の絵が飾ってある。真生の写真に映る兵士たちはスーツに帽子をかぶっていたり、スラックスにボタンダウンシャツを着ていたり、ショートパンツに白のアスレチックソックスをはいていたりする。だれもがほほえんで、ポーズをとっている。互いにもたれかかり、暇つぶしをしているのか、くつろいでいるのか、あるいはクラブへ行くためめかしこむところなのか、家に帰ってきて服を脱いでいるところなのか、彼らはみな幸せそうに見える。

米兵を撮りたくて写真を始めた真生だったが、やがてバーで働く沖縄人女性のほうがおもしろいことがわかった。閉塞感漂う小さな島で、こうした女性たちはみごとに束縛されない自由な精神の持ち主として生きていた。彼女たちは黒人と一緒にぶらついたり、デートしたり、愛し合ったりしていることを、偏見を抱く家族や友人に非難されても気にかけなかった。自分の人生を楽しみ、自分の肉体を楽しみ、セックスを楽しみ、言い訳をしなかった。それが自分自身の生き方をもっと過激にした姿であることに真生は気づき、彼女たちの生き様に圧倒された。真生にとって、女性たちは「アカバナー」に似ていた。沖縄のいたるところに自生する美しい赤い花で、墓参りするとき、花束を買う金がなくても、この花を摘んで手向けることができる。

真生は他者がどう思おうと気にしない彼女たちを見倣うことにした。「米兵相手のバーで働く女たちを卑下する人もいる。勝手に女たちを売春婦と決めつける人もいる。それは全くの偏見、勝手な思い込み。（略）街の女たちは堂々と自分の人生を歩んでいた」と彼女は二〇一七年の写真集『赤花――アカバナー沖縄の女』のなかで書いている。[*35]

　ベトナム戦争が終わり、沖縄が再び日本の一部になったことで、米兵たちはやがて潮が引くようにみな照屋黒人街から姿を消し、祖国へ戻っていった。バーもクラブも店じまいした。キャンプ・ハンセン周辺で人種別のバーがまだ存在していた金武町にもその波が押し寄せてきたと、同僚たちから真生は聞いた。二番目の米兵のボーイフレンドに飽きた真生は彼と別れ、北へ行き、新たなバーで働きながら写真を撮り続けた。一九七七年、こうした生活にも終わりが来た。その年、彼女は自衛隊員と結婚した。一〇年後、金武町に戻ってみると、バーで働く女性たちはフィリピン人になっていた。かつて真生が働いていた店に行くと、ママさんと六人のフィリピン人が、客の入りが悪いため「ヒマそうにしていた」。ステージでは女性がひとりで踊っていた。一〇年前には自分もホステスとして働いていたと話すと、フィリピン人たちは自分たちの生活を彼女に見せてくれた――「寮」と職場を往復し、ときにはフィリピンへ帰国してビザを更新する。真生が撮った白黒写真のなかで、ホステスたちは二段ベッドの上で寄り添い、店の控室のソファで仮眠をし、トップレスあるいはハイカットのビキニとレッグウォーマーをつけて踊っていた。[*36]祖国に帰れば、子供たちと再会でき、村の「スター」になる。土産を持ち帰り、仕送りをしているからだ。当時と比べて彼女たちのファッションは変わった。今の女性たちは前髪を横に流し、ジャケットにアシッド加工をしたジーンズを美しく着こなす。アパートの壁には「black is beautiful」というスローガンの入ったポスターではなく、ロザリオがかけてある。それでも、写真の多くは『赤花』当時の写真とよく似ていた。フィリピン人女性たちは真生に乳房をちらっと見せて、にやりと笑っているかと思えば、ベッドの上で、金武の町で、米兵と抱き合っている。散らかったアパートでのんびりくつろぎ、互いを思いやり、食べたり笑ったり着飾ったりしている。みんな幸せそうだ。

デイジーの体験が異例なのか、時間の経過とともにその過去がバラ色に変わったのかは判然としない。もっと制約が多く、ひどい扱いをする店に配属されたり、経済的に苦しんだり、客に恵まれなかったりしたフィリピン人エンターテイナーは、きっとつらい思いをしたことだろう。暗い過去を持つ女性たちは、自分の体験をあまり語りたがらないものなのかもしれない。セックスワークをするかはみずからの選択にかかっているとしても、女性たちが虐待を受けやすい立場にあることには変わりなかった。バーへ外出料を払ってもらい、米兵とふたりで店を出たフィリピン人女性がまずい状況に陥っても、その顛末は多くの同情を集めることもなければ、基地反対の抗議活動を広く喚起することもなかった。

その一例といえる出来事が二〇〇八年に起こった。[*37] 二一歳のヘーゼル（仮名）は興行ビザで数日前に日本にやってきて、コザゲート通りにある〈マーメイド〉という名のクラブで働いていた。身長一五〇センチほど、体重四五キロほどの小柄な彼女は家族のために金を稼ぎにきたという。那覇空港で、フィリピン人のブローカーから大切に保管しておくからと言われて、パスポートを取り上げられた。最初の晩、ヘーゼルは自分がダンスをするのではなく米兵相手に接客すると知って動揺した。外出料のことは聞いていたが、男性と食事をするか街をぶらつくことだと思っていた。三日目の夜、彼女はロナルド・エドワード・ホプストック・ジュニアという名の嘉手納基地所属の兵士（二二五歳）とその仲間、それにフィリピン人女性らを加えた総勢一二名で〈マーメイド〉を出た。みんなで〈ウエンディーズ〉で食事をし、カラオケを歌った。ホプストックは親切な人だとヘーゼルは思った。午前三時をまわった頃、帰り道がわからず、近くのホテルにホプストックとふたりでチェックインすることに同意した。

翌朝の午前八時、ホテルのロビーに姿を現わしたヘーゼルは顔面蒼白で、体からおびただしい血を流していた。出血多量で瀕死の状態だった彼女は、病院に一週間入院することになる。ホプストックは警察に対し、セックスするとの理解のもとに、二〇〇ドルの外出料を払って、彼女をホテルへ連れていったと供述した。彼女はそのような取引など思いもよらず、金もいっさい受け取っていないと言った。フィリピンからやってきたのはダンスをするためで、売春をするためではないと思っていた。あれは双方の了解のうえでのセックスであり、出血しはじめた時点で行為を中止したとホプストックは説明した。一方、彼女は服を着たまま眠ってしまい、目が覚めると、彼が彼女のパンティをはぎ取って、挿入しているところだったと述べた。

この事件はいくぶんメディアの注目を浴びたが、那覇地方検察庁はホプストックを嫌疑不十分として不起訴にした。那覇地検は、「行為の場所や行為の前後の状況、両当事者の関係などの事情を考慮した」と説明。[*38]事件の法的処分は在日米陸軍に引き継がれた。沖縄在住のフィリピン人や祖国フィリピンの女性活動家は抗議した。そのひとり、フィリピン人女性活動家で国会議員のリザ・マーサは、日本の検察が米軍の構成員の絡む事件になると公訴権を行使しようとせず、事件を米軍にゆだねることが常態化しているという懸念を表明した。そして、米軍がこの事件を公正に起訴するだろうかと疑問を呈した。「なんらかの法的手段はとられるだろうが、おそらく強姦罪にはならないだろう。加害者が米軍側の人間なので、いささか不安が残る」[*39]

在日米陸軍はホプストックに対し、当日の夜、基地から外出する際はふたり以上で移動するとの義務に違反して、単独で行動し、女性を強姦した罪とは別に、過去に行なっていた買春の罪でも立件した。ところが、米軍での予備審問で、ヘーゼルが沖縄へ来る前、香港でホステスとして働いていたことを認めたため、ホステス業に売春が絡むことを理解していたと被告人の弁護側は主張した。さらに医師はヘーゼルが生物学的に男性であることを明らかにした。アンドロゲン不応症と呼ばれるもので、女性器は発達するが、子宮がない。これがセックスで出血した理由だった。沖縄の検察が不起訴にした理由もここにあったようだ。当時の日本の法律は強姦罪を男性器が女性の膣内へ挿入された場合と定めていた。

結局、軍事法廷も強姦罪については起訴を取り下げた。ホプストックは仲間の隊員からソウルのフッカーヒルという風俗街を紹介されたほか、沖縄で二〇回買春していたことなど、強姦罪以外の罪を認めた。フィリピン人女性活動家のグループは強姦罪を退けたことに抗議したが、沖縄の世論にはこうした動きがまったく見られなかった。

二〇〇四年、アメリカ国務省は年次の「人身取引報告書」のなかで興行ビザを発給する日本を名指しして、それが「人身取引被害者の移動と搾取を容易にする」と主張した。「数多くの女性たちが、娯楽業や接客業での合法的雇用を期待してこの短期のビザの交付を受けるが（略）目的地へ到着したとたん、パスポートなどの渡航文書を取り上げられ、奴隷状態に陥り、性的搾取を受けている」。報告書には二〇〇三年に興行ビザで来日した五万五〇〇〇人のフィリピン人女性のうち、「多くが人身取引被害に遭ったものと思われる」ともある。[*40]

面目を失った日本政府は興行ビザの発給基準を厳格化することで対応した。二年後には日本で働くフィリピン人女性の契約労働者の数は、八万人あまりから約八六〇〇人に激減した。[*41] 二〇〇六年のアメリカの「人身取引報告書」はこれを「めざましい進歩だ」と述べ、多くの人が反人身取引の勝利を称えた。[*42] だが、女性は被害者ではなく、人身売買罪の新設といった日本の対応は斡旋業者を評価せず、海外にチャンスを求めて合法的に出稼ぎに行く女性たちの可能性を奪ったと主張する者もいた。労働の利得とリスクを天秤にかけ、エンターテイナーは日本に来ることを選択したのだというのがその言い分だ。[*43] プロモーターにピンはねされ、ほかの料金を差し引かれても、報酬はフィリピン国内での稼ぎを上回った。デパートの店員や教師の給料に比べてもずっと高額だ。ほとんどの女性にとって、期間六か月の一回の契約では十分とはいえず、デイジーのようにいったん日本を離れても、舞い戻ることを決めていた。ところが、アメリカの「人身取引報告書」の一件後、海外への出稼ぎの特権は男性のものになった。

二〇〇七年には、この二〇年で初めて男性が女性を上回った。そこで、日本でホステスとして働きたい女性は不法に出稼ぎにやってくるようになった。観光ビザが切れても滞在しつづけ、不法滞在者の立場にあるため、不当な扱いをいっそう受けやすくなった。二〇〇七年に日本政府は、国内に不法滞在するフィリピン人女性の数をおよそ一万九〇〇〇人と推計したが、実際の数はもっと多いとNGOは報告する。

今日、沖縄の米軍基地周辺で働くフィリピン人女性の数はもはや多くはない。日本政府が興行ビザの発給を厳格化したため、広く海外から女性の出稼ぎ者が流入することもなくなった。今も沖縄にいるほとんどのフィリピン人女性は不法就労者か、結婚という手段を使った者たちだ。基地の仕事を辞め、フィリピン総領事館でボランティアをするフィリピン系沖縄人のメドルマ・ロメオは、最近は多くのフィリピン人女性が観光ビザで沖縄にやってきて、日本人男性か米兵と結婚していると教えてくれた。以前ならフィリピン人女性がこの国で結婚するには、日本に在留する外国人であることを登録しておく必要があったが、日本政府はその条件を変えたという［二〇一二年に外国人登録法が廃止され、新たな在留管理制度が導入された］。「おもしろいことに、その話があっという間に広まった」。三か月の観光ビザはかなり容易に取得でき、まもなく花嫁たちが来日するようになった。今では結婚するために観光ビザで総領事館を訪れる花嫁が週にひとりかふたりはいる。そのほとんどがインターネットを通じて、あるいはフィリピンで訓練中の米兵と知り合って結婚している。こうしたカップルは恋愛結婚だとロメオは思った。だが、日本人男性と結婚する女性の動機は経済的なものだ。二〇年前なら興行ビザで来日しただろうが、女性たちは二〇代で、六〇過ぎの男性と結婚する。「彼女たちにとっては貧困から抜け出すチャンスなのだ。そして日本人男性にとっては女手を確保するチャンス」。結婚はプロの斡旋業者か友人のお膳立てによる見合い、つまりビジネス婚だ。女性は男性の世話をしながら、バーでも働くかもしれない。

ロメオによれば、基地周辺に今もあるフィリピンバーで働く女性たちは、おそらく日本人男性と結婚している。バーのオーナー自身が地元住民と結婚したフィリピン人女性である場合もよくある。「でも、見てのとおり、近頃このあたりの商売はあがったりだ」とコザゲート通り界隈を指して、彼は言った。「ほとんどが店を閉めている」。世間の注目を集める犯罪が、米軍の構成員の帰営時刻を早めるなど、規制の強化につながる。ここで働く女性たちも日本語が話せれば、おそらく沖縄人や日本人客のいる地域へ移っていくだろう。

二〇一七年六月のある水曜日の夜、ロメオは私をコザゲート通りあたりでまだ頑張っているフィリピンバーへ連れていってくれた。道々、シャッターを下ろしているインド人の仕立屋、ストリップクラブ、チキンの屋台の前を通りすぎた。六〇代後半のすっかり白髪頭になったロメオは終始孫の世話を焼くような態度で接してくれ、普段ならこんなところには来ないと語った。そして、あるクラブを指差した。「あの店にはフィリピン人女性エンターテイナーとフィリピン人男性のロックバンドがいるよ」

沖縄にいるフィリピン人はみなバーや売春に関係しているという間違った社会通念を打ち砕くことが、ロメオの使命のひとつになっている。「フィリピン人は今では教職とか医療・介護に従事している」。島にはじつにさまざまなルーツを持つフィリピン人が住んでいて、なかにはそのルーツが沖縄戦に行き着く者もいる。日本占領下にあったフィリピンを奪還した米軍の部隊の一員として、フィリピンから連れてこられた数多くの男性の子孫だ。こうしたフィリピンスカウトの男性が戦後、基地で働き、地元の女性と結婚して、現在に至るというわけだ。

脇道へ入ると、かつてきらめくネオンでその名を知らしめていた〈クラブ・ハワイ・ナイト〉というフィリピンバーが廃屋になっていた。時間が止まったように、街灯の明かりの下で不気味に見える。コザゲート通り界隈の寂れて忘れ去られた建物には、死んでいるはずなのにまだ生きているような独特の雰囲気があった。

私たちが到着したのは〈シルキーハウス〉という名の、上階がラブホテルの小規模バーの集まった建物だった。中へ入ると、白と黒の市松模様の薄暗い通路があり、その両側に閉めきったドアがずらりと並んでいた。漏れてくるカラオケの音が反響する。それぞれの戸口の上に掲げられたライトボックスにバーの名前が表示してある――〈マイ・プレイス〉〈アンヘレス・シティ〉〈ボラカイ・ビーチ〉〈ザ・スポット〉。看板が点灯していれば、そのバーは利用できた。私たちは〈アンヘレス・シティ〉のドアを開けた。部屋の片側がカウンターになっていて、座席は六席ほど。人工皮革のひじかけ椅子が残りのスペースを埋めていた。紫色の壁にはハワイ州の旗が飾られ、スクリーンにはカラオケ映像が流れている。音楽ががんがん鳴り響く。先客の米兵ふたりがカラオケを歌っていて、目の前のカウンターにはビール瓶が並んでいる。カウンター越しに五〇代前半と思しきフィリピン人女性がひとり立っていた。襟ぐりの深いピンクのタンクトップにデニムのショートパンツをはき、頭の上に老眼鏡を載せている。退屈した様子で、携帯電話を見ていた。話を訊くと、日本には三〇年以上前にやってきて、東京でエンターテイナーとして働いていたという。それから、米兵と出会い、結婚。彼はその後、沖縄勤務となった。この店舗の所有者もフィリピン人女性だが、あまり顔を出さないという。週末になるとバーはアメリカ人と日本人の客でいっぱいになる。帰営時刻を守るには海兵隊員は午前〇時に店を出る必要があるが、帰らないこともある。「気にしないのよ」と彼女は言った。

かつてコザだった地域の人気のない通りに舞い戻ったロメオと私は、蛍光灯の明かりに照らし出され、さまざまな零落の過程にあるがらんどうの店先を眺めながら歩いた。大盛りのアメリカンフードでかつて人気のあった〈ニューヨーク・レストラン〉の店内は空っぽで、ガラス窓は埃をかぶり曇っていた。「どこも空き家ばかりだ」とセンター通りを歩きながらロメオが言い、「ここも以前はみんなバーだった」と、道沿いのアパートやコールセンターを指した。三〇年ほど前、市は通りのいかがわしい歴史を払拭しようと、歩道にアーケードを設置したり、店の外壁を白く塗ったりして生まれ変わらせ、観光客や地元住民を呼びこもうとした。この米軍基地の町をエキゾチックで国際的な地域として売り出そうとしたのだ。一九九四年の沖縄市のガイドブックは、「コザゲート通りをぶらり歩けば、まるで外国にいるような気分に浸れます」と胸を張る。*44 だが、この計画はうまくいかなかった。駐車場の不足も一因だった。車社会の沖縄では、みんな無料駐車場を完備した〈アメリカンビレッジ〉や〈イオンモール沖縄ライカム〉へ行ってしまう。「沖縄市は死にかけている」とロメオは言った。「もうここには何もない」

売春地区は今でも島のほかの地域に存在する。一九七三年に米陸軍病院の薬剤師として沖縄に赴任し、軍を辞め、地元の女性と結婚してずっと日本で暮らすラブ・オーシュリは、日本人と沖縄人の女性が働く那覇の「ソープランド」の話を私にしてくれた。こうしたソープランドは合法的なビジネスで、数千人の女性が就労し、日本人と沖縄人がほとんどという男性客に、二〇〇ドルで「風呂」のサービスを提供する。もうひとつ有名な売春地区は、沖縄市のコザゲート通りからそう遠くないところにある吉原だ。五年ほど前に市が「クリーンアップ」作戦を実施するまで、一〇〇〇人の女性が売春していたという。ラブは空軍兵の相棒とそこを一度ぶらついたことがあった。あちこちで若い女性たちが「ラブ・ユー・ロング・タイム〔長時間セックスできる〕」といった決まり文句で呼びこみをしていたという。通りは男たちで混雑していた。店の戸口の半分は「日本人限定」の但し書きを掲げていたが、米兵たちはここを「売春婦(ホア)コーナー」と呼んで、よく足を運んだ。やがて、米軍はその地区への立ち入りを禁止した。

米軍は公には買春禁止の立場をとるようになったかもしれないが、ときおり本音が露呈する。一九九五年の女子小学生強姦事件後、米太平洋軍司令官のリチャード・マッキー海軍大将は記者の前で事件について、「犯行に使用した車を借りる金があれば、女（売春婦）を買えたのに。三人はばかだ」と発言した。三人で売春婦をひとり雇えばすむことだからだ。[*45] 日本の政治家も、買春は兵士には必要不可欠で、売春をなくせば性的暴行が増加するとの考えをさらけ出す。二〇一三年に大阪市長だった橋下徹は、第二次世界大戦中の日本軍による慰安婦制度を擁護して、「銃弾の雨嵐のごとく飛び交う中で、命かけてそこを走っていくときに、そりゃ精神的に高ぶっている集団、やっぱりどこかで休息じゃないけども、そういうことをさせてあげようと思ったら、慰安婦制度ってのは必要だということは誰だってわかるわけです」と発言した。橋下の見解は在日米軍にも及んだ。性欲は自制することができないのだから、海兵隊員はもっと買春すべきだと、在沖海兵隊司令官に伝えたという。「そういうところ活用してもらわないと、海兵隊のあんな猛者のね、性的なエネルギーをきちんとコントロールできないじゃないですかと」。「もっと風俗業活用して欲しいって言ったんですよ」[*46]

二度目の興行ビザで沖縄へ戻ったデイジーは、トマスが以前と変わらず愛情深く献身的なのを見て取り、今度は彼のプロポーズを受け入れた。それから数十年経った現在、夫婦は沖縄市の寝室が三つある新しく見えるマンションに、一〇代の娘と息子と住んでいる。居心地のいい家には、デイジーの宝物を収めた陳列ケースが飾られている。彼女は陶器やガラスでできた花や天使を集めるのが好きなのだ。

トマスは沖縄での海兵隊の二期目の勤務を終えたあと、三〇年間服した軍を退き、自分たちの愛する島に家族がとどまれるよう、基地内のアメリカ政府に雇用される仕事を見つけた。デイジーはクラブを辞め、米国慰問協会の普天間支部で一四年間働き、海兵隊員のために料理を作り、このストレスのない仕事を楽しんだ。夫婦の第一子が一歳になったとき、デイジーは沖縄へ来るよう母を説得した。「私がお母さんにした約束を思い出してちょうだい。いい暮らしができるようになったので、お母さんにもその暮らしを味わってもらいたいのよ」。母はキャンプ・キンザー内の夫婦のアパートに移り住んだ。デイジーは新しい服を山ほど買ってやり、食事をおごり、母の喜ぶことは何でもしてやった。ついに約束を果たせたことでデイジーは大喜びした。こんなふうにして六年間、母は一年のうちの九か月を沖縄で、三か月をフィリピンで過ごした。デイジーは仕送りを続け、姪や甥の学費も出してやった。姉と妹といとこのうちのひとりが沖縄へ来る手助けもした。妹は米空軍兵と出会って結婚し、アリゾナ州に渡った。姉とデイジーと一緒に出稼ぎにきた姪は、ふたりとも日本人と結婚し、名古屋に住んでいた。フィリピンで母に新しい家を建ててやったとき、デイジーは夢をすべて叶えることができた。

人生がこんなふうに好転したことに感謝しているとデイジーは言った。トマスは愛情深く思いやりのある夫で、一家のよき大黒柱だ。素晴らしいふたりの子供にも恵まれた。娘は高校を卒業したばかりで、カリフォルニアへ行って検眼士になりたいという。娘にはまずは米空軍に入隊して、さらに高学歴を目指してもらえたらとデイジーは期待する。沖縄についていえば、デイジーはこの島での暮らしが大好きだ。「ここが私の家だ。私は自由だ」と言って、笑った。

その年の夏、私はコザゲート通りに再び足を運んだ。給料日の週末に当たる土曜の夜、友人のユキと一緒に〈ブラックローズ〉という名のクラブを目指した。ここで美人コンテストの一種、「濡れTシャツコンテスト」をやっているのだ。賞金は一〇〇ドル。大入り満員の店内で、イベントマネージャーがカウンターに飛び乗り、予選を勝ち抜いた女性たちに白のTシャツをアピールしながら入場するよう呼びこんだ。ひとりの女性が米兵の一団に担ぎ上げられ、群衆の間を縫うように入ってきた。生気のない目をした女性だった。『エヴリデイ・ウィ・リット』が流れると、男たちはグラスを高々と上げ、いっせいに喚声を上げた。「毎日俺たちイケてるぜ／クズ野郎とは言わせない」。観客のなかに沖縄人や日本人女性の姿がないことに私は驚いた。一〇年近く前、イヴと一緒に出かけた那覇の〈クラブラウンジ・サイコロ〉には、地元の女性が大挙して押しかけていたというのに。

ショーが始まった。最初の出場者はアフリカ系アメリカ人の女性で、黒のブーティーショーツにTシャツといういでたちだ。DJがニッキー・ミナージュの『アナコンダ』をかけると、女性はにっこりして、ふくよかな乳房をつかむと、ステージ上のシャワーの下で、円を描くようにそれを回した。男たちがもっと近づこうと私の脇をすり抜けて前進し、携帯電話を高く掲げ、動画を撮っている。

ふたり目は白人で、眼鏡をかけ、タトゥースリーブを着用していた。Tシャツをぴったり胸に押しつけて大きな乳房を強調し、舌を出して、この場を楽しんでいるようだ。「悩殺しに来たの」というニッキーの歌詞に合わせ、彼女は片手をさっと尻から出し、指でピストルのポーズをして撃つ真似をした。観衆のなかの男がひとり撃ち返した。

三番目の女性は人種がよくわからない。髪を短く刈り、腹筋が割れていた。足元を見ると、シカゴ・ブルズのソックスにナイキのエアジョーダンをはいている。両腕を上げて、男性たちと一緒に喚声を上げると、最前列にいた男性がくるりと振り向き、驚きと恍惚の表情を浮かべてうしろにいる友人たちを見やった。彼女が落ち着きはらって、体を上下に弾ませると、男たちは叫び声を上げた。

最後の出場者は先ほどここに運びこまれた女性だった。ステージの上で戸惑った様子で笑い声を上げる彼女はラテン系のようで、頭に黒のバンダナを巻いている。音楽が始まると、シャワーの下で胸を押さえ、水しぶきに顔を背けた。口を開け、倒れないことだけ考えているように見えた。

ショーが終わり、男たちは互いの背中を叩き、笑い声や歓声を上げている。今夜のこのクラブでは、沖縄人やフィリピン人の女性はもはや「軍事化された男性性」の構築に役立つ存在ではなかった。米軍を構成する女性の割合がますます高くなり、二〇一七年には一六パーセント以上を占めるまでになったことで、アメリカ人女性が彼女らに取って代わったのだ。[*47]

腹筋の割れた出場者が優勝し、ほかの者は準優勝のシャンパンボトルを贈られた。もうすぐ真夜中だ。男女の人波は外の歩道へと向かった。午前〇時にはバーを出て、一時までに基地へ戻らなければならない。〈ブラックローズ〉をはじめバーのマネージャーたちは、規制が厳しくて商売に差しさわると口々に不満を述べた。私には、彼らが自滅のサイクルに陥っているように思えた。バーやクラブ、売春宿が深酒や女性の商品化を助長し、それが酔っぱらい運転や性暴力を誘発させ、犯罪や事件が国際問題に発展、結果的に米軍の構成員を基地に縛りつけることになる。基地の町の商売人は顧客の減少を嘆き、事件をさっさと忘れたり軽視したりして、兵士が店に戻ってくるのをひたすら待っている。そうしてまた新たな自滅のサイクルが始動する。

〈ブラックローズ〉の外では男女がまだ帰らずに通りにたむろしていた。米軍憲兵がふたり見張りに立っている。「ここにいるあばずれたちはみんな売春婦だ」という男の声がした。友人のユキが別の兵士に、みんな何を待っているのかと訊ねると、「俺たちはこのあばずれたちとファックしようとしているんだ」と答えた。

一方、「私たちはハンチョーを待っているの」とコンテストで優勝した女性は言った。在沖米軍の俗語でタクシーのことだ。一〇〇ドル稼いだ彼女はすでに野球のジャージに着替え、その肩に海兵隊のタトゥーをした女性が腕を回していた。タクシーが一台停まると、女性たちはいつまでもその場を離れようとしない男たちを残して去っていった。

第8章　ミヨ

デイジーと同じく、ミヨも自分のことを運がいいと考えていた。だが、そう聞けば多くの沖縄人は驚くにちがいない。「私は幸運だ」とミヨが私に言ったのは二〇〇八年一二月のあるひんやりとした夜のこと。私たちは北谷町の〈アメリカンビレッジ〉のちょうど南にある海岸沿いのハンバーガーショップにいた。テラス席の向こうに広がるアラハビーチは街灯に照らし出され、すがすがしくもさみしい表情を見せていた。

ミヨはアフリカ系アメリカ人の退役軍人と沖縄人女性の間に生まれた子だ。ニューメキシコ州と東京郊外の横田基地での勤務を経て、一家はミヨが五歳の時に沖縄へ越してきた。二六歳になる彼女は基地の委託業者であるアメリカ系企業で働いている。自分は運がいいと彼女が考える理由は、基地内のアメリカンスクールで学びながら、日本の「塾」にも通ったので日本語の読み書きができるからだ。バイリンガルとして育ったおかげで、小学四年生で地元の公立学校へ転校しても、勉強についていくことができた。だからほかの子からひどいいじめを受けることもなかった。

彼女はフライドポテトをひとつつまんで口に入れた。「それでもやっぱり行く先々で、こうなるのよね」

「こうなるって？」と私は訊ねた。

彼女はクロシェ編みのヘアバンドを直してから、片頬にかかったくせ毛を弄び、海に向かって遠い目をした。「いつもみんなから、ガイジンだと思われてしまうの」。外国人。それからしばらく黙りこむと、明るく続けた。「でも、このあたりじゃ、人種の混ざった人なんてたくさんいるわ。私たちみたいに」。彼女はさっと片腕を伸ばし、弧を描くように動かしてみせたものの、その場にいたバイレイシャル［両親の人種が異なる人］は私たちだけだった。

沖縄はミヨが知っている唯一の故郷だ。なのに多くの沖縄人は島に対する彼女の思い入れを認めなかった。田舎に行くと、日本語を話す彼女に対し、人々はぎょっとした顔をする。その容貌と言葉がちぐはぐに思えるのだ。これは自分だけの問題ではないと彼女は語った。「それを楽しむことにしたの」。たとえばフィリピン人や中国人のハーフで外見は日本人のような友人がいるのだが、日本語があまり話せない。その友達と一緒に出かけると、ウェイターは実のところあべこべなのに、友人が日本人で、ミヨが外国人だと思いこむ。一度などそれぞれに英語と日本語のメニューを手渡したウェイターの目の前で、メニューを取り替えてみせたら、ウェイターは目を丸くしていた。

アメリカに行っても、アイデンティティの問題が持ち上がった。二〇歳でミシシッピ州の父方の親族を訪問した際、地元の人にじろじろ見られたという。ショッピングセンターで、ひとりの男がつかつかとやってきてミヨの腕をつかみ、何か言ったが、彼女には状況が理解できなかった。

「どうしたっていうの?」彼女は怯えて、いとこに訊ねた。

「口説いてるのよ」

ショッピングセンターでは滞在中、こんなこともあった。髪を下ろしていたら(相手の反応は彼女がどんな髪型をしているかで大きく違った)、男が近づいてきて、髪を触った。「あんた、インド人?」と彼は訊ねた。「ハワイ人かな?」アメリカで見知らぬ男が女性の髪を触ること自体、彼女には信じられなかった。

親戚の家でも問題が起こった。彼女が毎晩、髪を洗っていたら、「なんでそんなことするの?」といとこに訊ねられた。

「そんなことって?」

「毎日、髪を洗う必要なんてないでしょ。黒人なんだから」

「自分が黒人だなんて考えたこともなかった」。その時はじめて、そう考える人間もいるのかと教えられた。

人種と民族についてのアメリカ社会のとらえ方に彼女はまごついた。「私は沖縄に住んでいるから人種問題には慣れていない。ここで問題になるのは日本人かそうでないか。ただそれだけ」

沖縄で暮らし成長したミヨは、自分が日本人なのかどうかずっと考えてきた。傍目には日本人のように見えないが、自分の作る料理も好きな食べ物も日本のものだし、自分の態度や考え方もみな日本的だ。「でも、もちろん一〇〇パーセントではない」。ミヨはふたつの国籍を持っている。日本の国籍法は、重国籍者は二二歳に達するまでにいずれかの国籍を選択する必要があると定めているが、罰則がないため、事実上、多くの重国籍者が存在している。だが、ミヨの場合、勤務先の企業が彼女に地位協定の適用を提示したため、すべてをアメリカに移す手続きを進めていた。そうすると、賃金カットはあるものの、アメリカの大学教育は無償となる。基地で一科目ずつ履修を始める計画だ。

「私にとっての唯一の問題は、自分が日本人かどうかということ」。彼女は皿を押しやり、またヘアバンドに手を伸ばした。ヘアバンドの位置を直すのは神経質な癖のようだ。「相手の反応は自分がどんな髪型をしているかで大きく違う」。彼女は顔のまわりのくせ毛をきちんと整えた。「私が日本人かどうかはまだわからない」

沖縄では化粧を濃くしないように気をつけていると彼女は語った。そうしないと、地元の人から悪い女のように思われてしまうからだ。「スナックやバーで働く女性の類」。賃金をもらって客といちゃつく、あるいはそれ以上のことをするバーのホステスのことを指していた。人種の混ざった女性を雇いたがるバーもあった。日本語が話せる彼女たちを客がエキゾチックに感じるからだ。ミヨは言葉を探しながら説明した。「私の顔は目立ちすぎるの。たぶんもっと別の化粧が必要なのよ」

ハンバーガーを食べ終わった私たちは海岸に向かって歩いた。私のなかで、自分たちは純粋な人種であるとする日本人の共同幻想に対する怒りが、またしてもふつふつと煮えたぎった。日本人は均質だという長年の社会通念をこの国は持ち続けている。いたるところで人々が絶えず混ざり合い、移住してきているというのに。日本は豊かな多様性を内包する国だ――アイヌや沖縄人のような先住のグループに、朝鮮系、中国系、ブラジル系、フィリピン系日本人もいる、多人種・多民族である日本人。ところが、「日本人か否か」の基準に人々は「合格」しなければならない。合格できなければ、ガイジンという「アウトサイダー」のレッテルを貼られてしまう。この力学が働くのは日本本土であって、異文化共存の歴史があり、国内でマイノリティの立場にある沖縄は多様性にもっと寛容だと、私は思っていた。ところが、今気づいたように、沖縄は人種の混合について独自の悩みを抱えていた。とりわけ地元住民と米兵の間においては――

戦後、望まれない赤ん坊の話を通して、アメリカ人と日本人との「混血児」という存在が日本や沖縄におけるこうした社会幻想に入ってきた。[*1] 本土では、ひと目で黒人あるいは白人とわかる顔立ちの乳幼児が列車内やごみ箱に捨てられる事件をメディアが報道した。[*2] 沖縄では、米兵と関係して妊娠し、違法中絶を行なおうとする未婚女性が多い現実を、地元紙が伝えた。ある二二歳の女性は嬰児殺しに手を染めた。「新婚間もなく産んだ初児が皮肉にも異人種との不義の児とわかり、分娩後三日目に授乳中、腕で扼殺。殺人罪で挙げられた」。中絶した女性たちの取り調べをした警察は、売春行為によるものだと思いこんだ。『沖縄タイムス』は当時のすべての沖縄のメディアと同じく米軍の検閲を受けていたが、同紙によると、女性たちはその憶測を否定した。「単に物と貞操をかへたと云われては心外です。いささかでも純な愛情に生きているつもりでしたと取調べ係官に訴える彼女たちは何れも二十才から二十五才までの未婚の娘。だが出産という現実を考へるとき、結局ああするより術を知らなかったとあっさり罪を詫びて泣きくづれる」[*3]

　沖縄人女性と占領軍兵士の間に生まれた子供のことを、社会は心配の種とみなすようになった。男性側には、米兵のほか、米軍に基地建設のため連れてこられ、その後基地で働いた数千人のフィリピン人労働者がいた。一九五〇年代半ばから、地元の琉球政府は妊娠中絶の合法化を試みたが、それは人口抑制の手段というだけでなく、「琉球民族を強化し」、「質の低下」（「混血児」の出生を暗に指す）を食い止めるためでもあった。[*4] 他方、メディアと政府の調査は、こうした子供たちの父親不在を報告している。一九四九年、那覇在住の「混血児」九四人のほとんどが母子家庭で育てられていると地元紙は伝えた。地元の法律に則って結婚した夫婦はわずか二組で、二八人の女性は子供の父親が島を離れたと語った。[*5] その六年後の一九五五年に琉球政府が行なった、沖縄で最初の混合人種の子供の調査では、父親と暮らす子供の割合はわずかに上がったが、依然低い数値を示していた。母親のみに育てられている子供がおよそ半数、祖父母、おじおばなどに養育されている子供が約三割、実の父母に育てられている子供はわずか一割だった。父親の四分の三が妻子を置き去りにして、養育費を払っていなかった。[*6]

「純な愛情」という言葉で表現され、「国境を越えて結ばれた国際愛の結晶」と新聞記事で報じられても、多くの沖縄人は、混合人種の子供からセックスワーカーの母親と逃げた父親を連想するようになった。[*7] こうした汚名の烙印について、ある沖縄人女性は、多くの母親が「混血児」を田舎の祖父母に預け、自分たちは都会で働いていた当時を思い出し、こう語っている。「本部町(もとぶちょう)や今帰仁村(なきじんそん)などで、おばあちゃんがブロンドの幼子を連れて歩いているのをよく見かけた。年配の大人たちや当の祖父母はこうした子供を恥ずかしく思っていた。大半は売春に関わる仕事をしている女性が身ごもった子供だと、一般に思いこまれていたから」だ。[*8]

もうひとつの世間の思いこみに、混合人種の子供は強姦の結果、生まれたというものがあった。こうした憶測を、女性の人権擁護団体「基地・軍隊を許さない行動する女たちの会」の性犯罪年表が浮き彫りにする。ここでは性暴力とあわせて、バイレイシャルの子供についての記述もある。

1946年1月――この月から、明らかに米兵の子と思われる赤ちゃんが各地で誕生する
(沖縄本島上陸から10か月)

同年9月――この月、米兵との間に生まれた子　450人[*9]

性的暴力が戦後、蔓延したとはいえ、行動する女たちの会が出典として示す、『うるま新報（現『琉球新報』）』で報道された四五〇人の混合人種の子供たちは、みながみな米兵による強姦で生まれたのではないと言うほうが正確だろう。これまで見てきたように、戦後多くの女性は米兵と親密になった。それが「純な愛情」からか、経済的必要性に迫られてか、両者が混じっていたのかはともかくとして。多くのアメリカ人の父親は不在だったが、すべての男性がみずからの意思で母子を置き去りにしたわけではなかった。自分から男性と別れる沖縄人女性もいたし、占領時代に米軍は国際結婚を禁止したり、抑制したりもした。[*10]

沖縄の「ＧＩベビー」そのものが悲劇的存在というよりも、赤ん坊に対する世間の考え方が子供の人生をより困難なものにした。多くの沖縄人は、町で人種の混ざった顔立ちの子供に会うと、風俗街を通りすぎたり、強姦事件を耳にしたりするのと同じ怒りや絶望で心がかき乱された。暴行を受けた無垢な娘のように、バイレイシャルは占領時代の沖縄のシンボルとなり、そのため、望まれぬ存在と思われるようになった。

アメリカ系沖縄人に対する固定観念は、占領後もなお根強く存在した。混合人種の沖縄人の存在を強姦に関連づける考えは、一九九五年の事件のような世間の注目を集める性的暴行事件のあとに大きく表面化する。メディアで大々的に取り上げられると、息子が学校で、おまえのお母さんもニュースの見出しみたいに米兵に強姦されたんだなと愚弄されると、ある母親は記者たちに語っている。別のバイレイシャルの女子生徒も、公立学校での体験を思い出した。先生が授業で、「沖縄戦ではアメリカ人が日本人女性を強姦しました。（略）今日では国際結婚をするケースが多くなりました」と説明すると、クラスメートから「おまえの母親も米兵に強姦されたのか」と訊かれたという。[11]

このなんともやりきれない固定観念と関係するのが、「悲劇の混血児」「蝶々夫人の子孫」「アメラジアンの子供たちの窮状」といった言葉で、こうした常套句をメディアや学者、活動家はよりどころにする。[12] のちにさかんに引用される記事が『ニューヨーク・タイムズ』紙に掲載されたのは、G8首脳会合の開催地となり、沖縄に国際社会の目が向けられた二〇〇〇年のことである。「アメラジアンの子供たちのつらい人生」と題する記事のカルヴァン・シムズの論調は、サミットを前に「日本社会でこうしたバイレイシャルの子供の多くが経験する人種差別や不十分な教育、経済的苦境について幅広く報道した」日本メディアの解説と重なる。[13] 日本の記者がこうした報道をしたのは、県内にある「数多くの米軍基地がもたらした社会問題の」わかりやすい「事例」を提示するためだった。シムズは、「米兵に捨てられた」およそ「四〇〇〇人の沖縄の子供たち」を育てるシングルマザーの奮闘について書いている。その数段落先で、「沖縄では年間約二〇〇人のアメラジアンが誕生しているとする地元の行政機関［の推計］」が引用される。年に二〇〇人生まれていて、四〇〇〇人がシングルマザーに育てられているとすれば、過去二〇年近くの間に沖縄人の母親とアメリカ人の父親から生まれたすべての子供が、結局は「怠け者」の父に置き去りにされたことになる。行動する女たちの会が性犯罪年表で示したのと同じ発想で、シムズは混合人種の子供のある悲劇を語る。その一二歳の子供の公立小学校での体験は「まさしく拷問」だった。というのも、クラスメートが彼女をいじめて、「ハーフ」

と呼ぶのだという。その言葉をシムズは人種差別的だとする。シムズの記事の翌日に発行された『タイム』誌の記事は同じ少女を取り上げて、沖縄の「数多くのアメラジアン」は「ふたつの文化の不安定な結合のしるし」になっていると論じる。記者のティム・ラリマーも「ハーフ」という言葉を「彼らが日本人として不完全であると思わせる、あまりにあからさまな暗示」だと述べる。*14

ここにはシムズとラリマーの気づいていない事実がある。英語の「half」に由来する「ハーフ」という日本語は、一九七〇〜八〇年代に日本本土で混合人種の日本人を指す中立的もしくは肯定的な言葉として使われるようになった。「ハーフ」は英語の「半分」という意味を離れ、白人と日本人の間に生まれた国際的でグラマラスな広告モデルを暗示するようになった。日本の女性誌は「いかにハーフのように見せるか」とメイクアップ術を指南した。「ハーフ」はそれ以前に用いられていた「あいのこ」のような軽蔑的な表現とは異なる。私が出会ったほとんどの人は、たとえ第三者には理解されなくても、自分のアイデンティティとして「ハーフ」という表現を好んで使っていた。

いじめに関して言えば、その体験はいつ、どこで育ったか、片親が黒人か白人かで大きく異なる。往々にして黒人系は白人系よりも多くの偏見に直面する。ひとつの誘因として、アジア人と黒人のミックスよりもコーカソイドのように色白であることが望ましいという考え方がある。黒人の米兵と付き合うある沖縄人女性が私に、生まれてくる子供は不器量になるだろうと語ったことがある。「黒人とアジア人の子供はぜんぜんかわいくない」と彼女は鼻をしかめた。

けれど、白人とアジア人のハーフは美しいと彼女は続けた。その多くはモデルになっている。彼女の友達はかわいい赤ちゃんがほしくて、白人男性を追いかけているという。近年、こうした人種差別的な美の理想像に、日本の芸能界で活躍する有名なハーフたちが異議を突きつけている。たとえば、黒人と日本人の血を引く宮本エリアナは二〇一五年にミス・ユニバース日本代表に選ばれた。

バイレイシャルの子供のいじめがとくにひどかったのは戦後すぐのことだった。子供たちは「混血児」「ヤンキー」「アメリカ人」「あいのこ」と罵られ、石を投げつけられたりした。自分の母は子供の頃、混合人種の子供に石を投げていたが、その後アメリカ人と結婚したと、あるバイレイシャルの女性は語る。いじめはみんなやっていたことだった。沖縄の田舎の子供は自分たち姉妹に石を投げてきたと、ハナというバイレイシャルの女性が私に話してくれた。一九七〇年代のことだ。ふたりともそれが遊びだと思い、石を投げ返していた。何年も経って当時子供だったグループのひとりが謝ってきたとき、ようやくハナは彼らの悪意に気がついたという。

「身体的ないじめではないが、心理的ないじめだと思う」とケントという名のアメリカ系沖縄人は語る。「心理的ないじめは直接的な場合もあれば、間接的、あるいは無意識に行なわれる場合もある」。ケントの場合、インターナショナルスクールから沖縄の地元の公立中学校へ転校したときに、いじめに遭った。新しい学校へ登校して二日目か三日目のこと、誰かが「君はジョンっていう雰囲気だ」と言い出し、それがみごとにハマった。みんなが自分のことをジョンと呼びはじめ、高校でもずっとそう呼ばれた。子供たちに悪意はなかったが、彼はそのニックネームが嫌いだった。「当たりさわりのないあだ名だし、外見からそうなったのだと思う。西洋風のニックネームのほうが僕にはふさわしいと思ったのかもしれない」。それでもその命名は、日本人としてのアイデンティティを確立して日本で生きていこうと決めていたケントにとって、痛烈な一撃だった。

成長期にマイナスの経験をしていなくても、バイレイシャルの人生の物語が「悲劇の混血児」の物語を頭に描く他者から、ゆがめられることもある。あるバイレイシャルの沖縄人女性が、日本人記者のグループ・インタビューを受けた経験について述べている。「私たちはうまくいっていて問題ないと記者に伝えているのに、わかってもらえなかった。記事には私たちの普通と違っているところがかわいそうだと書かれ、私たちハーフは困惑した。私はインタビューが好きではない。記者はわかってくれない。いつも私たちの言葉を別の言葉にすり替えてしまう。私たちはそれぞれ違うのに、彼らは私たちを十把一絡げに扱う」[*15]。ここでもまた、ありがた迷惑な第三者が、沖縄に住む混合人種全員にワンパターンのお涙頂戴話を押しつけようとする。

複数の人種の血を引くマルチレイシャルの家族が直面する問題に取り組むために、ふたつの団体が沖縄に発足した。一九五八年には国際福祉相談所（ISAO）が開設され、混合人種の子供のアメリカへの養子縁組を仲介していたが、沖縄の家族の多くが望んでいたのはそういうことではないと、職員は開設後すぐに気づいた。両親が子供の面倒をみられない場合、祖父母など親戚が子供の世話をする。それができない場合に、ＩＳＡＯが子供を里子に出す手助けをした。「多くのバイレイシャルの子供がアメリカへ送られたという印象を抱いている人は少なくないが、それは真実ではない」とＩＳＡＯでケースワーカーをしていた平田正代は言う。アメリカに養子縁組された子供の数はどの年も一〇人に満たなかった。ＩＳＡＯのおもな業務は、カウンセリングや法的手段により家族を支援することで、ときに無国籍児の問題も扱った。日本の国籍法では一九八四年まで、父が「知れないとき、又は国籍を有しないとき」を除き、父の国籍だけが子供に与えられた。母が子を「非嫡出子」として戸籍に登録しないかぎり、アメリカ人の父と日本人の母を持つ赤ん坊は日本国民にはなれなかった。[*16] アメリカの国籍取得も難しかった。米国総領事館に出生手続きをする前に父親がいなくなった場合や、米国国籍法の要件を満たさない場合にはアメリカ国籍の取得は困難もしくは不可能となった。アメリカでは、海外で生まれた子供が国籍を与えられるのは、その親がアメリカに一四歳以降、少なくとも継続して五年間居住したことがある場合に限られた。一九歳未満の米兵はこの要件を満たさなかった。この場合、沖縄で生まれた米兵の子は法律上、国籍のない人間になる。

国際児童年の一九七九年に、ＩＳＡＯは無国籍児の置かれた現状を明らかにし、それが人権問題として全国に知られるようになり、ジャーナリストや弁護士らが沖縄の声に呼応した。平田によれば一九七五年の国際婦人年には、この時のように女性差別の現実に終止符を打つために、国民は行動しなかった。「ところが、子供の問題となると、みんなが結束した」。国内外の圧力を受けて、政府は法律を改正する。「女性の人権運動にとっても大きな一歩だった」と平田は言う。「国籍法の改正後、日本でもようやく男女平等の原則が確立された」

バイレイシャルの子供とその家族を支援するもうひとつの団体がパール・バック財団だ。[*17] 中国でアメリカ人宣教師の親のもと、ふたつの国と文化のなかで成長した作家パール・バックは、「アメラジアン」という用語を作り、みずからと混合人種の子供たちを重ね合わせ、その支援に情熱をそそいだ。一九六四年にアジア一帯のアメラジアンの子供の支援を目的に、パール・バック財団を創設。その後六年かけて、韓国、沖縄、台湾、フィリピン、タイ、ベトナムに支部を開設した。二〇〇八年、私は同財団の沖縄支部長を長年務めたベティ・ホフマンに会った。なお同支部は現在、閉鎖されている。ベティは年配の白人女性で、ベージュのスーツに大きなサングラスをかけていた。同財団は混合人種の子供に沖縄人のケースワーカーが一対一で対応し、健康保険の加入やカウンセリング、職業訓練や求職者支援にあたった。子供たちはアメリカのスポンサーからも支援を受けた。スポンサーは毎月少額ながら奨学金と励ましの手紙を寄せた。子供とスポンサーは長年にわたり絆を強め、ついに対面を果たしてアメリカに住むようになる子供もいた。だが、同財団はＩＳＡＯと同様、養子縁組斡旋所ではなかった。その目的は子供たちの沖縄での生活基盤を整えることにあった。「日本の教育制度のなかで教育を受けるよう強く勧めた」とベティは語る。

最盛期に同財団は四〇〇人以上の案件に取り組んだが、バイレイシャルの社会的認知が進むにつれて、その数は徐々に減少した。「昔は、ほかの子と違う子供はすぐに目立ち、からかわれて恥ずかしい思いをした。ところが今の若い人たちはバイレイシャルの容姿を真似ようとしているようだ」とベティは語ったが、その言葉は、白人と日本人の混合人種が美の基準になっていることや、もしかしたら「コクジョ」の流行を指していたのかもしれない。社会の認知度が低かった時代でも、十分な高等教育を受けた子供は貧困から這い上がることができた。ベティは誇らしげに財団の成功物語を披露した。アメリカの一流大学に進学し、輝かしいキャリアを形成した子供もいれば、世界を股にかけて生きる者、沖縄で幸福な中流家庭を築いて暮らす者もいるという。彼らはメディアが描く悲劇的な事例とはほど遠い存在だった。

ミヨと私はすぐに友達になった。私たちは同い年で、ミヨはキャンプ・フォスターの対面にある私のアパートから半ブロック行ったところに住んでいた。クリスマスにミヨは、父と義母が暮らす家の夕食に私を招待してくれた。両親はミヨが一〇代の頃離婚し、それぞれ再婚して沖縄に住んでいた。彼女は父の家族とよく一緒に過ごすという。

フランクとフミはすぐ近くの分譲マンションに住んでいた。フランクに家へ招き入れられたとたん、私たちはクリスマスの香りに包まれた――ローストターキーにタマネギのバターソテー。五〇歳になったばかりのフランクは太鼓腹をした社交好きな人で、ショートパンツにトミーヒルフィガーの赤いシャツを着て、「私はショートパンツ男なんだよ」と軽口をたたいた。フミは沖縄人で三〇代後半。温かくて思いやりのある人だ。仕事を通じて知り合ったふたりは結婚して九年になる。

「人付き合いはフィフティ・フィフティであることが必要だ」と、ミヨと私がプラッシュ生地のソファに体を沈めたとき、フランクが言った。「自分のシャツのアイロンは自分でかける。当然だ。私の服なんだから！　フミが外で働いていなければ、話は別だろうけど」

「彼は申し分のない人よ」と加勢したフミの言葉は冗談ではなく、彼女の顔は輝いていた。

「それほどでもないよ」とフランクが応じた。

「お嬢さんたち、彼のような人を見つけようとしちゃだめよ。見つかりっこないから」

フランクとフミが深い愛情で結ばれているのはひと目でわかる。ふたりは互いに相手を立てていた。


食事をしながら、フランクは日本に来たいきさつを話してくれた。自分が育ったミシシッピ州は故郷だという気がしなかった。アフリカ系アメリカ人の少年なら経験する人種差別のせいだ。ここから出ていかなければならないことはわかっていた。「あそこにとどまったクラスメートはどうしてるかって？　みんな、今頃、死んだかムショ暮らしだろう」。彼は日本に関するものに強く惹かれた。「ミシシッピ州の高校で、私は箸を使って食べていたよ」。笠谷幸生にも魅了された。一九七二年札幌オリンピックのスキージャンプ選手だ。「ものすごくかっこよかった。あんなにすごいスキージャンプをして、金メダルを獲っちゃうんだから」。世界の多くの人々のように、原子爆弾を落とされ、廃墟から立ち上がった国に、フランクもすっかり夢中になった。「ずっと宙を飛んでいて、なかなか落ちないんだ」

フランクは一九七七年に空軍警備隊員として初めて沖縄にやってきた。一九八七年からはずっとこの島に住んでいて、ここを故郷のように感じている。「日本は居心地がいい。アメリカでは、しょっちゅう肩越しにうしろを振り返らなければいけない。ここだと妻や娘が外出しても心配いらない」。アメリカの人種差別からは解放されたが、沖縄でも微妙な緊張を感じることがあった。

「あの人のこと覚えてる?」と言ってフランクはフミの顔を見た。「〈沖縄コンベンションセンター〉の通りを私がランニングしていたとき、いつも顔を合わせた女の人さ」。夜、歩道を走っていると、決まって向こうから歩いてくる地元の女性がいた。フランクが走りすぎるまで、その人は車道を歩いた。「それがいつも気になったんだ。ある日、車が次々に来るものだから、車道へ出られなかった。彼女は歩道の上で立ち止まると脇に寄り、道を開けてじっとしていた。走りすぎるとき、私は日本語で『こんばんは』と声をかけたんだ」。それも礼儀正しく優しい声で。「そして彼女に向かってにっこりほほえんだ。そしたら向こうもにっこりした。それからはすれ違っても彼女は車道に下りなくなった」

「見ず知らずの人にわざわざ話しかけるなんて」とフミが言った。

「私によくない感情を抱いてほしくないからだよ。たとえ二度と会うことのない人でも」。それ以上何も言わなかったが、この言葉には地元の人に考え方を変えてもらいたいから、いい印象を残したいのだという思いがこめられていた。沖縄人に違った目で黒人を見るようになってほしかった。黒人への恐れを捨ててほしかった。固定観念が誤りであることを証明したかった。こうしたチャンスは、ひとつひとつの小さな交流のなかにある。

フランクはずっと沖縄で暮らすことを考えていたが、すべて彼の思惑どおりになるわけではない。三年ごとに配偶者ビザを更新しなければならない。そして基地の問題があった。「基地がなくなれば仕事がなくなり、沖縄を離れなければならない」。フランクは米軍の委託業者である日本企業に雇用され、基地内の自動車販売店の店長をしていた。基地が閉鎖されれば、フミと結婚している以上、この国に合法的にとどまることはできるが、生計を立てるのが難しくなる。フランクは日本語があまり話せなかった。そのうえ、アメリカとのつながりも失ってしまう。基地のない状態は彼にとって、日本、沖縄、アメリカが理想的に混在する生活の終わりを意味する。

この家族は、基地の内と外で英語と日本語を使い分け、アメリカ人社会に加え、フェンスを越えたことのない島の人々の社会のなかでも暮らしている。彼らと一緒に過ごすうち、バイレイシャルのひとりとして私が共感する沖縄という場所のことが、もっとよくわかってきた。バスケットボールのコートサイドから、私たちは琉球ゴールデンキングスの試合を応援した。メンバーは沖縄人、日本人、アメリカの黒人、白人という多様性を絵に描いたような混合チームだ。フランクはアウェイのアメリカ人選手に日本語でやじを飛ばし、プレッシャーをかけようとした。ミヨが恥ずかしがるふりをすると、周囲にいた地元の人たちが笑った。ある日の午後のこと、私がアメリカのシリアルが懐かしいと言うと、すぐさまミヨは買い物に誘ってくれた。私たちの住んでいるところから車を走らせ、通りの反対側にあるキャンプ・フォスターを指差した。一〇分もしないうちに、私は基地内のPXにいた。棚には馴染みのアメリカ製の食品がずらりと並んでいる。米軍の家族が商品をゆっくり見てまわるなか、ミヨは意気揚々とショッピングカートを押した。島のほかの場所、地元のカフェや商店でミヨは自然な英語で私に話しかけたかと思うと、ウェイターやウェイトレス、レジ係には改まった日本語を使い、言葉を自在に切り替えていた。

私から見ると、ミヨはこの島に帰属している、れっきとした沖縄人だ。「私は日本人だろうか」と悩む混合人種の沖縄人が体験することは、多くの点で、アイデンティティと帰属の問題を克服しようとしてきた沖縄人の体験とたいして違わない。「私は自分のことを日本人だと思っているが、本土の人は長い間沖縄人を本当の日本人だとみなさなかった」と一九六九年にある若い沖縄人ジャーナリストが語っている。「彼らは私たちを完全な日本人でも中国人でもない、中途半端などっちつかずの人間のように考えた。多くの沖縄人は自分たちが本当の日本人だと証明しなければならないと感じている。アメリカ人に対してだけでなく、日本人に対しても」[*18]。「中途半端」とみなされる集団の一員であるミヨはうまく適応しなければならなかった。だが、自分たちのことをそんな存在だとみなさない人たちもいることを私は知っていた。そして、基地の内と外というふたつの世界で生きることのできないアメリカ系沖縄人にとって、自分はどこに帰属するのかという問題に答えを出すのはもっと難しいかもしれなかった。

二〇〇八年一〇月、私は宜野湾市内の自宅近くの住宅街を歩いていた。午前八時の時点で蒸し暑く、すでに汗が噴き出していた。コンクリートの建物や団地を通りすぎると看板が見えた。虹色のアルファベットで「AmerAsian School」と書かれた上には「We are all STARS!」の文字がある。雑草の生い茂る空き地の隣に、二階建ての建物があった。ここが学校だ。

午前九時、学校集会が始まった。二階の張り出しの下に、年少から年長までの生徒が整列した。不敵ともとれるたくましさが感じられる。先生がCDプレイヤーのスイッチを入れると、日本語アクセントの英語で校歌の合唱が流れた。

What do I see?（何が見える？）
Happy hearts all day（一日中ハッピーな心）
All the children（子どもたちみんなが）
Work and play everyday（毎日、勉強したり遊んだり）

最初は、誰も歌わなかった。やがて一部の子供が小さな声で歌い出すが、ほかの子供は立っているだけだ。

We're happy（私たちはハッピー）
No matter what people say（誰に何を言われても）
We follow our hearts（心のままに行動する）

日本語の一節を挟んで、再び英語のコーラスが始まり、子供たちの声が大きくなった。

AmerAsian School is treasure（アメラジアンスクールは宝物）
AmerAsian School with wonder（アメラジアンスクールには驚きがいっぱい）
We're happy with who we are, Yes, we are（私たちは自分でいられることがハッピーで）
And never will give up forever[*19]（決してあきらめない）

「No matter what people say, We are proud of this AmerAsian School（誰に何を言われても、アメラジアンスクールは私たちの誇り）」のところで、子供たちの声は再びか細くなるが、コーラスの最後のところでエネルギーがみなぎったかのように半数ほどが手拍子を始め、声を張り上げ歌い出した。ふざけ半分に口を歪むほど大きく開けて、互いにおどけた顔をする子もいる。

沖縄では、混合人種の子供をどの学校へ通わせるかは大きな決断だ。この選択が子供の優勢言語や仲間集団、沖縄内外での未来、つまりは人生のコースを決めてしまう可能性がある。長い間、学校の選択肢は三つに限られていた。第一の選択肢は日本の公立学校。学費は無料で、ハーフではない「生粋の」沖縄人と日本人の生徒が大半を占める。ふたつ目の選択肢は基地内のアメリカ国防総省付属学校。アメリカのカリキュラムを使い、英語で指導する。国防総省の職員の子供の入学は無料で、米軍の構成員を親に持つアメリカ系沖縄人の子供の多くが通学する。ジャッキーという女性がこんな話をしてくれた。一九八〇年代後半から九〇年代前半にかけて基地内の久場崎（くばさき）ハイスクールに通っていた頃、「ハーフ」の子供は基地の外のパーティで如才なくふるまえるかっこいい集団として、ほかの生徒から羨ましがられたという。こうした環境でジャッキーは青い目を隠すために茶色のコンタクトレンズをしていた。自分がいかにも白人のように見え、ハーフの沖縄人らしくないのはかっこ悪いと思ったからだ。

三つ目の選択肢は英語で教える私立のインターナショナルスクールで、その多くはキリスト教系だ。クライスト・ザ・キングインターナショナルスクールは一九五三年に開校し、八九年に閉校した。アメリカ系沖縄人などのほか、多くのフィリピン系沖縄人が学んだ。[*20] 一九五七年創立の沖縄クリスチャンスクールインターナショナルは、聖書の教えを中心にアメリカ式のカリキュラムで現在も教育活動を続けている。入学する生徒はキリスト教徒である必要はないが、学校は改宗させることを目標としている。授業は宣教師の教師がすべて英語で行なうが、中高の生徒全員に日本語の必修科目が設けられている。沖縄の水準からすれば授業料は高いものの、軍関係者でない家庭の子供が国防総省付属学校へ入学するより学費は安くなる。沖縄クリスチャンスクールインターナショナルの生徒はアメリカ系沖縄人が多数を占める。[*21]

一九九八年、バイレイシャルの子供を持つ五人の沖縄人の母親が、こうした選択肢はどれも妥当ではないとの判断を下した。[*22] 公立学校のいじめは目に余り、英語も上達しない。国防総省付属学校は、子供の親が軍の仕事を離れると、学費が高くなりすぎる。沖縄クリスチャンスクールインターナショナルも学費が高く、片親の家庭では負担が重い。しかも一九九七年に同校の新しい敷地が産業廃棄物処理場の跡地であることを知って衝撃を受けた。うんざりした女性たちは四番目の選択肢を生み出すべく立ち上がった——アメリカ系沖縄人の子供を対象とした教育機関、アメラジアンスクール・イン・オキナワ（AASO）の創設である。「不安や懸念があったのは確かだ」と創立者のひとりは私に語った。「しかし、ほかに道はないと感じた。こうするしかなかった」。女性たちは県所有の建物の一室を借りて学校をスタートさせた。生徒数はわずかに一〇人を超えるほど。その後、学校はすぐ近くの古びた民家へ移転した。創立の理念は、ハーフではなくダブルである子供に、バイカルチャーでバイリンガルの教育を施すことだ。

二〇〇三年のひと夏、私は四歳から一五歳までが通うこの学校でボランティアをした。生徒のほぼ全員がアメリカ人と沖縄人の混合人種という学校に興味がそそられた。ほとんどが白人の生徒という学校で抱いた疎外感を苦々しく思った子供の頃に、通いたかった夢の学校のように思えたのだ。沖縄の混合人種の子供たちの苦境を救う勇気ある解決策として、学校は各紙誌に絶賛されてきた。『タイム』誌は二〇〇〇年、「四八名の生徒は天国を見つけた。今まではいつもほかの子供と違っていた自分が、ここではほかのみんなと一緒だ」と報じた。[*23]『ニューヨーク・タイムズ』紙は、アメラジアンスクールについて、創立者のひとりで校長のセイヤーみどりが、「子供たちが英語と日本語で学べる、自分の二重のバックグラウンドを恥ずかしがる必要のない、豊かな教育環境を提供する」教育機関であると語ったと伝えた。[*24]同様の論評が日本のメディアにも掲載された。『朝日新聞』は生徒たちが教室で話し合いをしているところを記事にして、「ダブルの教育」「ダブルの誇り」「ハーフじゃなく『ダブル』」といった名文句を使って賞賛した。[*25]

初めて私が学校を訪れた創立五周年の時点で、生徒数は六二名となり、校舎は宜野湾市から無償貸与された大きな建物に移転していた。セイヤーみどりは、生徒のおよそ七〇パーセントは両親が離婚し、およそ半数は父親が沖縄を去ったと私に話してくれた。セイヤーは学校運営の中心人物としてメディアの顔となり、米日財団やおきなわ女性財団、米国在郷軍人会といった団体からの寄付金を確保することに尽力していた。アメラジアンスクールは国際メディアの注目を集めるとともに、地元や全国のニュースでも定期的に取り上げられた。その後何か変わったことはないかと地元の報道機関が定期的に連絡してくるまでになったと、セイヤーは誇らしげに語った。「今では自分たちの望む媒体を選択できる」。卒業生のウィリアムは、日本の高校の級友に自分が中学時代に通っていた学校名を伝えると、「ああ、いつもテレビで取り上げられるあの学校だね」と言われたという。学校の創立五周年記念行事でピザを頬張る生徒たちは、顔の前に突き出されるマイクやカメラにも動じなかった。

私は学校でボランティアを始めてすぐに、現状はメディアが伝えるよりもっと複雑であることに気づいた。「ダブルの教育」というよりも、同校は英語指導に力を入れていた。生徒や教師、行政当局、宣伝用の資料がおしなべてこの点を強調した。そして、多くの生徒が、悪い環境から逃れるためにここを選んだわけではないと私に言った。白人系沖縄人のユミは親友も含め友達のほとんどが前の公立中学のクラスメートだと話す。顔を寄せ合って笑っているプリクラも見せてくれた。友達と離れたのは寂しい。だが、英語を学ぶためにここへ来なければならなかった。

やがて私は、子供たちがなぜ英語を学ぶことにプレッシャーを感じているのか、その理由を理解した。沖縄で、見るからに混合人種の人間が英語を話せないと、古くさい勘ぐりを受ける――父親に捨てられ、母親はセックスワーカーかアメジョ、あるいは強姦の犠牲者にちがいない。この固定観念を追い払う手っ取り早い方法は、英語力を示し、違うイメージを相手に印象づけることだ。すなわち、幸せな結婚をした両親のもとで、ずっとそばにいる父親から母国語を受け継いだ子供。英語ができない混合人種の沖縄人は「島ハーフ」に分類される。島ハーフとは、日本の学校へ通い、日本語しか話さないハーフを暗に蔑む言葉だ。このことで子供やその家族がダメージを負うことにセイヤーは気づいた。「アメラジアンの子供が日本の学校に通い、英語が話せないと、その子供は『基地の落とし子』のレッテルを貼られることになる。これは母親にとってつらいだけでなく、屈辱でもある」[*26]。アメラジアンスクールの実現化に力を貸してきた琉球大学准教授の野入直美は、アメリカ系沖縄人が社会で肯定的、否定的いずれのレッテルを貼られるかを決定する要因は、まさに英語のスキルにあると主張する。「アメラジアンは英語の運用能力があるかどうかで二種類に区別される」。英語のスキルがあれば、「憧れのダブル」となり、英語ができなければ「沖縄産の『島』ダブル」「アメリカとなんのつながりもない（略）アメリカ人の父に捨てられた子供」と低く見られる[*27]。

　こうした社会的状況がアメリカ系沖縄人を二分する。一方は汚名を着せられた島ハーフ――シングルマザーに育てられ、どこか不完全な人生を送るモノリンガルでモノカルチャー。もう一方は羨ましがられる「憧れのダブル」――国際結婚で結ばれた両親を持つバイリンガルでバイカルチャー。私が出会ったほとんどの混合人種の人々がこの違いにそれとなく言及した。なかにはこのふたつの集団をもっと中立的な「沖縄ハーフ」「アメリカハーフ」という言葉で呼ぶ者もいた。つまり、沖縄社会で育ったか、たいていの場合、米軍社会を意味するアメリカ人のなかで育ったか。優勢言語が日本語か英語か。そして、どちらの種類の「ハーフ」になるかは、通学した学校で決まるというわけだ。この力学は本土の場合では異なる。長く米軍基地が集中する環境になかった本土では、もっと肯定的なハーフのイメージが定着した。混合人種の人間は米軍よりも世界で活躍する専門職やセレブのイメージと結びつきやすい。

沖縄において、島ハーフの固定観念を肯定的なアイデンティティにうまく逆転させたアメリカ系沖縄人もいる。彼らは英語を飛び越えて、死語になりつつある沖縄語を習得するという手に打って出た。二〇〇九年、琉球大学で私は学者でタレントの比嘉光龍（ふぃじゃばいろん）の話を聴いた。紺の琉球絣（がずり）という沖縄の伝統衣装に身を包む光龍は、ひと目でコーカソイドとわかる彫りの深い端正な顔立ちで、ステージに立つと、低音の「ウチナーグチ（沖縄語）」でしゃべりはじめ、三線を演奏したので、そのギャップに聴衆は爆笑した。こんなふうに人々の思いこみを巧みに利用したタレントは彼が最初ではなかった。「玉城デニーっていうと、名前も顔もアメリカンだけど、中身はっていうと、とことん沖縄みたいなギャップがよかったりする」と、アメリカ系沖縄人の政治家はみずからの著書に書いている。[*28] 玉城は沖縄市議会議員に立候補する前の一九九〇年代、人気ラジオ番組のパーソナリティを務め、番組では日本語と沖縄語を使い分けた。

ステージの上で光龍は、顔はアメリカ人だが英語に関しては「アイ・ドント・ノー」だと言った。さかんに手を振りながら英語をひどい日本語訛りで叫ぶ彼は、学校でずっと勉強してきたのに英語がわからないという国民的不安を利用して聴衆の共感をかき立てようとした。後日、友人と一緒に光龍の自宅を訪れると、彼の英語力はステージで披露したものよりずっと高かった。その人の言語やアイデンティティは見かけではわからないことを具体的に示すための、演技だったのだ。英語が話せるかと尋ねられたり、箸の使い方がうまいと褒められたりすることにうんざりした彼は、沖縄の混合人種に対する新しい見方を広めようとしていた。そのひとつとして彼は「アメリカ系ウチナーンチュ（アメリカ系沖縄人）」という言葉を使う。すぐに理解してもらえるわかりやすいレッテルがほしかった。

光龍は子供の頃、沖縄人の子供から本名の日本名では呼ばれず、「アメリカ人」とか、「ジョンソン」といったあだ名をつけられ、いじめられたと私たちに語った。高校生になる頃には問題にみずから決着をつけ、ジェームズ・ディーンのミドルネームにちなんで、自分に「バイロン」と名をつけた。二〇代前半に渡米した彼はアメリカで二年間暮らしたが、そこに帰属している気がしなかったという。沖縄へ戻ってくると、沖縄の伝統文化のリバイバル運動に参加して、「ミスター・オキナワ」を自称するようになった。消えゆく言語をほかの人に教えるようになり、今は数少ない沖縄語を流暢に話す八〇～九〇代の沖縄人とも交流を続けている。

英語を話せるアメリカ系沖縄人と話せない者の間のギャップを、光龍は乗り越えることのできない深刻な格差ととらえた。そして、前者を「基地内ハーフ（オン・ベース）」、後者を「基地外ハーフ（オフ・ベース）」と呼び、基地内ハーフはアイデンティティの問題を抱えていないとずっと思っていたという。これと重なるのが、その後私が知った「アメリカハーフ」という言葉だった。日本ハーフは自意識過剰で、恥の意識を持ち、自分のアメリカ人の部分を隠そうとするが、アメリカハーフは健全なかたちで日本人としてのアイデンティティに興味を持ち、うまく適応していると思うと、ある女性が語っていた。ステージでの光龍の話を聴いて、日本語を話すハーフは英語を話すハーフを好ましく思っていないことを初めて知ったと語る男性もいた。「一種のライバル意識が働いていることに気づかなかった」とマークは言う。「僕に嫉妬していたんだ。僕はアメリカ人の部分だけでなく、日本人の部分も活かして、二か国語が話せるようになっていたから。バスで僕のような子供を見かけると、妬ましく思っただろう」

光龍と話をして、私はアメラジアンスクールがこの地に必要であり、沖縄の混合人種の置かれた状況の必然の結果のように思えてきた。安い授業料で学校はこの大きな亀裂に心許なくはあるが橋をかけようとしていた。英語の話せない子供たちが対岸へ渡れるようにと。

問題は、「ダブル」でないアメラジアンを学校側が意図せずして軽んじてしまったことだ。メディアで取り上げられるようになると、アメラジアンスクールは光龍ら地元のアメリカ系沖縄人の関心を引くようになり、彼らはその趣旨に心を動かされ、力になりたいと思った。光龍らは自分たちが生徒たちのロールモデルになれると考え、時間を割いて協力を申し出た。ところが、ほとんどの者はすぐに疎外感をおぼえ、やがてその関係も途絶えてしまった。こうしたアメリカ系沖縄人はそのほとんどがバイリンガルでもバイカルチャーでもなかったため、学校側が自分たちを反面教師とすべき事例とみなしていると感じた。[*29]

学校側は、往々にして寄付金を集めるために、片や悲劇のアメラジアン、片やバイリンガルの地球市民という、ふたつの異なる物語を巧みにメディアに発信するようになった。二〇〇三年に私が目にした学校のパンフレットのタイトルは「パラダイスが抱える問題——沖縄におけるアメラジアンの子供たちの窮状」というものだった。父親のいないアメラジアンが基地の学校へ通うことができないことをパンフレットは訴え、社会に貢献する価値ある人材とみなされるふたり親家庭のアメラジアンとは対照的に描いていた——「〔アメラジアンの〕子供の大多数は愛情豊かな家庭で育てられています」。「いまや子供たちは今後もグローバル化が進む社会における東洋と西洋の未来の懸け橋になりつつあります。遺憾ながら、こうしたアメラジアンのなかにはあまり恵まれない子供たちもいます。両親の結婚の破綻により深刻な経済難に陥ったため、沖縄社会から見捨てられた境遇にある子供が数多く存在するのです」。アメリカに「逃げ」て、養育費を払わない父親を持つ娘の例を「典型的」として、パンフレットは紹介する。その女の子は地元の公立学校へ通わざるを得ず、「『みんなと違う』という理由でいじめや嫌がらせを受け、（略）精神的トラウマという高い代償を払っています」。「こうした子供たちにはあなたの支援が必要です」とパンフレットは懇願する。「沖縄における推計四〇〇〇人のアメラジアンの子供たちの存在が、本校が長年の懸案の答えであることを証明しています。こうした子供たちは問題ではなく、問題解決の鍵なのです」。誌面には戸外で一〇名あまりの混合人種の生徒たちが折り畳み椅子に座り、日差しを浴びてにこりともせず、眩しそうに目を細めている写真が掲載されていた。

日本社会が人種の異なる他者を歓迎しないという考え方にアメラジアンスクールは重きを置

き、子供たちを同世代の沖縄人から引き離している。支援を得るために、学校はこの種の区分けが必要であることを証明しなければならない。アメラジアンスクールの卒業生トラヴィスが語ってくれたように、そのひとつの結果として支援者の哀れみを受けていると生徒が感じてしまう場合がある。この話題になると、彼は感情的になった。私たちは二〇〇九年にアメラジアンスクールの近くの〈マクドナルド〉で会った。何年も前に卒業していたが、彼はアメラジアンスクールのことを思い出話としてではなく、今のことのように語った。「僕たちはいつも哀れまれているんだ」と彼は言った。「どうして哀れまれるのだろう? 僕たちは普通の人間だ。ほかの人と同じだ。なぜ哀れまれるのか、まったく理解できなかった。僕はひとりの人間だ。そうでしょ? 外見がこんなふうなだけ。だからみんなは僕たちを哀れむの? 僕たちをほかの人以下、あるいは上だと思っているんだ。それは……間違ったメッセージを与えたってことだと思う」。生徒をインタビューする人々が「かわいそうな子供たち」と何度も口にしていたのを、彼は覚えていた。「でも、僕はそんなふうに考えたことは一度もなかった。僕たちは両方の、ふたつの言語が話せて恵まれているといつも思っていた」とここまで言うと、トラヴィスはいったん言葉を切り、沈黙した。一九歳だが年上に見える。ブルートゥースのイヤーピースをつけ、堂々と話をする。「そりゃあ、彼らの支援は心から有難いと思った」と彼は学校に寄付をしてくれた人たちに言及した。だが、アメラジアンスクールの生徒よりももっと困っている子供たち——家族のいない、家のない生徒たち——の存在を彼はつねに思っていた。なぜ混合人種の子供にばかりこうした寄付が集まるのだろう、何が大問題なんだろう、「僕たちが日本にいるから？　アメリカだったらこんなの当たり前のことだろうね」

アメラジアンスクールでかつて校長を務めたアメリカ人男性は、このように学校を目立たせることが人々に関心を持ってもらうには必要なのだと私に語った。そして、いつものように少女のたとえ話をした。家に帰ってきた少女が「ママ、公園にかわいい子猫がいたの」と言う。その子は子猫を家に連れて帰りたいと訴えるが、お母さんは子猫を見たくないと思う。見れば世話を始めてしまうだろうから。沖縄人の友人は酒に酔うと、アメラジアンスクールをないほうがいいと言い出すが、それに対し元校長はアメラジアンの子供を何人知っているかと言い返すという。「子猫を見る前に扉を閉めてしまうようなものだ」。子供を捨て猫になぞらえるのはよくないこともわかっていた。学校の大きな問題のひとつに「ゲットー効果」つまり「かわいそうな子供」という世間の受け止め方がある、と彼は考える。子供たちをテレビに出演させると、こうしたことがよく起こるという。不遇で孤立した集団という学校のイメージが年々強まっていくのが彼にはわかっていた。「安直なやり方だ」。来校した役所の職員と話をさせるために授業を中断して生徒を教室から連れ出すことも何度かあった。生徒が哀れみを誘う対象としてではなく、この学校での教育の成果として学術面で注目されるべきなのだと、彼は考えていた。

子供たちの「窮状」が広く世間に知られるようになると、アメラジアンスクールは生徒への投資は沖縄の未来への投資だとの主張を始めた。パンフレットにあるように、財政支援があれば、子供たちはバイリンガルでバイカルチャーの、「グローバル化が進む社会における東洋と西洋の未来の懸け橋」になることができる。子供たちは「問題ではなく、問題解決の鍵」ともなる。子供たちは異文化間の国際理解という大きな責務を担う人材となる。アメラジアンスクールの生徒を国際協力と結びつけるこの発想は、沖縄や本土の人々にみごとに伝わった。来校者が生徒を「インターナショナルな子供たち」と賞賛するのを、私は目の当たりにした。にもかかわらず、現実には多くの子供はアメリカに行ったこともなければ、日本の外にも沖縄の外にすら出たことがない。多くは英語を流暢に話すことができず、ESL（第二言語としての英語の略）の授業に懸命に取り組んでいた。

学校の理念形成に尽力してきた野入直美は、「沖縄人がアイデンティティの分裂を乗り越えるのを手助けする存在」としても、アメラジアンは有用だと主張してきた。野入は、沖縄人は混合人種の沖縄人をもっと気にかけるべきだと考える。沖縄が微妙な差異を持つ人々の集まった多様性のある社会であることを世に示すのに役立つからだ。この社会像は近年、東京を拠点に活躍する沖縄人歌手たちが本土のテレビ番組に出演するようになって日本社会に広まった、「南の島の優しい沖縄人」「純粋な民族」という極端に単純化された沖縄人像とは対立するものだという。[*30] またしても、混合人種の存在価値とは、多数派を助ける点にあるという主張だ。

悲劇的な存在から有用な市民に変貌を遂げたこのアメラジアン像は、個人や団体の財布の紐を緩ませるのに効果的だった。元校長はこれまで学校が受けた寄付金についても話してくれた——米国総領事館から一万ドル、アメラジアンに心を寄せる歌手のCoccoから三〇〇〇〇ドル。一九七〇年代にモデルをしていたあるアメラジアンは大金を出して、生徒たちを飛行機で本土へ連れていき、ホテルに宿泊させて、自分の経営するゾウの動物園を案内した。ある地元住民は、学校の集めた寄付の多さに驚き、金はどこへ行ってしまうのだろうと首を傾げた。

二〇〇三年、それに〇八年から〇九年にかけてボランティア教員としてアメラジアンスクールで過ごすうち、学校が私の想像していたようなバイレイシャルのユートピアというわけではないと感じるようになった。[*31] 先述の問題のほかにも、学校は慢性的な資金不足、指導者不足に悩まされていた。多くの教員は米兵の妻で、夫の異動のため短いサイクルで入れ替わった。一年生のクラスの担任は二、三か月以上続いたことがないとも聞いた。ある時、幼児教育の経験がないにもかかわらず、一年生を担当しないかと学校側に打診された。職員の話によると、賃金は標準的な教員給与の三分の一ほどで「ボランティアに毛が生えた程度」だという。地元の職員とアメリカ人職員との間で異文化による誤解が生じるとも聞いた。ふたつの文化を併存させることを目的とする場でありながら。

アメラジアンスクールはいじめとも無縁ではなかった。英語を学ぶため友だちと別れてここに転校してきたユミは、新しいクラスメートに英語力のなさをダサいと言われ、からかわれたという。「ダブル」になれないバイレイシャルは能力が不十分という思想に、子供たちは染まっていた。ジェニーという別の中学生は、アメラジアンスクールの上級生の女子グループが自分をいじめると、私に打ち明けた。小さいとき、黒人のハーフであるためにいじめられた女の子たちが、今度はいじわるのできる立場になったのだと、ジェニーは思った。だが、この経験で自分は強くなったと彼女は言った。

　卒業後、生徒には大きな試練が待ちかまえている。アメラジアンスクールは中学までしかない。そのためほぼ全員が地元の日本の高校へ進学した。この移行は簡単ではないはずだ。まず、難関の入試に合格しなければならず、それには猛勉強する必要があった。アメラジアンスクールで過ごす最後の年、放課後は毎日午後四時から六時まで予備校に通い、自宅では夕食後、何時間も勉強したとユミは語った。試験に合格した生徒は、みんな似た者同士の「天国」から、今度は全員日本人という環境に身を置かなければならない。ユミの場合、その転換はスムーズだった。以前日本の学校に通っていたからだ。しかし、そうでない生徒にとっては難しい。全校生徒が知り合いの学校から生徒数一四〇〇人の学校の一員になったトラヴィスはこう話す。「日本の高校へ放りこまれたのは大きなカルチャーショックだった」。何もかもが違っていた。生徒たちに「アメリカ人」「外国人」と呼ばれ、映画に出てくるアメリカ人のような外交的で派手な性格を期待され、「寄ってたかって」からかわれているような気がした。自分が何者であるか確かなよりどころを持っていないし、批判に対処する心の準備ができていないと感じた。自分とは違う人間との付き合い方を自分は知らないというふうにも感じた。大学一年生の時、アメリカ人の牧師と近づきになったトラヴィスは喜んで入信して敬虔なクリスチャンになり、人種や国籍ではなく、信仰を基盤とする新しいアイデンティティを作り上げた。

　今思えば、アメラジアンスクールがもっと自分に心の準備をさせてくれればよかったのにとトラヴィスは振り返る。「僕たちを批判しようとする外の人間から守りたいと学校側が言っているのを聞いたことがある。でも、そんなふうに考えるのは間違っているように思う。だって、どっちみち僕たちは外に出ていかなければならないのだから。永遠に学校に守ってもらうことはできない」

パール・バック財団の元沖縄支部長のベティ・ホフマンも同じようにアメラジアンスクールにひとつ異論があるという。バイレイシャルの子供を区分けすることだ。「子供たちを孤立させることは……公平ではないような気がする。もっと大きな尺度で子供たちは広くこの社会の一員になるべきだと感じる。このようなかたちでは［アメリカと日本］いずれの教育の長所も活かせていないように思う」。最終目標は、「特別な学校」に隔離することではなく、パール・バック財団が提唱してきたように、公立学校や社会に溶けこむことであると彼女は考えていた。「地元の教育は質が高く、しかも無償だ。だから私には隔離が合理的とは思えない」

アメラジアンスクールの別の卒業生の場合、高校入学当初は苦労したが、すぐに学校生活を謳歌できたという。ウィリアムは一九歳。沖縄人とアフリカ系アメリカ人の混合人種だ。高校一年生の時、日本人ばかりの環境でまわりの生徒の注目が集まるなか、適応しようと奮闘した。アメリカ人の血を引く生徒は学校中で彼ひとり。これをほかの生徒はかっこいいとみなし、敬意を払ってくれた。「みんな僕と話をしたがったが、僕は『近寄らないで。僕は話しかけないよ』といった態度をとっていた。かえってそれがよかったようで、友達ができた」。うまくいった理由のひとつは英語が話せたからだと彼は考える。アメリカ人の英語教師としか英語で話さなかったが、それでもみんなは英語が話せることを知っていた。「日本の学校にいて英語が話せなかったら、みんなからばかにされただろう」。二年生になる頃には、ウィリアムは日本語しか話さないようになっていた。そして、バスケットボールのチームに入った。「しばらくしたら、学校がとても楽しくなった」

私がインタビューした生徒や職員は、問題はあるにせよ、総合的に考えるとアメラジアンスクールを支持すると言った。生徒たちは学校で受けた教育で何が自分の役に立つか、よく考えていた。トラヴィスは、アメラジアンスクールで英語を勉強できたことで「世界中どこにでも行けるようになり、自分をグローバルな人間とみなせるようになった」と語る。彼は当時、インターナショナルプリスクールで働いており、シンガポールの聖書学校で学ぶ計画を立てていた。もし日本の学校にしか通っていなかったら、自分のアイデンティティにいまも悩んでいただろうと彼は思った。「この外見で、日本語しか話せないのだから……きっといつも葛藤していたはずだ」。ウィリアムは二か国語の能力を自分のキャリアに活かすため、まず海兵隊に入隊してから通訳になるつもりでいた。高校卒業後、父の足跡をたどるように彼が海兵隊に入隊したのは、奨学金を得て、高等教育を受けるためだ。彼は本当のところ日本人とアメリカ人の「ダブル」という気がしなかった。「鏡を見ると自分が日本人でないのはわかる」。それでも、異なる場面で自分にふさわしい態度をとる柔軟なアイデンティティを彼は作り上げていた。高校時代のある時、渋滞を避けるためバスレーンに入って車を運転していたところ、警官に呼び止められた。彼はアメリカの運転免許証を提示して、何もわかっていないふりをした。警官は注意しただけで彼を解放した。「警官はアメリカ人には寛大だ」とウィリアムは言って、ほほえんだ。
ユミの場合、アメラジアンスクールで苦労した甲斐があった。英語を習得するという目標を達成し、日本人でありアメリカ人であるというふたつの面が以前より統合されたと感じている。日本の学校にいたときよりも心が広くなり友好的になった。言葉の壁で隔てられたルームメイトのように感じていた父とも深い話ができるようになった。もうすぐ沖縄国際大学へ入学する。アメラジアンスクールに近いこともあって、この学校を選んだ。恩返しのつもりで母校でボランティアをする予定だ。教員が短期で入れ替わる環境で勉強を続ける後輩たちの友達になりたい。沖縄の物を世界で販売できるよう、大学ではマーケティングを勉強したい。「沖縄が好きだ。だからほかの人にも沖縄のことを知ってもらいたい」とユミは語る。ずっとこの島で暮らすつもりだ。

基地の学校、日本の学校、塾という「幸運な」進路に加え、父との関係も良好だったミヨはアメラジアンスクールが宣伝するものを手に入れ、軽々と国を越えることができた。アメリカと日本の間で、英語と日本語を素早く自在に切り替える彼女の能力には目を見張る。だが、彼女は異文化にかかる虹を渡り、夢を実現しているのだろうか。現実はそれほど簡単ではなかった。そのスキルのおかげで、彼女は基地内外のコミュニティをまたぐ安定した仕事に就き、基地に必要な品々を手配する日本の業者との調整役を担当している。経済的に自立し、本土への旅行や自家用車、アパートの家賃を賄うだけの収入もある。地元の友人とも連絡をとり続け、基地内に新しい友人もできた。そのなかには生い立ちもさまざまな米軍の構成員の配偶者たちもいて、「私はバイレイシャルだが、ひとりは日本人、ひとりはメキシコ人、ふたりは黒人だ」。もっとも、すでにみんなアメリカへ帰ってしまったが。

初めて会ったときから九年経った二〇一七年、ミヨと再会した。近況を訊ねると、変わらなければと思い、焦っていると打ち明けられた。日本語のオンラインビジネス講座を受講していたが、それ以外は九年前と何も変わっていなかった。同じアパートに住み、同じ仕事をし、父やフミと一緒に過ごし、まだ独身だった。この間の歳月を振り返り、自分は何を達成したのだろうとミヨは考えた。東京に出て、新しい環境で自分の能力を発揮したいという思いはあるものの、それに向けて一歩も踏み出せていなかった。沖縄社会のあるいは日本社会の一員になれたとも思えなかった。夢は宝くじに当たって、「島をひとつ買い、本に囲まれて、ひとり暮らしをする」ことだという。

ほとんどの場合、英語を習得し、島にとどまる混合人種の沖縄人は、なんらかのかたちで基地に関わるようになる。基地内外の社会にまたがって働くミヨのように。なかには米軍施設の周辺で働く者もいる。マークは沖縄人女性とメキシコ系アメリカ人の退役軍人の息子だ。両親は地元でメキシコ料理店のチェーンを経営していたが、それをマークが引き継ぎ、リニューアルした。彼のタコスレストランを、米軍と地元住民との交流の場にしようと考えたのだ。「同じ建物にアメリカ人と日本人が集まって、お互いに啓発しあえるようになれば、教育にひと役買うこともできると思っている」と彼は語った。彼が月に一度レストランで開くイベントでは、人々にステージ上で、ひとつのテーマをめぐる話を披露してもらう。自分の弱さをさらけ出せば、共同体意識は強くなると、マークは説明する。二〇一七年のある夕方の集まりのテーマは「感動したこと」。白人の米兵は仕事帰りに海岸へ行き、ぼんやり座っていたときの話をした。なぜだかわからないが、無性に悲しかった。彼は〈ファミリーマート〉へ行って吸ったことのないたばこを買い、一本吸った。妻はボストンにいて軍とは無縁の生活をしていた。やがて、万物を統合しようとする自然の力を感じて、気持ちを立て直すことができたと、彼は話を締めくくった。ルイジアナ州から来た二二歳のアフリカ系アメリカ人の女性は、沖縄に来るまでアメリカを出たことがなかったという。とても不安で怖かった。ところが、基地内にコミュニティを見つけた。自分たち夫婦にお金がないときは、みんなが出してくれた。「持ちつ持たれつだよ。自分もしてもらったことがあるから、今度はあなたたちにしてあげるんだ」。寛大さが身に沁みて、彼女はリビングルームで何時間も泣き続け、様子のおかしな主人を横にいた犬がじっと見ていたと語った。話を聴いていた沖縄人にとっては、軍服をまとった人々の人間らしい脆(もろ)さを垣間見た瞬間だった。

地域社会と基地内の米軍社会を結びつけるのにひと役買う混合人種の沖縄人はほかにもいた。四六歳のハナは、沖縄人の母と白人のアメリカ人の父との間に生まれ、基地内の大型店のマネージャーをしていた。店では、米軍の顧客と地元住民の店員の間で、たびたび言葉の壁によりコミュニケーションに齟齬が生じたが、彼女はその仲介役だった。スタッフとの打ち合わせでも、彼女は説明を二度繰り返した。英語で一回、日本語でもう一回。アメリカからやってきたほかのマネージャーは現場が紛糾するといつもハナに助けを求めた。一方、ジャッキーはあるアメリカ系沖縄人の友人のことをこんなふうに話してくれた。その友人は海兵隊基地で働いていて、彼女ならではのやり方で基地と沖縄社会とのパイプ役となっていた。英語と日本語の読み書き能力がきわめて高い、正真正銘のバイリンガルで、こんな人物にジャッキーは今まで会ったことがなかった。この稀有な能力で、彼女は米兵が罪を犯すと、すべてを丸く収めた。ジャッキーはこの友人を「ごめんなさいレディ」と呼んだ。「彼女は不祥事が起こったときにテレビで謝っている人たちと同じなの」

こうしたバイリンガルでバイカルチャーの人々は、のらくら者の父親や強姦犯から生まれた悲劇の子ではなかったし、厳密に言えば「グローバル化が進む社会における東洋と西洋の懸け橋」でもなかった。もし懸け橋となって誰かを助けているとすれば、彼らは米軍を助けている。こうしたハーフたちは地元の状況を見まわして、自分にとって最良の人生を築き上げてきた。相反するアイデンティティになんとか折り合いをつけ、基地関連のキャリアを構築して。そして、基地の存続に役立つ働き方をしている――この点では、多くの沖縄人とたいして違わない。

第9章　エミ

二〇一七年のある蒸し暑い春の昼下がり、エミは休憩時間に自分の職場を車で案内してくれた――米軍海兵隊基地、普天間飛行場。エミは四〇代後半の沖縄人で、茶色の前髪を七三に分けて垂らした、温かい笑顔の女性だ。ターコイズブルーの紐のついたグレーのスウェットシャツにジーンズ姿の彼女はチャプレン室で管理業務を担当していた。ほかの基地に比べ、この基地へのアクセスは厳しく制限されている。国際的な議論の的になっている場所を、こんなふうにはめったに見られないと、エミはある種の誇りを持って語った。普天間飛行場を訪れたのは、アシュリーや将校たちと過ごしたあの聖パトリックの祝日以来だ。基地論争が盛り上がりをみせた当時から八年の歳月が流れていた。

普天間飛行場は「世界一危険な米軍施設」と言われてきた。頻繁に離着陸のある滑走路が住宅や学校、企業がひしめく宜野湾市の真ん中に位置するからだ。戦闘機、それに二〇一二年以降は垂直離着陸機オスプレイ（その墜落事故の多さから「未亡人製造機（ウィドウメーカー）」の異名をとる）が、普天間飛行場から飛び立っては近隣の人口密集地を低空飛行する。近年の米軍機事故は、地元の学童や学生の死傷をかろうじて免れてきた。二〇〇四年には米軍ヘリが近くの沖縄国際大学のグラウンドに墜落。奇跡的にけが人は出なかった。二〇一七年には基地に隣接する小学校の校庭に米軍ヘリの窓が落下。近くにいた学童はわずかに数メートル離れていたため、難を逃れた。学校は米軍機の接近を想定した避難訓練を行なっている。女子小学生強姦事件後の基地反対運動の高まりに、日米両政府は基地の見直しを迫られ、一九九六年に普天間基地返還で合意し、この問題もようやく終わることになっていた。ところが、辺野古の新基地建設が普天間基地返還の条件となっているため、二〇年以上経っても返還の合意は先送りされたままだ。沖縄人は基地の移設ではなく、縮小を望んだ。辺野古の工事は、抗議活動や政治的な行きづまりで長く膠着状態が続いたあと、少しずつ前進しはじめたが、今もって激しい反対で計画が頓挫する恐れがあった。新基地が建設されるまで普天間は解体される心配はないものの、ゲートの外で抗議活動を展開する人々の存在は、島の米軍基地閉鎖のために尽力する沖縄人がいることをあらためて意識させる。彼らが勝利すれば、エミは失職することになるだろう。

車の中から基地内の風景をじっと見つめるうちに、これまで長い時間をかけてフェンスの外側から考えをめぐらせてきた場所に自分がいることが奇妙に思えた。地図や航空写真だと、普天間基地は小さく見える。同じ飛行場でも広大な嘉手納飛行場とは違い、その面積はキャンプ・シュワブやキャンプ・ハンセンに比べればごく小さい。宜野湾市を控えめに楕円にくり抜いたような形をしているこの基地が小さく見えるのは、周囲に建物が密集しているせいもあるかもしれない。ところが、エミと一緒に基地内を回ってみると、普天間はとてつもなく大きくて、果てしないように見えた。ここから宜野湾市の市街地はほとんど視界に入らず、ほかの基地のように空間がたっぷりとってある。ゆったりとした駐車場には車もまばらで、建物と建物の間には芝生が広がっている。エミにしてみれば、この贅沢な空間がロサンゼルス暮らしで味わったアメリカののびやかさを懐かしくも彷彿とさせるのだろう。

ある意味、基地の土地が米軍によって保全されているというのは皮肉なことだ。この島の大部分はアスファルトに覆われているが、フェンスの内側には空き地が広がり、自然が保護されていた。普天間基地の端へ行くと、フェンスの内側は豊かな緑のじゅうたんに覆われ、小鳥や蝶の楽園になっている一方で、外側にはコンクリートの集合住宅が林立している。子供の頃を基地内で暮らした人は、そこに生い茂る植物の魅力についてこんなふうに回想する。一九七〇年代に嘉手納基地に住んでいたアメリカ人の詩人は、「六歳、七歳、八歳の私にとって、[基地は]熱帯の楽園だった」と書いている。「基地には不気味な森の世界があった。人の手の入っていない茂みや林や古い要塞、そして奇妙な昆虫がたくさんいた」。一九八〇年代に嘉手納基地で育ったアメリカ系沖縄人のジャッキーによれば、基地は「じつに素晴らしいジャングルで、探検だってできた」。そのジャングルは彼女の家に接していて、立ち入りを拒むように「緑がごちゃごちゃともつれ、からまり、生い茂っていた」。ジャッキーは午後は友達と一緒に森の中で過ごし、小さな足がつくった踏み分け道をたどり、蔓を揺らしてターザンごっこをしたり、ベリー摘みをしたり、川みたいな小さな流れを歩いて渡ったりした。現在、嘉手納基地で働く彼女はその豊かな緑を今も賞賛する。「私がどうして嘉手納が好きかわかる？　木々が美しいからよ」。基地の中ほどへ行くと、ベンガルボダイジュによく似た、力強い根を持つガジュマルの老木があるという。「［米軍が］土地を返還したら、沖縄人はすべてを伐採してしまうような気がする」と彼女は言った。

「そして、ショッピングセンターを建ててしまうかも」と私も続けた。閉鎖した多くの基地やその関連施設はこれまでショッピングセンターに変貌していた――〈アメリカンビレッジ〉〈イオンモール沖縄ライカム〉、那覇新都心。こうした商業施設は地域経済（や本土の大規模小売店）にとっては成功事業かもしれないが、環境にとってはそうではないだろう。大型駐車場や小売店が基地に残されていた自然をのみこんでしまった。占領時代の名残のようなずんぐりしたベージュ色の建物が建ち並ぶ普天間基地を見つめながら、政治家と基地反対派が今の膠着状態を打開したら、ここは何に生まれ変わるのだろうと考えた。私が耳にしたなかでもっとも突飛に聞こえたのは、ここにディズニーランドを建設するというものだった。雇用創出と観光業振興を期待して、一部の沖縄人は本土に匹敵するアミューズメントパークを望んでいた。辺野古の反対派のひとりは野生動物の保護を訴えるプラカードを掲げながら、私にディズニーランド建設案に賛成すると話した。それがヤンバルクイナを救うことになるのだろうか。米軍をアメリカ資本主義と入れ替えることが理に適うことだとは、私には思えなかった。なぜこうした自然資産を保全しないのだろう。

だが、基地の緑は見かけほど美しく牧歌的なものではない。近年、ジャーナリストのジョン・ミッチェルらが、施設内とその周辺で高レベルの汚染物質が見つかったことをすっぱ抜いた。[*1]米軍では、ジェット燃料や不凍液、ディーゼル油、油圧作動油、未処理の汚水といった汚染物質が数千から数万リットル単位で、土壌や河川、雨水管(うすいかん)に流れ出る事故が多数報告されていた。返還された土地を掘り返した日本の建設業者が大量の化学物質を発見したり、基地周辺の水質検査で安全基準を超える発癌性物質が検知されたり、アメリカ人家族が沖縄に住むようになってからがんや慢性疾患を患ったことが報告されたりしている。ところが、こうした有毒の化学物質が土壌や河川に漏れ出た結果、沖縄人や米軍職員が受けた可能性のある健康被害の広範な実態調査を、日米両政府は公式には実施していない。

エミと私が滑走路近くを車で走っていると、太鼓腹をしたヘリコプターが一機、ホバリングしていた。ここで働いていてうるさくないかとエミに訊ねると、ちょっとむきになって、いいえと答えた。騒音公害は基地周辺住民が訴える苦情のひとつだ。米軍機の音が原因で頭痛が起こり、生徒の勉学や人々の安眠の妨げになっているという指摘もある。だが、騒音は気にならない、もう慣れたからとエミは言った。

私たちはチャプレン室へ到着した。平屋の建物の中にあり、蛍光灯に照らされた廊下には、意欲を喚起させる月並みな標語(「コミュニケーション」「チームワーク」「ヴィジョン」)を掲げたポスターが貼られていた。トイレでは錆びた蛇口が異音を発していた。基地全体が取り壊されることを想定して、当局はこれまで必要（一部は不可欠）な修繕を控えてきたが、歳月が経過してインフラの老朽化が進んだため、地元住民からは移転しないのではと受け取られかねないが、一部の修繕を認めた。

エミは自分の机のある広い部屋に落ち着くと、地元住民向けの基地内の仕事について、三〇代後半になるまで知らなかったと私に語った。地位協定の一環として、日本政府は彼女のような基地従業員を雇用して賃金を払い、米軍職員の監督下に置く。応募資格は沖縄在住の満一八歳以上。基本労務契約（MLC）による雇用、あるいは諸機関労務協約（IHA）による雇用方式で働く人々は、沖縄の労働力人口の一部を占めるにすぎないが、こうした仕事に就いたほとんどの沖縄人は基地周辺で育ち、口コミで求人情報を知った者たちだ。[*2] 那覇で生まれ育ったエミは、友人から勧められ、この知られざる世界を知った。エミはカリフォルニア州サンタモニカで大学に通い、英語が堪能なうえ、離婚を経験し、四人の子供を養うために新しいキャリアが必要だった。基地で六か月の臨時従業員として採用され、その後常用従業員になった。以来、MLCの雇用方式で米軍の仕事をしている。

基地の世界に足を踏み入れたエミは、「アメリカンスタイル」の職場が気に入った。給料はいいし、好きなときに休みがとれて、ストレスが少ない。日本の雇い主は従業員をあまりに管理したがると彼女は思った。「それに女性はいつも男性に飲み物を用意してやらなければならない」。県庁でパートタイムの仕事をしていた一九歳の時、ほかの若い女性と一緒に職場でお茶くみをさせられた。私用のお使いを頼む男性職員もいた。それが忘れられないほど悔しかった。自分の業務内容にお茶くみや個人の銀行預金の引き出しまで含まれるのだろうか。こんなふうに女性職員の時間を使うことが税金の正しい使い道なのだろうか。彼女は六か月でその仕事を辞めた。

「日本の職場で働いているといつも不快な思いをする」と彼女は言う。「日本社会では女性はいつも男性の下に置かれる。今でも」。若い世代の沖縄人の男女平等意識は高くなってきたようだが、エミの結婚生活は古い世代の女性が耐えた境遇そのものだった。エミは仕事を持ちながら四人の子供を育てたが、沖縄人の夫は家事をしなかった。「ご飯を炊くことすらしなかった」。その鬱憤がたまり、ついにある日離婚を切り出して、夫を驚かせた。

普天間基地で働くうち、男性の同僚が彼女を対等に扱ってくれることに気がついた。出会ったアメリカ人夫婦は互いに尊重しあっているように思えた。「だからここはとても居心地がいいの。それに私はクリスチャンだから」。エミは大おばにクリスチャンとして育てられ、離婚後、キリスト教に帰依した。日本では、迫害の歴史があり、信者の少ないクリスチャンは主流からはずれる。[*3] 基地の外ではキリスト教徒という目で見られるような気がするが、基地の中にいると、信仰を同じくする、あらゆる宗教を尊重する人々に囲まれていると感じた。

チャプレン室での職務は簡単だ——電話を受け、礼拝の予約をする。彼女は時間とエネルギーを職務内容にはない新しいプロジェクトにそそいでいた。中学校の英語教員免許を持つエミは二〇一五年一一月に、普天間基地内で地元住民と海兵隊員合同の週一回の英語ディスカッションクラスを開講した。島のほかの基地はすでに無料の英会話クラスを設けていたが、学校のように堅苦しかった。エミが目指すのは、勉強しているように感じさせないクラスを作ること。形式ばらず、先生もいなければ課題もないクラスだ。各々が小さなグループを作り、エミはただ質問を投げかけるだけ。質問の多くは異文化交流に花を咲かせることを意図したものだ。たとえば、「お盆とは何ですか。日本人の皆さん、アメリカの人たちに説明してください」とか「マイケル・ジョーダンとレブロン・ジェームズのどちらが優れたバスケットボール選手でしょうか」とか「今まで食べたなかでいちばんおいしくなかったものは何ですか」とか。

クラスは地元住民全員に開かれていたが、基地反対派が聞きつけることを恐れて、エミは基地の外では宣伝しなかった。「基地が嫌いな人々には来てほしくない」。参加する沖縄人は人づてに知った人ばかりだが、海兵隊員は参加者募集の広告を見てやってくる。よそならおそらく五〇〇〇円はかかるところを、地元住民はこのクラスでネイティブスピーカーと英会話の練習をすることができた。海兵隊員にしてみれば、これを機に昇進に結びつくかもしれない礼状を手にすることができた。なかにはデートの相手探しにやってくる者もいた。エミの意図するところではなく関与はしなかったものの、このクラスから婚約する者も含めカップルが誕生していた。そのほかの海兵隊員はただ地元住民と交わりたいとか、日本語を話す練習をしたいようだと、彼女は思った。何よりもクラスで人々は親交を深め、楽しんでいた。参加者の数は増加の一途をたどり、クラスはより広い会場へ移った。目下のところ参加者は米軍の構成員と地元住民が半々のおよそ一〇〇人を数え、人々は毎週火曜日の夜になると普天間基地内の米国慰問協会の会場に姿を現わした。

ディスカッションクラスのほかに、エミは基地の外での地域社会との交流行事の世話役の仕事も始めていた。月に二、三回の土曜日に、彼女かほかの職員が海兵隊員を連れて、地域の高齢者施設でボランティアをする。二、三〇人の米軍の構成員が一時間かけて洗車や窓拭きに汗を流し、入居者と雑談をする。沖縄戦の生存者たちがこうした米兵をどう思っているか訊ねたところ、場合によりけりだとエミは答えた。アメリカ人のことで入居者から苦情が出たと言ったあと、二度と電話してこなくなる施設もあった。

職務内容にないこうした活動に、エミはやりがいを感じた。「私は日米の懸け橋のような存在になりたいといつも思っていた。人助けが大好き。私はそういう性分なの。だからやっているのかな。自分のやりたいことをやってお金がもらえたら、こんな幸せなことはない」

その日の午後、基地内の回った先々で、エミは明るくみんなに挨拶をした。普天間で働くMLC雇用の従業員は二〇人しかいないので、全員が知り合いで「落ち着く」と彼女は語った。明らかに社交的で、自分から声をかけてまわるタイプの彼女は、見ず知らずの海兵隊員ともおしゃべりをした。どう見ても、日本的で控えめな環境よりアメリカ的な環境のほうがしっくりくるタイプだ。私たちはフードコートに立ち寄った。そこにある〈ピザハット〉や〈サブウェイ〉はアメリカのどこにでもある風景のように見えた。ただし従業員は日本人で、客は軍服を着た男性ひとりだったが。エミはスープとサンドイッチを購入し、レジ係と雑談を交わした。基地の外で暮らし、時間をかけて基地反対派と付き合ってきた私は、基地をさまざまな意味のつまった場所として眺めるようになっていた。ところが、基地内に入り、近くでよく見たとたん、きわめて平凡で陳腐な場所のように思えた――その中身は〈サブウェイ〉のサンドイッチと世間話。

後日、私は沖縄キリスト教学院大学講師の砂川真紀と会った。私にアメジョの話をしてくれた人物だ。教え子のなかには、普天間基地でやっているような無料の英会話クラスに参加する者もいるという。那覇出身で二七歳の真紀は落ち着いた様子で、慎重に言葉を繰り出した。キャンパス内のカフェで、真紀はコーヒーを両手で包みこむようにしていた。英語講師として、学生が英会話を勉強するのは嬉しいが、毎週参加することで、基地に対する考え方に影響が及ぶことを彼女は懸念した。「別の視点から基地を見ることが難しくなる」。学生は米軍の駐留に対する「じつに肯定的な意見」を形成し、ほかの側面から考えたがらなくなる。

日米両政府と沖縄人が世論を基地賛成に、とくに辺野古の新基地建設賛成に傾けるために行なったプロパガンダ（新聞、広告、映像）をテーマに、真紀は修士論文を書いた。分析した資料は、新基地による恩恵や、海兵隊が海岸清掃その他のボランティア活動で沖縄社会にいかに役立つ存在かを宣伝していた。「要するに、週一回か月一回海岸を掃除するから、地元の沖縄人に挨拶するから……海兵隊員はいい人だ、ここにいてもいいのだという主張だった」。こうしたメディアの情報を消費し、フェイスブックの動画をシェアするなどして、米軍に好感を持っている地元住民は問題の表面しか見ていないと彼女は考えた。

ボランティア活動は、地元住民との絆の強化を狙う海兵隊の作戦であることを、米軍高官は認めていた。「ボランティア活動は地域社会と心を通わせる……一大プロジェクトだ」と、「海兵隊および家族プログラム」の責任者ハーバート・コーン副参謀長補は私に語った。「きわめて重要です」。プログロムには、たとえば独身の海兵隊員向けに企画した地元の児童養護施設の慰問や、ごみ拾いといったものがある。こうした活動は基地のイメージアップができるので、地域よりも米軍を利すると、真紀らは批判する。基地内の無料英会話クラスも、米軍が地元住民を味方に引き入れ、基地存続をもくろむ活動の一環だと、真紀は暗に口にした。

「こうしたクラスを開講した女性に会いました」と私は言った。その普天間基地内のディスカッションクラスは、コミュニティ・リレーションズ［地域社会との良好な関係構築のための活動］を専門とする米軍職員ではなく、真紀のような生い立ちの沖縄人女性が考案したプロジェクトだと伝えると、意表を突かれた真紀は言葉を失ったかのように笑い声を上げた。

基地勤務について別の地元住民の考えを知りたくなった私は、二〇一七年夏のある夕方、国道58号線沿いの〈スターバックス〉でナオミと会った。これまでインターネットでやりとりしていただけだが、彼女は友達のように私を歓迎してくれた。白と黒の縞模様のゆったりしたトップスに、長いとび色の髪をハーフアップに結っている。テーブルに着いて話を始めると、まっすぐこちらの目を見て、笑みを絶やさない。思慮深く、洞察力に富む彼女は、自分の経験について長い間、考えをめぐらせてきた。

三四歳になるナオミはこの島で育った。子供の頃旅行したのがきっかけでアメリカが大好きになり、一〇代で基地の英会話クラスを受講、高校卒業後はカリフォルニア州パームスプリングス近くのコミュニティ・カレッジに進学した。その後、働いたりして、そこで七年あまり暮らした。沖縄へ戻ってきた彼女は、国際的な環境で働きたいと思う自分に気づいた。英語のスキルを維持したかったのと、日本の職場ではやっていけないと思ったからだ。「アメリカナイズされてしまったから。話し方や考え方、着るものまで日本人とはまったく違う」。沖縄の国際色豊かな大学やビーチリゾートで働くことも考え、いろいろやってみたが、しっくりこなかった。基地の仕事が一番合っているように思えた。そこで彼女もエミのように、MLC雇用の従業員になった。この六年間、米海軍病院で働き、管理業務などを行なってきた。

職場のMLCの結束は固いとナオミは言う。MLCはアメリカの現役兵士や文民の下、組織の最下位に置かれていたが、二、三年ごとに入れ替わるアメリカ人と違い、ずっと職場で仕事をする存在だ。デイヴィッド・E・ジョーンズ大佐によれば、この組織で地元採用の従業員が苦労するのは兵站業務ではなく、文化の違いであるという。そして、彼はこれまで聞いたことのないアジア人論を持ち出した。「アジアでは人は相手とずっと知り合いでいたいと思う。ところが、たいてい三年かそこらで、［基地職員の］かなりの数が離任し……新しく入れ替わる。私に言わせれば、変化することなど簡単だが、日本文化ではそうではない。日本人は変化があまり好きではない」

ナオミの言い分は違っていた。「業務のすべてを知っているのは私たちだ。なのに、私たちには権限がない」。その言葉の響きは、戦後まもなく基地で働いた沖縄人のものと似ていなくもない。「私たち沖縄人は階級の底辺にあるが、一番よく働いた」と一九五〇年代から基地に勤務した人物は証言している。

ナオミはMLCの給与体系にも不満があった。昇格してもそれに見合う金額の報酬がもらえないので、意欲を失うと彼女は言った。その一方で、現役兵士や文民にはかなりの額の昇給と、おまけに年金もあるのに、ナオミにはそれもない。

ナオミらMLC雇用の従業員はたんに継続的に勤務するだけでなく、基地機能になくてはならない存在であることを考えれば、こうした格差は深刻に思える。とくにナオミの場合、英語と日本語を流暢に話し、ふたつの文化に慣れ親しんでいることから、職場ではきわめて重要な立場にあった。「言葉の壁が一番の難題と言ってもいい。すぐに誤解を招いてしまうから。ひとつの単語から間違った意思決定がなされたり、クビになってしまったりすることもある」。彼女はこんな事例を耳にしたことがあった。地元の職員が上司に対し、沖縄語で「やっつけてやる」という意味の言葉を口にしたのを、誰かが「殺してやる」と日本語に訳したという。こんな大失敗をやらかさないために、通訳者は沖縄語、日本語、英語とそれぞれの文化を理解する必要があった。「三つの異なる文化、三つの異なる言語が併存している」とナオミは言う。彼女は職場で誤解が生じないよう、コミュニケーションを円滑にする存在だ。ほかのMLC雇用の従業員の言語能力はまちまちで、三つの言語のうちどれかひとつは苦手な者がほとんどだ。たとえば、同僚のフィリピン人女性は日本人と結婚し、英語とタガログ語を話すが日本語ができない。ナオミが通訳してやらなければならない。重要でしかも難しい仕事だ。「バイリンガルはふたつの歯車を噛み合わせて同時に動かすための潤滑油のような存在で、バイリンガルがいなければ、基地の業務は成り立たないと思う」

基地で四、五年働くうちに、ナオミは多文化の職場でうまくやっていくための、切り替え術を習得していた。「ゲートからフェンスの中へ入ったとたん、私はちょっとだけアメリカ人になる」。基地の外なら「ノー」の意味で「えーっと、考えさせてください」と言うところを、基地の中ではためらわず「ノー」と言った。話す相手に合わせることも必要だが、これもアメリカと沖縄で暮らした経験がある彼女なら造作ない。アメリカ人と沖縄人が「どんな考え方をするのか想像できる」からだ。基地で働く地元の中年男性に対しては、沖縄語で冗談を言ったり、気さくに話しかけなければいけないし、本土からやってきた委託業者と話すときには、アメリカで日本人ルームメイトから教わった東京弁に切り替える。アメリカ人の監督者には、専門用語を交え、理路整然とした英語を使わなければならない。彼女がへまをすれば、摩擦が生じる。「もし沖縄のおじちゃんに本土の言葉遣いで話しかけたら最後、ぷいと横を向かれてしまう。『もうおまえなんかと誰が口を利いてやるものか』ってね」。正しく話しかければ、家族のように扱ってくれる。「こんなふうにして、この環境でやっていくノウハウを編み出したの。なかなかおもしろいわよ」

ナオミの抱く不満より、仕事のプラス面が勝っていた。地元で働く沖縄人の給与と比べると、こちらのほうがいいと彼女は語る。本土では話が別で、米軍基地はつねに求人募集をかけているが、地元住民は応募したがらないという。ところが、沖縄でＭＬＣ雇用の従業員に採用されるのは狭き門だ。二〇〇三年に地元紙は、基地のフルタイム従業員五五〇人の募集に対し二万人以上の応募があったと報じた。[*4] 多くの地元住民から見れば、基地内の仕事は得難く、安定していて高給で手当もいいうえに国際的に見えると考えられていた。

ナオミの場合、基地の外では出せない自分の一端（英語を話す自分）を発揮できる。「時には英語を話し、時には日本語を話さなければいけない。場合によってはふたつの言語をちゃんぽんにする。それが私という人間なの」。沖縄人、外国人留学生、専門職の社会人というふうに、それぞれ演じてきた役割にレッテルを貼るのは簡単だが、こうした言葉では言い表わせない部分があると、ナオミは考える。「内面はもっと複雑だ。私には多くの要素が混ざり合っている――沖縄、アメリカ、カリフォルニア、それに基地……きっぱり線引きするのは難しい」。もし海外へ行くこともなく、アメリカ文化を経験することもなかったら、幸せではなかっただろうと彼女は振り返る。「私の個性がアメリカ文化で活かせるときがある」。自分の培ってきたこの柔軟性を、彼女は大切にした。「私のものの見方はほぼ毎日変化している。自分のスタイルを現在進行形で作り上げているの」。沖縄に住み、基地があるおかげでこうしたチャンスに恵まれたことを、彼女は感謝していた。本土に帰国した留学時代の友人は日本企業に就職し、海外とのつながりを失ってしまっていた。「アメリカの文民や軍人たちと働いているかぎり、私は幸せ」

エミやナオミのように基地で働く沖縄人女性の歴史は古い。第二次世界大戦後は、多くの地元の女性たちが家族を養うため、基地内に仕事を求めた。多くの場合、こうした仕事に就けた人は基地の豊かさに触れることのできる果報者とみなされた。いまだ荒廃と貧しさのなかにあった基地の外の世界に比べれば、テントやかまぼこ兵舎など野営地とさして変わらぬ状況でも、基地にはふんだんな食料と眩しいほど家庭的な空間が広がっていた。[*5] 天井にはずらりと白熱電球が灯り、男たちは白いテーブルクロスの上で食事をした。アメリカの祝日には、シュリンプカクテルやローストターキー、パンプキンパイといったご馳走と新鮮な果物があふれんばかりに並んだ。メイドや店員、タイピスト、レストランの女給のような基地内の仕事は女性にとって、金を稼ぎ、英語を学べる「夢の世界」[*6] へ逃げこむチャンスだった。基地内の個人宅へ足を踏み入れた沖縄人メイドは、その広々とした居住空間に目を見張った。そこには洗濯機やテレビ、ガスコンロが揃っていた。「初めて家の中へ入ったときのことは忘れられない」と、基地で住みこみのメイドをしていた沖縄人女性は当時を振り返る。「毛足の長いカーペット、ふかふかのソファ。そしていたるところに大型の電化製品があった。なかでも圧巻だったのは、バスルームのクローゼットに入っていたバスタオルの山。虹のように七色のタオルがあった」のだ。[*7] 一九五五年に基地内のアメリカ人宅で住みこみのメイドをした別の女性は「水洗トイレやシャワーなど、家の中に水道があった」ことに驚いた。「当時、沖縄人の家には水〔道〕がなかった」[*8]

女性がどの仕事に就けるかは、単純な理由で決まることもあった。米軍の雇用主は外見で女性を選ぶことで知られており、「華やかな仕事」は魅力的と評価された女性が手にした。「基地内のPXかクラブで働きたかったが、こうした仕事は美人がさらっていった」とある沖縄人女性は語る。「紅を引き、丹念に化粧して仕事に向かう女性たちをよく見かけたものだ。私はこうした仕事に就けなかったので、結局メイドの仕事をすることになった」[*9]。一部の沖縄人、とくに男性は、容姿でランク付けされ、アメリカ軍人の家庭で（時には住みこみで）働く地元の女性たちは、雇用主の意のままとなり性的な扱いを受けているのだろうと想像した。こうした女性たちが、米兵とデートする女性と同じ意味合いを持つようになり、貞操を疑われた彼女たちは汚名と闘わなければならなかった。女性たちはけばけばしい服装の道徳に反する「ハニー」のようだと嘲笑され、堅気の沖縄人男性の結婚相手にはふさわしくないとみなされた[*10]。

占領時代、基地で働くことはすべての沖縄人にとって不利な点が多かった。労働者としての権利もなければ、人権が憲法に保障されることもなく、国籍別の序列の底辺に置かれた。終戦直後、沖縄人は芝刈りや生活必需品の運搬では労賃をもらえず、代わりに食料や衣服のような現物を支給された。一九四六年に賃金が出るようになったが、現状は依然公平ではなかった。「米軍では、沖縄人はいつも割を食う」と海軍基地で地元労働者を監督していたオオシロツネオは、一九六九年の『ニューヨーク・タイムズ』紙で語っている。「軍の規則や命令にこちらは服従する、さもなければ失職するしかない。日本、アメリカ、沖縄、いずれの政府からも私たちは守られていない。基地で働く沖縄人にとって一番いい待遇は、私のようにほかの沖縄人を監督することだ」。オオシロは比較的高い賃金をもらっていたことを認めたものの――役所や民間企業に勤務する沖縄人の平均月収が一一五ドルだったのに対し、一五四ドルを支給された[11]――雇用の安定もなく、昇進の機会もないと指摘した。「昇格のチャンスもほとんどなければ、仕事も安定せず、いつ首を切られるかわからない状況で、将来に希望が持てるだろうか」[12]。基地の電気工として働いた別の沖縄人男性は、仕事先で受けた虐待について語った。「トイレを別にされたり、米軍のカフェテリアの利用を断られるなどして辱められた」。アメリカ人の上司が電気の通じている電線を調べさせようとしたので、「それを断ると、犬のように蹴飛ばされた」こともあった[13]。「人間として扱ってもらいたかった」。こうした状況から、基地で働く沖縄人たちは占領時代に労働組合を結成し、公平な賃金や人間的な労働環境を要求した。米軍はこれを抑えこもうとしたが、沖縄人らはさらに団体交渉権と争議権を求めて、デモを決行。銃剣を振りまわす米軍憲兵隊と対決した[14]。

ところが、戦後、基地勤務をした女性たちの話は肯定的なものが多い。従事した仕事の性質と、基地の外の限られた就職先に比べて実入りがよかったことの表われなのだろう。敗戦の屈辱も泥を塗られた男の沽券も、女性たちの眼中にはなかった。「若いＧＩに威張られるのがいやだった」と語る沖縄人男性はその後、ボリビア移住の道を選んだ[15]。沖縄からボリビアへ渡った男性移民を対象にした聞き取り調査から、ふたつの属性が報告されている。「（a）ほぼ全員が米軍基地にある時期雇用されていた。（b）その経験の結果、屈辱と憤りを強く感じるようになった[16]」。「屈辱と憤り」に耐えるくらいなら、男性たちは危険を冒してでも未知の土地へ渡るほうがましだったのだ。

地元の職場では性差別が横行していたため、女性のほうが得るものは多いとしても、今日では男女ともに基地勤務の恩恵を口にする。ＭＬＣ雇用のダイスケ（四六歳）は、戦後の母の経験がきっかけとなって、自分は基地で働くようになったと、私に語った。ダイスケの母は戦後、基地内で家政婦として働き、ダイスケは子供の頃、よくフェンスの中の世界へ遊びに行った。「大勢の米軍職員に会った。だから彼らのことは怖くなかった」。飛行場の近くをぶらついていたらキャンディをもらったことや、軍用機に見とれていたことを思い出す。こうした経験から一家は米軍に好感を持つようになった。女きょうだいのひとりは米兵と結婚し、ダイスケはイリノイ州の大学へ入学。沖縄へ帰ると、二四歳の時に基地で働きはじめた。これまでフォークリフトの運転のような単発の仕事から、管理業務、基地内の学校での備品の在庫管理の補佐までいろいろな仕事を経験してきた。

「まったくストレスがない」と言ってダイスケは笑った。外向的な性格の彼は基地勤務にカルチャーショックを受けなかったという。「僕の生活全体がアメリカ流だからね。日本人の友達もたくさんいるが、彼らと話をするといつも違和感がある。彼らからもおかしな奴だと面と向かって言われる」。本人みずから歯に衣着せぬタイプだと認めている。本当のことを率直に口にするのは基地で身につけた特性だ。「日本人よりも大勢のアメリカ人をずっと相手にしてきたからね」。ナオミと違い、ダイスケは基地のゲートを出たあとも、行動パターンを変えなかった。人前では本心や自分の考えを隠すのが日本流のやり方だが、地元の人を相手に本音と建て前を使い分けなかった。それでは相手を傷つけると言う友達をダイスケは笑い飛ばし、そっちこそもっとあけっぴろげになれと言い返した。

基地勤務には数多くの恩恵がある——たとえば、平等で開かれた文化があり、男性は紳士的で自分の食器を自分で洗う——と語る沖縄人がいる一方で、女性のなかには、セクハラという用語は使わなくても、その類の経験を語る人もいる。友人のミヨとオーストラリア在住経験のあるサチと夕食をともにしていたとき、基地で一緒に働くアメリカ人男性のことが話題になった。妻のいるその男がサチを追いかけまわし、ある年のクリスマスに彼女からの見返りを期待して、マークジェイコブスのハイヒールをプレゼントしてきたという。彼女たちは、アメリカ人男性が堂々と妻を裏切る姿を目の当たりにして、それがアメリカ文化なのか、基地文化なのかと私に訊ねた。ミヨもサチも男性の同僚から性的な言葉を投げかけられたり、時には体を触られたりしていた。男たちがそういう態度をとるのは日本や沖縄の女性に対してだけで、それはセクハラに沈黙するか問題にしない文化に日本人女性が染まっていると思われているからだと、彼女たちは語った。現にミヨもサチもこうした日本の社会構造につけこむ男たちに憤る様子はなく、むしろあきらめているように見えた。アメリカ人の同僚にそう思われても仕方がないとでもいうかのように。

沖縄人とフィリピン人の両親を持ち、沖縄のインターナショナルスクールに通ったニカは基地の職場でセクハラに遭ったとき、黙ってはいなかった。彼女が働く金物店にやってきた下士官から不適切な言葉を浴びせられると、ニカは店長に電話した。「言われっぱなしにはしたくなかった。見逃してもらえるという男の魂胆が気にくわない」と語ってから、欧米化していない地元の女性は声を上げないかもしれないと付け加えた。店長はニカの苦情を男の上司に報告し、注意を受けた男は、店には二度と来なかった。

セクハラの経験を持つ彼女たちは必ずしも自分を被害者とは考えない。メリットがデメリットに勝ると判断し、基地勤務を続けると決めている。ニカは自分の「きわどい」経験を分類して、大学院での研究に役立てた。サチが基地勤務を好きな理由は、ほかの女性たちと同じく、日本の職場のような暗黙のルールがなく、自由度が高くて、批判がましくないからだ。上司とも対等に話ができた。働くにはいい場所で、彼女は次のキューバ勤務に向けて準備をしていた。キューバではスペイン語を勉強する。その後メキシコへ渡り、現地の日本企業で働くつもりだ。基地勤務は自分が行きたい土地へ行く手助けをしてくれて、最終的には米軍の職を離れて暮らせる。

エミと会って数週間後のこと、私は英語のディスカッションクラスに出席するため、再び普天間基地を訪れた。たそがれの基地の中を歩きながら、刈りこまれたばかりの芝生の匂いを吸いこんで、アメリカ中西部の夏を思い出していた。若い男たちがふたり、三人と連れ立って歩いている。空気は温かく、蒸し蒸ししていた。基地内の風景は平穏そのもの。とはいえ、爆音を立てながらオスプレイが二機、ここから遠くない上空を飛んでいる。渋滞に巻きこまれ、馴染みのない標識ばかりの道路を一寸刻みに進み、ようやく到着したばかりの私は、この落差に違和感を持った。それでも、基地に入るといつものように、普段なら足を運ぶことのない場所へ、立入禁止区域へ向かうぞくぞくするような興奮も覚えた。そんな思いを抱きながら、フェンスをめぐらせた境界を越えてクラスへ出席する地元住民の気持ちを想像した。

米国慰問協会の入った建物の外では、痩せた年配の沖縄人タクシー運転手が、キャットフードを地面に山盛りにして二匹の野良猫に与えていた。これからナイトクラブへ出かけるのか、地元の娘が電話をかけている。その様子を海兵隊員のボーイフレンドが顔を輝かせて眺めていた。建物の中には、レクリエーション室のような広い部屋があり、安物のカーペットが敷かれ、茶色の合成皮革のカウチやビーズクッション、それにスポーツ番組を流しているテレビが二台置かれていた。地元住民と海兵隊員が三々五々中へ入ってきて、思い思いにグループに加わった。ここ数週間、話をしてきた相手とまた顔を合わせる者が大半だったが、初対面で緊張している者もいる。床の上に座ったりテーブルを囲んだりして、人々は円陣を作り、その場はおしゃべりと笑い声で騒がしくなった。地元の参加者にはリタイア組から乳幼児まであらゆる年齢層の人がいた。海兵隊員はほとんどが男性で、ジーンズにボタンダウンシャツかTシャツを着ている。フードのついたスウェットシャツを着た、やる気のなさそうなアジア系アメリカ人の兵士がひとり、ときおり近づいてきてはディスカッションのテーマを与えていた。あたりから切れ切れに会話が聞こえてくる――「僕はオックスフォード式の句点の入れ方を支持します。『チーズ、ソーセージ、そして野菜スープ』というように」。部屋の向こうの端では、ピンポンやビリヤードに興じる人たちがいて、落ちたピンポンのボールが床で弾んでいる。別の一角では、マイクという名のアメリカ人が沖縄人女性に三線の弾き方を教えていた。丸刈りの白人で、軍を退役し、今は普天間基地の文民となり、エミのクラスを手伝っている。沖縄暮らしも二八年になるマイクは日本語が流暢で、三線のような伝統文化に精通していた。「この楽器を使って沖縄の人に沖縄の文化を教えるまでになった」と彼は私に語ってくれた。「これにはみんなびっくりするよ」

私は背の高い丸テーブルを囲む年配の地元住民四人のグループへ加わった。ひとりは四〇代と思しき、東京からやってきた離婚歴のある女性で、今は沖縄の国際色豊かな大学に勤務していた。ほかは、どこかの英語クラブに所属している沖縄人だ。うちふたりはリタイア組の女性、ひとりは中学の英語教師で、彼はあまり英語を話さなかった。彼らは私に自分たちの使っている教科書を見せてくれた。「different strokes for different folks（十人十色）」のようなフレーズを教える内容だった。ほかに行くところがないので、一年前から英会話の練習のために基地に来るようになったという。全員、普天間基地近くに住んでいた。

海兵隊の白人の若者ふたりが加わって、メンバーが揃った。目つきの鋭い小柄なほうはカリフォルニア州レディングの出身で、眼鏡をかけた長身のほうはペンシルベニア州出身だった。ふたりとも赴任して一年ほどで、あと一、二年駐在する予定だ。毎週顔を合わせているメンバーだが、地元の人と同席するのにはまだ気後れするようだ。リタイア組の女性のひとりが隣に座る海兵隊員のほうへたびたび向き直り、顔を近づけ質問した。女性は尊敬の眼差しを向けながら、相手の答えを丹念にノートに書きとめている。礼状をもらう目的のためだけでなく、こうした眼差しをそそがれるから、彼らは毎週この場へ戻ってくるのだろうか。

その夜の会話のテーマは「あなたが見た一番奇妙な夢はどんなものですか」「もし一〇〇万

ドルが当たったら、あなたはどうしますか。その一部を慈善団体に寄付しますか」というものだった。夢については誰も語らなかった。レディング出身の海兵隊員が一〇〇万ドルあったらフェラーリを買うと言うと、もうひとりは、民間軍事会社を設立して、ソマリア沖の海賊と戦うと言った。沖縄人はその賞金で旅行するとか、家を買うとか改築するとか話していた。彼らは海兵隊員の会話がいつの間にかテーマから逸れていっても、耳を傾けた。ふたりの若者は日々の暮らしについて語っていた――沖縄が大好きだ。スキューバダイビングを習ってみたら、気分爽快だった。まるで射撃をやったときみたいに。射撃は雪のなか、たったひとりでやるのが最高だ。弾丸が標的に当たる音と自分だけの世界。話題は基地の下方にある洞穴に移った。噂では（映画『グーニーズ』に出てくるような）仕掛け罠（ブービートラップ）があるそうだ。沖縄戦で自殺した人や火炎放射器で焼死した人の墓地として一時期使われていたらしい。この話題をふたりは軽く扱ったが、感情を害する様子は誰も見せなかった。海兵隊員のひとりが、ケンタッキー州に住むといいと勧めた。山と緑が美しく、ミシシッピ川は大洋のように素晴らしいから。

その後、那覇の旅行代理店で働く若い女性が加わって、海兵隊員に日本語を教えようとした。ふたりは律儀にもその単語を復唱したが、何も頭に残っていないのは明らかだった。

二時間ほどしてこのグループは解散したものの、多くはまだ会場にとどまり、熱気の冷めやらぬなか話しこんでいた。その夜は参加者の数が多かったので、隣接した部屋もいくつか使うことになった。その月のうちに参加人数は一七五人ほどと最多記録を更新し、クラスの人気は高まるばかりだ。ほかの小さなグループにもいくつか参加してみたが、相手に批判がましい態度をとる人はなく、みんなで場を盛り上げようとする温かい雰囲気が漂っていた。海兵隊員の多くは真面目でどこか心細そうに見える。このクラスは沖縄に来たばかりの米軍の構成員にとって大きな意味を持つと、以前マイクが語っていたのを思い出した。「ここに来ればみんなで楽しめる。日本語を教えてもらったり、英語を教えてあげたりして、新しい友達もできる」。沖縄人から直接行きつけの場所も教えてもらえる。「そんな情報は自力で集めようとしても、一年やそこらで手に入れられるものではない」。この数週間、基地以外には〈アメリカンビレッジ〉にしか出かけていないと言った海兵隊員に、沖縄人女性が地元のファストフード店を紹介していた。

基地の外の抗議活動の話を持ち出したアラスカから来た海兵隊員と、私はおしゃべりをした。彼らは平日は毎日あそこへ来て、プラカードを掲げ、スローガンを連呼する。そうやって金をもらっていると海兵隊員は言った。週末は休んで、まるで仕事みたいに抗議活動をする。日本の右翼団体に雇われているんだ。右翼は大日本帝国の旗をはためかせた黒い大型バンで乗りつけてくるという。その大型バンなら私も知っていた。乗っていた人たちが抗議をする基地反対派に嫌がらせするのを見たことはあったが、その海兵隊員は彼らが基地反対派と同じ立場だと主張した。黒い大型バンの団体は外国軍が出ていって、日本の軍隊が勢力を盛り返すことを望んでいるのだと、彼は語った。

帰り際に、飲食コーナーで息子と娘と一緒にいるエミを見つけた。ディスカッションクラスが行なわれている間、彼女はいかにも満足げに会場の隅にじっとして、誰彼となく彼女のもとにやってきた人と話をしていた。「このプログラムが盛況なのはエミのおかげだ」とマイクは言っていた。彼女の情熱、それに沖縄とアメリカ双方の文化的知識、基地内外を問わぬ人付き合いのよさが、プログラムの成功に大いに役立っていた。「こうした要素がなければ、そのうちうまくいかなくなる」。別れの挨拶をすると、エミはふざけて私をぽんと叩き、アメリカ人のガールフレンドを作ると決めた息子が今日は英会話の勉強をするために初めてやってきたのだと教えてくれた。

私は外に出た。歩いていくと、タクシー運転手の持ってきたキャットフードがまだ残っていて、黒猫が一匹、飛ぶように走り去った。街灯の明かりの下、基地は静かで寂しかった。私はコンクリートブロックが敷きつめられた蛇行する道をそろそろと運転し、ゲートをあとにしながら、エミのディスカッションクラスを活動家は基地のプロパガンダだと決めつけるのだろうかと考えた。クラスに参加した地元の人はおそらく基地を好意的に見るようになるだろう。それは巧妙な心理作戦なのか、それとも異なる背景を持つ人々がひとつの部屋に集まって、互いに話をするうちに起こる、偶然の結果なのか。米軍のプロパガンダを嘆く活動家に共感した私は、ここでもこのクラスで見たものに心を動かされた。政策はどうあれ、地元住民と米軍の構成員がお互いを人間として認め合うようになるのはいいことではないだろうか。それが基地論争をもっと細やかで実りあるかたちに前進させることにならないか。エミに関して言えば、職務内容にはないこうした仕事で、彼女が海兵隊の上層部と歩調を合わせているのは確かだ。上層部がその戦略を彼女にはっきり伝えたのか、彼女がそれを感じ取ったのか、たまたま上層部の考えと一致した彼女の案を上層部が後押ししたのか、私にはわからない。とはいえ基地で働く者としてエミは基地賛成の「条件付け」を受けていた。

ディスカッションクラスや地域の奉仕活動と同様に基地に地元住民を雇用するのは、米軍に戦略的な動機があるからだ。デイヴィッド・E・ジョーンズ大佐と話をしたとき、彼は沖縄人従業員がもたらす波及効果を認めた。「基地で働く沖縄人や日本人はみな、基地での好ましい交流体験を地元社会へ持ち帰る。『ねえ、私、基地で働いているの。基地ではこんなことをするのよ』と言って」。三五歳の沖縄人秘書は、基地勤務でいかに物事を見る目が変わってしまうか、こんなふうに話している。「基地勤務のせいで、自分の意見にバイアスがかかることを自覚しなければ。ここで働いていると、やすやすと洗脳されてしまう」。掲揚と降納が繰り返されるアメリカ国旗を直立不動で見つめ、アメリカ大統領と米軍高官の写真に見下ろされながら働くといった、日々の条件付けを例に挙げた。「こうしたことが私がアメリカの基地で働く人間であり、その駐留を批判すべきではないといった考えを頭に植えつける。けれど、私はそんなことに影響されないように心がけている。基地に批判的な地元紙を読めば、反対の立場の人の気持ちもすぐに理解できる」[*17]

『沖縄タイムス』と『琉球新報』は基地反対に偏っているのではないかというテーマを、私が出会った基地勤務の沖縄人は好んで話題にした。こうした見方について、前琉球新報社社長で記者歴の長い高嶺朝一（たかみねともかず）に訊ねてみると、米軍の事故や犯罪を好きこのんで取り上げていたわけではないと語った。一九七〇年に記者になって以来、米軍とは無関係の、漁師や農民といった沖縄の庶民の話を記事にしたいと思っていた。編集担当になったときも、沖縄の美しい自然や文化についての楽しい話題を報道したいという思いがあった。しかし、そうしたチャンスはめったになかったという。犯罪や事故、それに米軍や自衛隊関連の問題が次々に起こり、いつもこうした記事が優先された。世論の要求や、政治的・歴史的な意味合いからも、高嶺たちはこうしたテーマを重要視した。それでいて高嶺は、インタビューした米軍将校たちとよく飲みに行った。結婚式では、アメリカ軍人が急進左派の沖縄人と並んで祝福してくれた。息子で同じくジャーナリストの高嶺朝太は、沖縄人記者と米軍将校の間にそんな友情が存在するなど、現代の空気感では想像できないと私に語った。状況は二極化が進む一方だ。

地元メディアに寛容な意見を基地内で聞くことができた。海兵隊広報部長のレベッカ・ガルシアは、どこのメディアでもいいニュースより悪いニュースを報道する傾向があると指摘した。「彼らが基地反対の立場をとっているとは必ずしも考えていない。ことニュースに関して、流血事件は間違いなくトップニュースになる。……これ以上に読者を興奮させるものがありますか。酒酔い運転と海岸清掃のニュースのどちらが注目を集めるでしょうか」。だが、どうやら基地で働く人々の大多数の意見は、反基地感情を煽るために、新聞は米軍の構成員による犯罪や事故を大々的に扱う反面、地元住民が絡む事件を軽く扱っているというものらしい。沖縄のすべての人が米軍の駐留に反対している印象を新聞は与えると、彼らは言う。「それはいんちきだよ。でたらめだ」とダイスケは言った。「米軍は沖縄社会の一部だ」。地元紙は政治ネタで商売していると考え、五年前から読むのをやめてしまったという。

エミも地元紙の論調を信用しておらず、新聞は「アメリカ人は卑劣で悪い人間である」というイメージを伝えているとして、それに対抗すべく活動していた。地元住民の心に別のアメリカ人像を植えつけるため、彼女は小学生と保護者向けのふたつの普天間基地ツアーの通訳兼ガイドを引き受けた。ディスカッションクラスにやってくる沖縄人とは違い、こうした家族は英語やアメリカ人に自分からは興味を持たない。基地を戦争と結びつけ、恐る恐るやってくると彼女は思った。「でもそれは違う。ここはとても感じのいい人たちが働いている場所なのだ」。基地で働く人懐っこい人々に出会うと、彼らの米軍のイメージは変わった。アンケート調査の肯定的な感想を大佐に報告したところ、大佐は感激していたという。「こうした活動を通して、日米の良好な関係構築の一助となるよう精一杯頑張りたい」と彼女は言った。

島袋里奈さんの事件後、エミは新聞の論調と闘うためにこれまで以上に骨を折り、海兵隊員を率いて基地の外でのボランティア活動に精を出した。「去年はさんざんだった。沖縄の新聞は小さな事件を探し出し、大げさに言い立てた」。その一例として、アメリカ人による酔っぱらい運転を挙げた――「ささいなことなのに」。殺人事件後のこうした雰囲気のなか、基地社会は目立たないようにしなければならなかったが、エミは活動を続けた。「いつもどおりのことをして、基地のイメージをもっともっと上げなければ」

こうしたエミと対極にあるのが、基地への批判的な意見を公言する沖縄人だ。基地反対派は沖縄全土の基地閉鎖を念頭に、辺野古の新基地建設を阻止しようとしていた。だが、エミは彼らが沖縄人だとは考えていなかった。基地内のほかの人と同様に、普天間のゲート前で抗議活動をする人々はどこからか雇われているのだと考えた。本土や、日本の植民地統治を忘れていない韓国からやってきた人たちだと、ダイスケは私に語った。「沖縄人はもういい加減、うんざりしているよ」。ゲート前で抗議しているのが沖縄人でない理由を、ダイスケはこう説明した。「ほとんどの沖縄人は傍観している。黙っている。僕たちはあんなことはしない。歴史があるからね。七〇年以上もアメリカ人と一緒に働いてきたんだ」。抗議活動の参加者は暴力的で、幼いアメリカ人の子供まで罵るとエミは言った。「私は目を合わせないようにしている」。車でゲートを通ったとき、日本のナンバープレートをつけていたので彼女だけは相手にされなかったが、デモ参加者は「ヤンキー」プレートの車に嫌がらせをした。こんな目に遭うアメリカ人を、彼女は気の毒に思った。彼らは、国際的な地政学の産物をどうこうできる立場にない個人なのだから。「私たちのうち誰も、何かを変える権利など持っていないのにね」。アメリカの基地ではなく、自衛隊本部の前に集結して抗議すればいいとエミは思った。「賢くないわ」。彼女はくすっと笑った。

地元の人は友好的で、ゆったりかまえていると言ったダイスケの言葉をなぞるように、エミは言った。「アメリカ人への憎しみを露わにする人はそんなに多くない。沖縄の人は友好的だから。抗議をする人たちは、そのほとんどが沖縄ではなく、本土の人間か、どこかの国に雇われているのよ。台湾かしら、わからないけど、中国か、そのあたりの国」と彼女は笑った。

エミがなぜ基地のプラスのイメージを広めたいのか、その理由が理解できた。彼女は仕事を愛し、仕事を必要とし、失いたくないのだ。心から同僚や米軍の構成員のことが好きで、基地の人が善良であることをもっと多くの地元住民にわかってもらいたいと思っている。だが、抗議活動の参加者に対するエミの態度に、大きな矛盾があることに私は気づいた。彼女は多くの時間を費やして地元住民と米軍の構成員を一緒に活動させ、固定観念を拭い去り、お互いが個人として知り合えるように努力しているが、基地のゲート前の同胞の沖縄人に対してはこれと同様の態度で接していなかった。

ナオミは違った。エミやダイスケとは異なり、彼女は抗議活動をしている人を金で雇われた外国人だと思っていなかった。基地反対派をナオミは知っていた。彼女の家族もそのメンバーだった。ナオミを除く家族全員が米軍の駐留に反対し、那覇やゲート前で時々、抗議活動をしていた。両親は彼女に基地勤務を辞めさせようとした。「政治的な理由や歴史的な理由から、うちの家族は基地が好きではない」。キャンプ・シュワブのゲート前でナオミを見かけたと、おばにたびたび冷やかされる。キャンプ・シュワブはおばにとってデモに行くところだが、ナオミにしてみれば仕事で出向く場所だ。「おばは半分冗談で、半分は真面目に言っている」とナオミは語る。もっとも激しい抗議活動が展開されているキャンプ・シュワブの外で、デモ参加者の前を通りすぎるとき、アリサが口にした米兵の配偶者の心境と同じく、ナオミの感情がかき乱されるのは、混ざり合ったアイデンティティを持っているからだ。「海軍病院の代理人としてそこへ行かなければいけない。だが、私は沖縄人だ。だから本当につらい。最初は怖かったが、今は悲しみのほうが大きい」

祖父と同じ年恰好の男性たちがゲート前でデモをしていると彼女は語った。「沖縄から出ていけ」と書かれたプラカードを掲げて。「私に向かって言っているのではないが、自分があの人たちの敵のように感じてしまう」。ナオミのような地元採用の従業員がいなければ、基地は立ち行かなくなるだろう――どうやって仕事を進めるのだ？――その一方でナオミは抗議参加者が自分のことを地元住民だと気づき、追いかけてこないか心配になる。車で彼らのそばを通るときは、必ず大きなサングラスをかけた。マスクをつけるときもある。自分の顔が知れれば、食料品店でおちおち買い物もできなくなる。

米軍の駐留問題で敵と味方に分かれ、こんなふうに沖縄人同士が闘う姿を見るのが彼女はいやだった。職場の外の抗議参加者のなかに祖父母と思しき人影を見つけたときは、いかなる大きな力が自分たちをこんな立場に追いやったのだろうと考えた。「誰かの利益のために、私たちはお互いに闘うよう強いられていると考えないではいられない」と彼女は言い、その誰かが日米両政府であることをにおわせた。

第10章　チエ

空と同じ灰色の穏やかに広がる湾に向かって、宮城千恵はアメリカと日本に立ち向かうべく、パドルを漕ぎ出した。二〇一七年二月のある寒い朝のこと。千恵の母・幸子ら女学生が戦時中、看護要員として苦役に耐えた洞窟を案内してもらってから八年になる。千恵は現在五八歳、今も地元の高校で英語教師をしながら、平和活動を行なっている。外向的で個性的、目にも鮮やかな服装と髪に造花をあしらうことで有名な活動家だ。英語のニックネームは「サンシャイン」。華やかなピンクのライフジャケットと蛍光オレンジのカヌー。ほとばしる色彩が大浦湾の海面でひときわ目を引く。他方、カヌーチームのほかのメンバー八人は黒ずくめだ。九人全員が帽子やサングラス、バンダナで顔を隠していた。一行は年齢も出身もじつにさまざまで、若者もいれば、リタイア組、沖縄人、本土からやってきた人もいた。「私たちはそれぞれ違う場所で生まれ、仕事も違うが、目指すところはひとつ。大浦湾を守ることだ」と千恵は言う。

この団体は「辺野古ぶるー」と呼ばれていた。その現場に彼らは定期的に手漕ぎボートで乗りこみ、抗議活動をする。建設現場となる湾は、少なくとも現時点では生物学的多様性の宝庫だ。サンゴ礁の生態系が息づき、絶滅危惧種のジュゴンが生息する。海藻を食べるこのマナティに似た生物は、沖縄で崇められてきた。米軍は、湾内に二一〇〇万立方メートルの岩石や砂利、砂を投入して埋め立て、滑走路二本を備える最新鋭の巨大基地の建設を望んでいた。埋め立て作業は最近になって再開され、海底掘削（ボーリング）調査とコンクリートブロックの海中投下が行なわれている。その日の「辺野古ぶるー」の任務は、工事を中止させるか遅延させること。千恵の使命は沖縄での米軍の駐留を終わらせることだ。その任務遂行のため、千恵ら一行は命の危険も冒す覚悟だった。

私は近くの断崖の見晴らしのいい地点から湾を眺めたことがある。大浦湾は湾口にいくつかごつごつした小島を擁し、サファイアブルーにきらきらと輝いていた。埋め立て区域は湾の南側にある小さな岬を挟む両側の海域である。戦後、米軍はこの岬に収容所［大浦崎収容所］を設け、民間人二万人以上を送りこんだ。一九五七年にはその場所に海兵隊基地の建設を始めた。そのキャンプ・シュワブの灰色の建物は現在もこの小さな半島を占領している。沖合には掘削調査船や浚渫船、工事用の船が停泊し、その不穏な姿は何重もの防衛線に守られていた。千恵らカヌーチームは湾の動植物を守ろうとするが、資金源のあるもっと大きな組織が工事区域を守るために雇われていた。海上ではこうした防衛隊同士の攻防戦が日々繰り広げられている。
作業水域の「本丸」を守るのは、海上保安庁ならびに防衛省の出先機関である沖縄防衛局だ。沖縄防衛局は基地建設事業を担い、海上保安庁はボディガードとして現場のパトロールをする。現場に米軍の姿はなく、この小競り合いに米軍は関与せずにすむと知って、私は驚いた。沖縄防衛局と海上保安庁は高速ゴムボートを配備し、ほとんどいつもブイとオレンジ色のフロートで仕切られた立入制限区域内に待機させている。そこからさらに沖合には小型の白い警戒船が七隻ほど停泊し、それが立入禁止を示す第一の防衛線を形成している。この警戒船の監視員は地元の漁師で、漁をする代わりに、約五〇〇〇ドルの日当で日本政府に雇われ、湾一帯を監視しているのだと、ある活動家が私に説明してくれた。地元の漁業協同組合は数年前に日本政府に屈し、補償金と引き換えに漁業権を放棄していた。[*1]
千恵によれば、沖縄防衛局は抗議する者の多くと同じ地元の人間で、海上では両者が冗談をかわすこともある。ところが、時が経つにつれて、その関係は緊張をはらむものになっていった。「日米両政府は、私たち沖縄の人間を互いに批判させ分裂させたいのだ」。海上保安庁に関しては以前は中立的だったが、アメリカの意向の実現に邁進し、デモ参加者に実力行使も辞さない安倍政権のもとで、政府寄りの組織になったという。沖縄人の海上保安庁の職員が抗議する者と気心が知れていることに気づいた当局は、職員を沖縄人から本土の人間にすげ替えるようになった。本土の人間は抗議をする者に冗談口をたたかないし、共感もせず、時には暴力を振るうこともある。

最近では、「辺野古ぶるー」の抗議活動もますます危険なものになってきた。海上保安庁の職員が抗議する者の顔を水中に押しつけたり、首を絞めたり、カヌーを転覆させたりした。あやうく溺れそうになった、水中に顔を沈められ、もう死ぬかと思ったと、男女が口々に話した。暴力行為を受けたことがあるかとカヌーチームの女性のひとりに訊ねると、「もちろんよ」と声を上げて笑った。時には海上保安庁の船に連行され、長時間帰してもらえないこともあると、千恵は語った。ある時など、職員たちが抗議する者たちの乗る平和丸にどやどやと大挙して乗りこみ、重量オーバーで転覆させ、ボートの真下の海に落ちた船長が死に物狂いで船底から泳ぎ出る場面もあった。またある時は、彼らの行為をカメラで撮影した仕返しに、千恵の乗ったカヌーを湾口へと引っ張っていった。どうかやめてくれ、そんなに沖まで行くと、漕いで戻れなくなる、遭難して死んでしまうと必死に頼んでも、彼らは無視して、千恵を沖へ置き去りにした。恐怖に駆られながら、彼女はなんとか自力で海岸にたどり着いたという。

こうした理由から、起こったことを記録に残そうと、千恵はいつもカメラと携帯電話を武器にしている。一度、千恵は海上保安庁の職員が若い男性活動家を窒息させようとした手荒な行為をカメラに収めた。動画では、カメラがとりつけられた白いヘルメットをかぶった黒のウェットスーツ姿の男が、相手の男性の喉をつかんで喉輪(のどわ)攻めにしていた。両膝を突いて前のめりになり怒声を上げる職員の前に男性がくずおれ、ふたりの顔は鼻先が触れるほど接近している。千恵と女性メンバーは男性から手を放すように懇願していた。女性メンバーは泣き出し、千恵は「お願いです。やめてください」と繰り返している。次の瞬間、映像がぐらっと傾いたかと思うと、今度は別の男がピンクのウインドブレーカーを着た千恵の腕をつかんでいた。彼女がこの動画を新聞社へ送ったことで、負傷した男性は全治二週間だったことも報道された。「あの時は殺されるかと思った」と千恵は振り返る。[*2]

　この二月の朝もこれから何が起こるか誰にもわからなかった。もっとひどい暴力沙汰か、比較的穏やかに終わるのか。千恵はカヌーを漕ぎ出した。私はカヌーチームにいつも同行する古い漁船、平和丸に乗りこんだ。私たちは海上で落ち合うことになる。平和丸の船長は名護生まれの年配の法律家で、週に三回抗議活動のため船の舵を握り、水曜日にはキャンプ・シュワブの外でデモをした。船長より年上の男性もいた。東京からやってきた社会学の教授で、一三年間辺野古の抗議活動の研究をしていた。もうすぐ定年退職して、名護でずっと暮らすつもりだ。ほかのふたりの乗船者は、地元新聞社二社の若いカメラマンだ。ふたりは船の舳先に陣取って、いざ衝突が起きれば、その瞬間を望遠レンズでとらえようと身構えていた。

　気温は摂氏一〇度台。ふたりの年配の男性はライフジャケットの内側の腹のあたりに携帯用カイロを貼っていた。湾内で平和丸はオレンジ色のフロートに向かって速度を上げ、雇われ漁師の船を過ぎて、一直線に立入禁止の第一の防衛線を突破した。すぐさま警戒船のマイクがその場を離れるように大声で警告を発した。いつ攻撃を受けてもおかしくない状況だと知って、私は緊張したが、船長も教授も頓着しなかった。

　平和丸は数珠のようにつながれたオレンジのフロートに激突した。近くでよく見ると、フロートは危険なしろものだった。テレビアンテナのように海面から斜めに突き出た二本の金属棒に、フロートが三、四個ずつ固定されている。この金属棒が問題なのだと、あとで千恵が説明してくれた。海面でゆらゆら動く棒がボートやカヌーや人を傷つけることがある。棒と棒の間に張られたロープがもうひとつの防壁だ。この棒とロープは、カヌーがフロートに乗り上げて内側に突入するようになったあと、とりつけられた。その棒が平和丸の側面を叩いた。教授がへりに移動し、ロープに結びつけていた赤と黄色の横断幕を外した。一週間前、ここで基地反対派は陸海合同の大規模なデモを行なっていた。海上へ乗り出す八〇人の仲間に三〇〇人が海岸から声援を送った。その時くくりつけた横断幕だった——「ブロック投入ヤメロ」「美ら海(ちゅうみ)を守れ」。クレーンが湾にコンクリートブロックを投下すると、全員がいっせいに叫び声を上げた。[*3]

横断幕は海水でぐしょ濡れになり、よじれていた。水の滴るこの塊を教授が船に手繰り寄せる。船長はマイクを使って、沖縄防衛局にメッセージを送った。フロートの向こう側の職員は灰色のトロール船のデッキからこちらを注意深く監視し、拡声器で声を張り上げている。黒っぽい制服を着た一行は白いマスクとサングラスで顔が見えない。平和丸の船長が撤去しているところだと説明すると、職員は一瞬、警戒を緩めた。横断幕がもうひとつあると船長が言って、フロートに沿ってボートを近づけた。カメラマンのひとりが手を貸そうとすると、船長は、先生にひとりでやってもらいましょうと声をかけた——今、ビデオカメラに撮られている。あなたは「新報さん」ですから。

防衛局職員はこの一部始終を撮影していた。デモ隊と当局がにらみ合うキャンプ・シュワブ周辺のすべての境界では、カメラがつねに武器になる。双方が相手に対し、レンズを向ける――基地反対派は相手の暴力行為や暴言を待ちかまえ、当局は活動家が法を破り、素顔を見せる瞬間をとらえようとする。沖縄防衛局はデモ参加者全員の写真を持っていて、ひとりひとりの素性を割り出していると、千恵は言った。アメリカの情報公開法に則り、ジャーナリストのジョン・ミッチェルは、基地反対活動に関わる団体や個人、それにミッチェルのような記者に関する情報報告書を米軍も作成し、内部で共有していることを突き止めた。[*4] 基地の外のこうした偵察活動が合法なのか、疑問視する声が上がっていた。

海上保安庁の職員が黒い高速ゴムボートで威嚇するように平和丸に近づいた。職員は男女とも全員黒ずくめ、ボートからの転落に備えてウェットスーツにシュノーケル、グローブを装着し、バンダナで目元以外を隠している。女性職員がカメラを私たちに向けたが、平和丸の船長が男性職員に何事か伝えると、その職員は女性職員に対し撮影をやめるよう合図した。船長と男性職員の間でひとしきり陽気なやりとりがあった。その後も午前の間、その職員の姿だけはずっと確認できた。

私たちの乗った平和丸はフロートに沿って速度を上げると、湾の北端に向かった。狭い海岸に切り立った緑の崖が迫っている。どこからか防衛局職員の離れるよう警告する大きな声が聞こえ、その声が岩場に反響し、まるで声に取り囲まれているようだった。見るとその海岸にも職員の黒い影がひとつ立っていた。メガホン越しの彼の怒鳴り声があたりにこだまし、増幅された。

私たちは向きを変え、オレンジのフロートに沿って別の方角へ向かった。平和丸の行くところ、フロートの内側にいる沖縄防衛局が鏡像のようにつきまとう。岬の突端近く、岩だらけの小島を過ぎた浅瀬で、カヌーチームと合流した。千恵たちカヌーチームはその場に漂いながらフロートをつかみ、集まってきた高速ゴムボートの職員たちをにらんでいた。危険なのでフロートには触れずにその場を離れるよう、職員は警告していた。教授は錨を下ろした。平和丸の平和の旗「レインボーフラッグ」が風にはためく。船長はみんなに聞こえるように、マイクを通じて携帯電話から音楽を流した。明るい沖縄の旋律が、制服の集団の台本どおりの単調な連呼をかき消す。この陽気な民謡は、それとは裏腹の悲壮感を巧みに浮かび上がらせた——資材の投入が息をのむほど美しいこの湾をすでに汚染しはじめていて、ほかの誰かの戦争のために沖縄人同士が闘っているという悲痛な現実を。

『風に吹かれて』のカバーが流れると日本語と英語混合の歌詞を船長もマイクを手に歌った。平和丸の船べりからは海底までが見とおせた。アクアマリンの宝石のような海に影が美しい斑紋を散らす。「海は美しい」と船長が英語で言った。基地反対派が指摘するように、大浦湾は豊かな生態系を有し、サンゴに魚類や甲殻類、ウミガメ、それにジュゴンといった多様な生き物を育んでいる。ゆっくり泳ぐ穏やかなジュゴンは哺乳類で、琉球王朝の時代には崇められ、その肉は「不老不死」の妙薬と考えられた[*5]（ジュゴンの保護にはマイナスだが）。湾はこの地域に残された唯一のジュゴンの藻場（もば）なのだ。すでにほんのわずかしか残されていない藻場が埋め立てで打撃を受けるのは確実だろう。

千恵はパドルを漕いで、平和丸に横づけした。「日本国憲法は私たちに適用されていないような気がするの」と彼女は私に言った。それは、「集会の自由」の権利を暗に指していた。「あの人たちにとっては安全保障のほうが大切なのよ」

小競り合いは続いたが、全員が音楽のほうに引き寄せられていた。当局は、その場から撤退せよとの要求を緩めることはなかったが、カヌーチームや平和丸に向かってこようとはしなかった。その日、「辺野古ぶるー」はコンクリートブロックの投下など何か動きがないか注視していた。投下されれば、カヌーチームは立入制限区域内に入りこみ、阻止を試みるかもしれない。その時、当局が介入するだろう。結局、この日は作業予定がないようだと判断した一行は、フロートのまわりをもう一度回った。沖縄防衛局が再び大声を上げながら追跡した。海岸を見ると、岩場に黒い人影が一〇人以上集まっていた。海に入り、こちらに向かってメガホンで叫ぶ。そこは立入制限区域だ。危険なので、ただちに出ていきなさい。船長とカヌーチームは大声で応酬した。「一緒に大浦湾を守りましょう!」千恵は叫んだ。

一九九五年の米兵による女子小学生強姦事件を受けて、日米両政府は沖縄本島で人口の少ない地域への「移転」を条件に、普天間飛行場の閉鎖に合意し、その時から現代の辺野古の新基地建設計画が始まった。しかしながら、この計画はもっと以前に生まれていた。米軍は早くも一九六六年に、辺鄙な場所にあり、航空母艦には理想的な水深の深いこの湾に着目するようになり、「全天候型ジェット飛行場」と軍港を備えた基地建設計画を策定した。*6 ところが当時、沖縄はアメリカの占領下にあったため、建設費はアメリカ政府が負担しなければならない。ベトナム戦争の戦費がかさむなか、その捻出は難しかった。それから三〇年経って、政治的・財政的な好機が到来し、辺野古案が再浮上した。一九九五年からの二国間協議により、日本政府は陸海空一体となった新たな基地建設費の拠出に合意した。この基地は老朽化した内陸の普天間に比べ飛躍的にグレードアップされる予定で、工事費は一〇〇億ドルが見こまれている。[*7]

日米両政府が新基地建設の意向を明らかにしたところ、地元の政治家や活動家だけでなく、さまざまな意識調査で沖縄県民の約八〇パーセントが反対を表明した。[*8] 市、県、国のレベルでも選挙や政治的駆け引きによって反対意見は優勢になったり劣勢になったりしたが、一九九七年からは工事現場近くで沖縄市民の存在が目立つようになった。[*9] 市民たちは反対運動を組織してデモを行ない、テントを張り、それが「テント村」へと発展し、座りこみをして体を張って大型トラックの進入を阻もうとした。作業員がキャンプ・シュワブから船に乗って工事現場の沖へ行き、彼らを出し抜こうとすると、基地反対派は海上でまみえた。時にはボーリング調査用に築いた足場のまわりに反対派の男女が二四時間体制で張りつき、なかには作業を阻止するため足場となるやぐらに自分の体をくくりつける者もいた。辺野古のこうした初期の抗議活動には数万人が参加し、地元住民の反対を東京に認めさせることに成功、二〇〇五年に当時の首相・小泉純一郎が、政府は「(基地の) 返還が多くの反対運動があって実現できなかった」と認めた。[*10]

だが、前案が撤回されるとすぐに、日米両政府はキャンプ・シュワブ沿岸埋め立てによる海上施設の建設を計画した。この新案は、〔軍事基地は立入禁止のため〕反対派の接近を難しくさせる一方で、「埋め立て」用の大量の砂利が必要になるため砂利業者を喜ばせた。基地反対派は座りこみを継続した。その後数年にわたり、日米の政治家は計画の詳細について当たりさわりのない答弁をし、沖縄人はキャンプ・シュワブの外で昼夜を問わず監視を続けた。

　沖縄の総力を結集した不屈の闘いには及ばなかったものの、本土でも反対の声が上がった。政府や原発に反対する集会のプラカードや演説でも基地の問題は存在感をみせた。「ここ八、九年の間、私が足を運んださまざまな集会で沖縄と辺野古がテーマになっていた」と二〇一八年にダスティン・ライトに聞いた。ライトは本土の基地反対運動を研究してきた歴史学者だ。米兵による女子小学生強姦事件後の一九九六年の両政府による合意で、辺野古の新基地建設は決まったかに見え、その後、この問題は本土ではほとんど忘れられてきたという。ところが、二〇〇九年に鳩山由紀夫がこの普天間移設について国政の場で問題提起した。その前年に大統領選を勝ち抜いたバラク・オバマのように、鳩山は「変革（チェンジ）」を公約に掲げていた。日本は一九五五年以来ほぼ途切れることなく自由民主党が政権を担ってきたが、鳩山代表と民主党は日米関係に関する革命的なヴィジョンを提示した。アメリカ政府が驚いたことに、鳩山は「対等な」日米関係を提案し、新基地を「最低でも県外」に移設したいと選挙時に発言したのだ。[*11] 二〇〇九年の総選挙で民主党は歴史的な政権交代を果たし、沖縄の基地反対派は「チェンジ」を期待して喜んだ。ところが、鳩山が首相に就任するや、アメリカ政府は政権に圧力をかけ、現状維持のままアメリカの要求を受け入れさせることに成功した。わずか八か月後に鳩山は辺野古案受け入れに合意し、これにより辞任した。

地元の沖縄県政でも、二〇一〇年の県知事選挙で新基地の県外建設を公約して再選された仲井眞弘多がそれを破ったことで、新たな反対運動に火がついた。二〇一二年には自民党が政権を奪還、首相に就任した安倍晋三は、鳩山が揺さぶりをかけようとした日米関係の修復を宣言した。そこには、従来どおりに辺野古移設を推進することも含まれていた。二〇一三年末に政府は沖縄県に沖縄振興費の約一五パーセント増額を約束し、仲井眞は政策を転換して辺野古埋め立てを承認した。千恵ら多くの人々は激怒して、その年の一二月、県知事の自宅前で、有権者を裏切ったとしてデモを行なった。それ以来、千恵の活動は止まらなかった。キャンプ・シュワブのゲート前で抗議活動を開始、カヌーの講習を受け、海上で抗議するようになった。陸上で大規模デモが行なわれるときは、午前五時に家を出て車で北路一時間かけてゲート前に駆けつけた。動員数が増えれば増えるほど、工事用トラックの進入を阻止できる公算は大きくなる。抗議活動を終えると、千恵は南路、高校へ車を飛ばし、一二時間から一四時間教員として勤務した。

二〇一四年に有権者は、方針を一転させた現職の仲井眞を追放し、移設反対を公約に掲げる翁長雄志を県知事に選出。名護市長をはじめ、移設反対派を地方議会に送りこんだ。これは、たとえプラカードを掲げて基地の前でデモ行進を行なわなくても、大多数の沖縄人が駐留米軍の縮小もしくは撤退を支持するという具体的な証拠となった。翌年、翁長は沖縄防衛局に対し、大浦湾での工事中止を命じた。防衛局がこれに応じなかったため、沖縄県と政府の対決は法廷闘争に持ちこまれた。翁長は、「あらゆる手段で新基地建設を阻止するつもりだ」と表明した。二〇一六年末、最高裁が政府側に立ち、翁長は仲井眞の埋め立ての承認を取り消すことはできないと判決し、沖縄県の敗訴が確定した。翁長はあとへは引かず、アメリカに働きかけたり、ほかの法的手段を模索したりした。*12 だが、私が大浦湾を訪れた二〇一七年の段階では、県知事の方策は功を奏しておらず、大浦湾の命運は闘志に燃えるカヌーチームとゲート前のテント村の高齢の男女の手に握られているかに見えた。

湾での朝の活動を終えた「辺野古ぶるー」のメンバーは、近くにある本部へ戻った。介入はしなかったが、カヌーチームの存在は抑止力にはなっただろう。誰もけがを負わなかったし、今日は成功だ。

その日の午後、千恵は海岸近くに設けられた抗議活動の拠点に案内してくれた。テントのひとつに入ると、壁一面に黄ばんだ新聞記事や写真、海図が貼ってあった。それに、平和への祈りをこめた色とりどりの千羽鶴や折り紙のジュゴンも飾られている。座りこみ開始から四六九六日が経ったことを示す看板もあった。

テントの外へ出て、ふたりで階段状になった防波堤を歩いていると、一〇人ほどの海兵隊員の一団と出会った。すぐに千恵が声をかけた。「若く見えるわね」。一行はおもしろがって千恵に目を留めた。その時の彼女の服装はどちらも鮮やかなピンク色のTシャツにチュチュ、それにえび茶色のパンツをはいて、ボブの黒髪には白い花を挿していた。

「若く見えますよ」と海兵隊員のひとりがすかさずおうむ返しに言ったので、彼女は声を上げて笑った。

「そりゃあいいわ」と彼女は応じて、ふたりでハイタッチした。思わずみんな笑顔になっている。みんな一八歳なのかと彼女が訊ねると、二一歳だとの返事。若く見えるわねと彼女はまた言った。

自分たちは訓練期間にあり、世界各地を回っているのだと一行は説明した。次はどこへ行くのか誰も知らない。キャンプ・シュワブに来て一週間になり、今日は初めての非番で、思いきって基地の外に出てみたとのこと。携帯電話で地元の情報を得ることができず、カルチャーショックを受けていて、何かにつけ苦労している様子だった。〈オーシャンズ〉という名のレストランを探していたが、すっかり道に迷っていた。

千恵が〈オーシャンズ〉のことを訊ねにテントの中へ入っていった。ラテン系の海兵隊員が声を潜めて私に訊ねた。「あなたたちは抗議活動をしているのですか」。そうだ、でも心配には及ばない、抗議をしている人たちはアメリカ人に敵意を持っていないと、私は説明した。それでもまだびくびくしているようだったが、しきりに話をしたがった。千恵が戻ってきてレストランの場所を伝えると、海兵隊員は礼を言ったが、まだその場にとどまっている。時刻は午後の一時半を回ったばかり、〈オーシャンズ〉は五時にならないと営業を始めない。彼らは町で行けそうなレストランを三軒、人づてに聞き、そのうちの一軒で食事をすませていた。町の人は親切で、彼らを歓迎し、たくさん食べ物を出してくれたという。以前、辺野古の町を車で走ったとき、店が少なく、経済の落ちこみが手にとるようにわかった。一〇人の腹をすかせた若者が町をうろついているなんて、飲食店の主人にとってはどんなに有難いことだろう。

半円を描くようにずらりと並ぶ海兵隊員を前に、千恵は生徒を諭すように話をした。「あなたたちの命は貴重なものよ。どうか安全でいてね。戦場なんかに行かないで」。まだあどけなさの残る屈強な海兵隊員たちは礼儀正しく頷き、戦場には行かない、気をつけると答えた。

彼女は隊員のひとりに自然は好きかと尋ね、自分は湾を守ろうとしているのだと伝えた。ほかの者に軍に入隊した理由を訊ねると、そのひとりが経済的理由を挙げた。

「オスプレイが墜落したニュースを聞くのはつらい」と彼女は言った。「みんなは大丈夫なの?」

一行は困惑した表情を見せた。赴任したばかりで、ほとんどの隊員が事故について聞いていなかった。墜落事故を基地反対派はオスプレイが危険な証拠であり、海上ではなく町に墜落すれば人命が失われると主張していた。

隊員たちは、自分は大丈夫だと請け合った。みんな千恵から指導か承認のようなものを求めているようだった。そして、彼女の質問に雄弁に答えるようになっていた。

「カヌーは好き?」と千恵は訊ねた。「この湾でカヌーに乗って、美しい魚を見たことある?」

基地の外で何が起こっているか、日々繰り広げられる海上での対決など念頭にない青年たちは、カヌーは好きだと答えた。一行は明日、カヌーをしに出かけるかもしれない。

千恵が教える高校の同僚たちは、彼女を見るにはサングラスが必要だと冗談を言う。来週はクレオパトラの衣装で出勤するのでは？　いやスフィンクス、それともピラミッドだろうかと言ってからかう。千恵は気にしない。自分が着たいものを着る。沖縄人やフィリピン人のホステスを撮影してきた写真家の石川真生は、こうした資質を持つ千恵に着目し、被写体になってもらったことがある。真生は千恵を沖縄の象徴ととらえる――生き生きとした自由な精神。体制に順応的な日本本土とは対照的だ。千恵と同じく個人主義的で外向的な性格の多くの沖縄人が基地に強く惹かれ、基地の世界を通してアメリカ文化に触れてきたのに対し、千恵は沖縄社会のなかに独自の道を拓いてきた。真生の作品に千恵の写真が二枚ある。濃紺の制服を着た高校生を教えている千恵が、グリーンのスパンコールのトップスにオレンジのカーディガンをはおり、赤いチュチュとオレンジのレギンスでコーディネートしているもの。もう一枚は、沖縄語の保存に力をそそぐ大学院生の姪・美乃（よしの）と一緒に写っているもの。ふたりはヒマワリ畑で彩色豊かな衣装を着て、三線をつま弾きながら沖縄の歌を高らかに歌っている。

千恵は生徒が、美意識や文化の尺度を本土に求めるのではなく、沖縄人のアイデンティティを誇らしく思うよう仕向けようとしていた。沖縄への脅威と映る日本文化への同化を、千恵は非難した。沖縄の若者が本土の芸能人に憧れるのをいやがった。たとえば、美しく着飾った、痩せて色白のアイドルグループＡＫＢ48。「あの子たちよりあなたたちのほうがよっぽどかわいいわ」と彼女は生徒に言った。沖縄の放送局が本土メディアを移入するのではなく、地元の言葉や文化を発信するようになることが千恵の夢だ。

服装と歯に衣着せぬ物言いで、千恵は島の有名人だ。深刻な問題に取り組むときも、しばしば浮薄な態度を見せる。相手が話をしていても、いきなり手を上げ質問するタイプ。エネルギーが切れることがない。黄色の自家用車に乗って東奔西走。と思いきや、突如、ガス欠になる。運転中、眠気に襲われそうになると、私に席を替わってハンドルを握ってくれと言う。一〇分間仮眠したあと、彼女はしゃきっとなって、次の活動に駆けつけたり、友達の家を訪問したりする。

「私はいつもみんなと友達になろうとするの」と彼女は私に言った。これは、新基地の建設を阻止するための彼女流の戦略だった。大浦湾やゲート前で警備にあたる職員とも個人のレベルで関わろうとした。彼らに自分たち活動家を人間として見てほしかった。人間としての関係を作り、彼女のものの見方を少しでも感じ取ってほしかった。脅迫や辱めではなく、共感を通して、個人対個人の闘いで勝利したかった。

この目的の達成には、警備の職員が沖縄人のほうが好都合だった。初めてカヌーで抗議活動をしたとき、彼女と四人のメンバーは泳いで立入制限区域の中に入ることに決めた。カヌーをブイに縛りつけ、海に飛びこむと、夏の暑さから一転、冷たい水中は気持ちよかった。初めのうちは妨害されることなくすいすい泳げた。やがて海上保安庁の船が三、四隻集まってきて、泳いでいた千恵らは力ずくで引き上げられ、警備の船に乗せられた。船上で活動家は互いに引き離され、個別に職員に尋問された。ほかのメンバーが怯えているのが千恵にはわかった。「でも私はおもしろがっていた」。持ち前の旺盛な好奇心から、千恵は船内を探索し、彼女の担当になった職員二名と話をした。ふたりとも沖縄人で、関係を作るのは容易だった。彼女の動機に共感している様子で、地元の沖縄語で話しかけてきた。親切だった。ライフジャケットがほしいと言うと、ひとつ貸してくれた。それでも彼女は彼らの命令に従わなかった。彼女は名前を偽り、自分は宴会や結婚式で余興をするダンサーだと伝えた。職員は二度と立入制限区域に入らないと約束するよう言ったが、彼女はそれを拒んだ。工事が中止されれば自分も活動をやめると、彼らに言った。念書を書くよう求められると「私たちは負けません。けっしてあきらめません」と書いた。

海上では海上保安庁の沖縄人職員とおしゃべりをすることも多かった。自分はオペラ歌手だと伝えると、相手はひと節歌ってみろと言った。歌を聴いた職員は、「あまりうまくないな」と冷やかした。またある時は、高らかに歌う彼女に合わせて、地元の職員が船の上で踊りを踊った。

本土の職員が相手だと、会話はもっと真剣なものになった。「あなたたちがここにいるのは、自然や私たち沖縄人の生活を守るためだ。自然や私たちの生活を破壊するために、ここにいるのではない。こんなことをするのはやめてくれ」と千恵は彼らに語りかけた。陸上のゲート前では、基地反対派と機動隊が接近して対峙するようになり、会話のチャンスが増えた。千恵は哲学的な語りかけを始め、何が正しいか考えてほしいと訴えた。「私たちは銃も武器も持っていないのに、本土からこれほど多くの人が警察官としてやってくる。日本政府が私たちに対してどんなことをするかよく見てください。どうかこのことをよく考えて、誰が首相になるべきか考えて、次の選挙で投票してください」。彼女は、沖縄の歴史を知ってほしいと彼らに懇願した。「歴史を知れば、私たちの気持ちがわかります」。多くの場合、男たちは黙っているだけだったが、思いが届いたと実感する瞬間もあった。一度、警備の職員と目で会話したことがあったと、彼女は振り返る。その人の目に同情の色が見えた。泣いている者もいた。空を仰いで涙を抑えていた。

辺野古のゲート前に立つ、本土から派遣された男たちは若者だった。彼らを千恵は気の毒に思った。基地反対派のなかには「恥を知れ」と叫ぶ者もいるが、千恵はそんな言葉を使ったことはない。「彼らは純粋だ」。海兵隊員と同様、仕事だからそこにいるのだ。

ところが、一部の警察官には手も足も出なかった。何と呼びかけようとも、ぴくりとも表情を変えず立ち塞がった。大阪から派遣されたある機動隊はロボットのようだった。この時ばかりは彼女といえども恐怖を感じた。人間のように思えなかった。沖縄人に対しても人間としての敬意を払っていないように見えた。彼らは沖縄人を未開の人間、よそ者とみなした。基地反対派はこの証拠をつかんだ。本土の機動隊員が抗議する人々を「土人」とか「シナ人」と呼ぶ様子が撮影されていた。[*13] 多くの活動家は、こうした暴言がすべてを物語っていると感じた。これこそ本土の人間が沖縄人を自分たちより下に見てきたことの表われなのではないか。日本人は沖縄人の王国を征服し、沖縄人の文化を抹消し、戦争では沖縄人を犠牲にし、沖縄人の土地を奪い、そして今、制服を着た若者を使ってこの島のものをもっと手に入れようとしている。

人々が辺野古でデモをする理由はさまざまだ。環境の保護、性暴力の防止、それに騒音や事故、基地からの有毒廃棄物の漏出をなくすこと、さらには軍事主義反対、民主主義闘争。動機がひとつの者もいれば、複数、あるいは全部ひっくるめた動機で参加する者もいた。軍の性暴力と闘う高里鈴代は、キャンプ・シュワブのゲート前で定期的に行なわれるデモのひとつを指揮する。女性がリーダーシップをとる姿を人々に示すことが重要だと彼女は考えた。「座りこみの抗議活動をする女性は大勢いるが、組織の代表になるのはいつも男性だ」と彼女は言った。人類学者の吉川秀樹は環境とジュゴンの問題に傾注した。国際的なNGOの支援を受けており、法的に勝算が見こめる事例だと考えるからだ。沖縄戦の体験をメディアで語る八〇代の島袋文子は、二度とあのようなことを起こしてはならないとの強い信念から参加する。「沖縄の私たちは『命どぅ宝(ぬちどぅたから)(命こそ宝)』を信じている。この基地が建設されれば、殺人に使われるだろう。私は沖縄戦で亡くなった人々全員に対し、建設を阻止する義務がある」[*14]。あの地獄を生き抜いた人々は、軍が殺戮と破壊のために存在することを身をもって知っていると語る。そうではないと若い世代が思いこまされるのはごめんだ。忌まわしい体験を風化させたくない。戦争体験の教訓が失われるのもごめんだ。人々の死を無駄にしたくないのだという。

千恵を深く突き動かしたものも、戦争の生存者である母・幸子から受け継いだ戦争体験だった。千恵は当時の記憶を今に伝えるためのさまざまな活動に参加してきた。米国国立公文書館などから沖縄戦の記録映像を買い取って、教育映画を上映するグループ〔通称「沖縄戦記録フィルム1フィート運動の会」〕のメンバーだったことも、文部科学省による高校教科書の検定に反対して集結したこともあった。日本では学校の教科書に対し、一定の基準を設けて審査してからその使用を国が認定する。太平洋戦争に関する記述のなかで、日本の軍備強化に力を入れる安倍晋三を含む右寄りの政治指導者はずっと、日本兵による残虐行為に関する記述の削除もしくは表現の緩和を求めてきた。文科省は「慰安婦」に関する記述の書き換えや削除を要求し、中国における日本の軍事行動を「侵略」から「進出」「進攻」などに変えるよう改善意見を出したほか、沖縄戦での大日本帝国軍による住民殺害に関する記述や、「集団自決」に関する説明で「軍の強制」を示す記述を削除するよう繰り返し求めてきた[*15]〔改善意見に強制力はなく、「侵略」から「進出」「進攻」に修正させたとする当初の報道はのちに誤報と判明したが、日中間の外交問題へと発展した〕。沖縄や本土の中高生がこうした正確ではない教科書を使うことに対して、千恵ら教職員は街頭をデモ行進し、政府に真実を伝えるよう要求した。

また、千恵は高齢化が進む戦争体験者の話を広める目的で「命どぅ宝を継承する会」を共同で創設した。戦争を忘れないための全県規模の行事や祈念式典が毎年行なわれていても、若い世代の心は歴史から遠ざかっていると、千恵は思った。「彼らにとっては映画を観ているようなものだ」。そこでもっと身近に感じてもらおうと、彼女は『沖縄からの手紙(*A Letter from Okinawa*)』という日英併記の子供向けの本を執筆した。第二次世界大戦中、従軍看護隊の学徒となった千恵の母の物語だ。読者は物語のなかに絵や文を書きこめる。戦争中、親子が離れ離れになったことを想像しながら、子供たちが両親に手紙を書くのだ。傍観者から物語の登場人物に立場を変えた読者は、その話を自分自身の物語として受け止めることができると千恵は考えた。戦争体験のない者が戦争を理解するようになる唯一の方法だ。要するに、千恵は戦争をめぐる世代間ギャップの懸け橋になろうとしていた。そこには体験した者と、体験していない者との大きな分断があった。そもそもの基地の起こりを記憶する者と、現在の状況を島の過去と結びつけない者との分断である。

辺野古は小さな漁村である。名護市の一部ではあるが、沖縄本島の反対側にある人口の多い都市部とは深い森と山で一〇キロあまりにわたり隔てられている。戦前、辺野古の住民は海や山の恵みで暮らしを立てていた。[*16] 村人が沖縄戦を経験したあと、この地域に収容所が建てられ、生き残った二万人以上の民間人が強制移住させられた。食料は乏しく、きれいな水もなかったため多くの人が亡くなり、家族は遺体を浅い墓穴に土をかけて埋葬することしかできず、その遺骨がいまだ収集されることなく多数残されていると考えられている。一九五〇年代に辺野古はもとの静かな村に戻った。そして、大規模な島ぐるみ闘争のさなか、最初に米軍基地を受け入れたことで有名になった。米軍政府による土地の強制接収に対抗するため、沖縄全域で闘争が繰り広げられたが、辺野古の指導者は、自分たちに勝ち目はないと判断し、たいした成果もなく土地を失う危険を冒すより、琉球列島米国民政府［ＵＳＣＡＲ。一九五〇年に設置。米軍政府は廃止］と交渉する道を選んだ。辺野古の受け入れがひとつのきっかけとなって島ぐるみ闘争は分裂し、ほかの行政区域もこれに従い、住民運動は終息した。ベトナム戦争中は、キャンプ・シュワブの部隊の数が増え、辺野古は期待どおりの繁栄を謳歌した。基地の外の「社交街」は、辺野古の用地獲得の責任者だったUSCARの土地課長アップル少佐の名にちなみ、「アップル町」と命名されたが、おそらくそれは感謝と評価の表われだろう。まもなく米軍の認可を受けた「Aサイン」のバーやレストラン、売春宿の数は二〇〇軒にのぼった。アップル町はドル札であふれ、トイレは水洗、ネオンが煌々と夜空を照らす、ロックンロールバンドの熱気と創造的なエネルギーに満ちた地域となった。それと同時に暴力も横行した。ベトナム戦争中、米兵に女性ふたりが殺害されたほか、性的暴行は数知れなかった。

ベトナム戦争が終わり、辺野古はまたひっそりとした。基地労働者は解雇され、バーはシャッターを閉め、荒れ果てた。ミュージシャンやホステスは金武町や沖縄市へと移っていった。若者は仕事を求めて、本土か沖縄の大都市へ向かった。この地にとどまる多くの住民は、引き続きキャンプ・シュワブから土地使用料を受け取っている。だが、私が見たところ、米軍を楽しませる商売が今の辺野古にはあまりなかった。こうした現状を踏まえ、新しい大型基地の可能性に喜ぶ地元住民もいた。彼らは、大浦湾の環境が悪化し、空を軍用機が飛びかい、町を米兵がうろつくことよりも、基地の雇用や建設業の仕事が増え、基地からの金が地域に流れ、経済的な繁栄が戻ってくるほうに期待をかけた。人類学者の井上雅道は、辺野古の基地賛成派はおもに労働者階級だが、基地に反対する住民は経済的に安定している傾向があると指摘する。このことが地域で階級間の摩擦を生んだ。「自分たちの命のほうがジュゴンの命より大切だ」と基地賛成派は井上に語り、反対派がこの動物のための抗議活動は行なっても、失業している隣人のことは考えてくれないと憤慨していた。「仕事がなければ、私たちは生きていけない」[*17]。

別の地元住民はこう述べた。「キャンプ・シュワブは地元住民を優先的に雇用する。基地に反対する団体は県外からここへやってきて、自分たちが泳いだことも漁をしたこともない湾を守ると大騒ぎする」[*18]。ときおり、ふたつのグループの緊張が異常に高まることがあり、そんな時の町の険悪な空気を「息がつまる」と表現した住民もいた[*19]。

私が辺野古を訪れたときには、ゲート前や海上で抗議するほとんどの人は地元住民ではなく、車や飛行機でやってきた人たちだということは広く知られていた。地域社会の指導者たちは新基地を正式に受け入れていた。その一方で基地に反対する住民は、長年、この地域に流れる張りつめた空気を刺激しないよう自制していた。「こうした状況がずっと続いてきたので、みんなこの緊張感には慣れている」と人類学者で活動家の吉川秀樹は私に語った。「住民同士、相手の意見はもうわかっているから、この問題を話題にしない」

基地周辺の多くの地域社会が、隣人同士の考えが対立する問題に取り組んでいるという。基地と沖縄の自治体は定期的に文化交流会（祭りや「フレンドシップデー」）を催し、この時、人々はフェンスを越えて行き来する。基地内で地元の人がコーンドッグやハンバーガーを頬張り、ボウリングに興じ、映画を鑑賞する一方で、基地の外では海兵隊員がゴーヤチャンプルーを味わい、綱引きや相撲、ハーリー（爬龍船競漕〔はりゅうせんきょうそう〕）といった沖縄の伝統に触れる。米軍と自治体の関係者はこうしたイベントを良好な関係のあかしと宣伝する。だが、吉川が指摘するように、関係は変わりやすい。「沖縄の町や村は……基地との共生という難題を担っている。ある程度までは仲良くやっていかなくてはならないが、悪質な交通事故が起こったり、地元住民が死傷したりすると、その現状を踏まえて基地反対の立場を……とらなければならない。……状況に応じて自治体は立場を切り替えるのだ」。金武町役場の総務課長・安富祖昇（あふそのぼる）が同じようなことを私に話してくれた。キャンプ・ハンセンと町民の相互理解の促進を担当する安富祖は、数か月おきに基地で開かれるフレンドシップデーについて言及した。「私たちは関係を友好的なものにしようと努めている。それでもヘリコプターの音がうるさいときもある。そんな時は基地に抗議しなければならない」。キャンプ・ハンセンから飛び立った航空機の爆音がひどいときには、金武町の住民から苦情が出る。すると町は日本政府を通じてそれを基地に伝える。空は少し静かになる——しばらくの間は。すると今度は訓練や演習のけたたましい騒音が聞こえる。住民が苦情を言う。その繰り返しだという。このサイクルは金武町だけでなく、普天間や嘉手納周辺の自治体でも起こっていると、安富祖は語った。たまにこのいつもの苦情がいきなり大規模な抗議に発展することがある。彼によると、最近、金武町で起こった大規模な抗議活動は今から一五年ほど前、二〇〇三年の新しい訓練場をめぐるものだった。

　こうした抗議と友好の混ざり合ったかたちが、基地とともに生きていく唯一の方法なのだと、吉川は話す。「つねに基地に反対するわけにはいかない。すでに軍事基地を抱えており、基地とともに生きていかなければならないことを考えると、好むと好まざるとにかかわらず、基地は私たち地域社会の一部なのだ」

二〇一七年の肌寒い三月の朝、私はキャンプ・シュワブ前を訪れた。地元の大学生レイコが同行してくれた。そこで抗議活動が実施されるとあらかじめ聞いていた私たちは、七時頃到着した。辺野古は夜が明けようとしていた。いつものことながら、あたりの風景に私は釘づけになった——青い海、自然の美しさを湛える海岸線、先史時代を思わせるうっそうと茂る緑、巨大なシダや、ねじれ、からまる樹木。この風景を見れば、埋め立てて、切り倒し、ブルドーザーで蹴散らすことがいかなる損失となるか、本能的に理解できる。

キャンプ・シュワブの外では、ゲートが開いたあたりに抗議に来た人たちが何人か立っていた。みな高齢の沖縄人か日本人で、「NO MARINES」とか「Close all bases」といったスローガンが書かれたプラカードを手にしている。すぐそばの箱の中には、ラミネート加工されたプラカードが入っていて、誰でも自由に使えるようになっていた。その中を漁っていた女性が、英語でなんと書いてあるのか私たちに訊ねた。別の女性は「good neighbors don't rape」、その裏側に「don't rape Okinawa」と書かれたプラカードを選び取っていた。その一団でひときわ大声を上げて抗議している年配の男性は、多くの基地反対デモでいつも私が見かける人だった。沖縄伝統の結髪に白髪交じりの立派な顎髭を生やしたその人は、基地を出る車両に向かって英語で「海兵隊は出ていけ」と激しく叫んでいた。

座りこみの場所は同じ道路沿いの閉ざされた別のゲート前だ。こちらは入り口が広く、資材を積んだトラックの通り道になっている。トラックの出入り口の封鎖を目的に、大勢がここで抗議する。トラックを引き返させるには二、三〇〇人が必要なため、それが座りこみの動員目標だと教えてもらったことがある。前日には砂利を積んだトラック一〇台がそれぞれ三度ゲートを通っていった。今朝は、島の南部からバスで駆けつけた一団もいたが、それを合わせても五〇人ほどしか集まっていなかった。トラックの通行を阻止できるか怪しいところだ。抗議をしているほとんどの人は年配者だ。時間と自由があるうえ、戦争の記憶がデモ参加の動機になっている。折り畳み椅子やコンクリートブロック、2×4材を組み合わせて仮設のベンチを作って座っている彼らの背後には、警察車両がずらりと並んで停まっている。参加者はワゴン車に、市民への不当な権力の行使や安倍晋三に反対するスローガンを書いた横断幕を掲げていた。多くの者にとって、首相は自分たちが闘い、求めているものすべてに反対の立場をとる人物だった。首相が目指すのは平和憲法を改め、日本の軍事的役割を拡大することであり、行動においては歴史教科書を書き換え、戦犯が合祀される靖国神社に参拝し、沖縄の人々の民主的な要求には応じず、アメリカに追従する。よく言われるジョークに、首相はドナルド・トランプの「愛犬」というものがあった。主人の足元でよだれを垂らし、何でも従う、と。

時間が経つにつれて、次々と抗議参加者が到着し、動員数が増えていった。ジュゴンをかたどったビニール製の巨大なかぶり物をしている女性もいる。円錐形のクバ笠をかぶった年配の男性がマイクでアナウンスを始めると、全員が耳を傾けた。彼は、今日と明日は高校の入学試験があるので、道路は学生が通れるよう空けておかなければならないと説明し、さらに、基地警備員に沖縄人が数人いるので、抗議する者の気持ちがわかってもらえると信じているとコメントした。クバ笠の男性は仲間と一緒に沖縄人の警備員に対話を試みるつもりだった。男性は通りすぎる車に向かって挨拶をした。「おはようございます。一緒に立ち上がりましょう!」

手を振るドライバーもいたが、多くはまっすぐ前を向いたまま素通りした。

レイコと私は、辺野古の西、本島の反対側の海岸から来た七五歳の男性と話をした。カーキ色のバケットハットをかぶり、「NO BASE」と書かれたプラカードを持って、小さなプラスチック製スツールに座っている彼の目は悲しそうだが、決意に満ちていた。抗議のためここへは週に二、三回やってくるという。人を殺した者は誰もがその責任をとるべきだからだ。日本は戦争を始め、沖縄に基地の重荷を負わせた。ミクロネシアに移住していた沖縄人の両親の子として、自分は第二次世界大戦中、同地で生まれた。戦争中に片脚を負傷し、今も歩くのが不自由だ。だが、ふたりの兄弟はもっと大きな代償を払い、命を失った。この喪失感があるから自分の怒りは誰よりも大きいのだと彼は語った。両親から戦争について教えてもらったことは全部、自分の体に沁みこんでいるという。

「私たちは負けるかもしれないし、勝つかもしれない」と新基地反対運動について、彼は言及した。結果にはあまりこだわらない。行動を起こすことが重要なのだ。「アメリカは沖縄をいじめてはいけない」。アメリカ人に心があるなら、沖縄に基地は作れないはずだ。

警察車両が一台走り去った。基地反対派の人たちは、警察がゲート前にいる人の数を数えているのだと教えてくれた。人数が多ければ、その日のトラックの出入りを中止する。人数が少なければ、警察は白い手袋をはめた警備員に対し、集まった男女を力ずくで排除するよう命令を出すという。

抗議活動のリーダーがマイクで、勾留中の三人の裁判の詳細を話しはじめた。そのなかにはこの運動のリーダーのひとり、山城博治〔沖縄平和運動センター議長〕の情報もあった。当時六四歳の山城は米軍訓練場付近で有刺鉄線を切断、沖縄防衛局の職員に暴行を加え、キャンプ・シュワブ前の道路で工事車両の進入を妨害したなどとして、違法行為の疑いで二〇一六年一〇月に逮捕されていた。それ以来、保釈されないまま接見禁止下に置かれていたが、山城は以前から患っていたリンパ腫で体調が悪化したらしい。彼の勾留は人権侵害であり、ほかの人々に言論・集会の自由の権利行使を尻込みさせるために違法に仕組まれたものだとして、人々は抗議していた。アムネスティ・インターナショナルも彼を釈放するよう声明を出した。「次は誰の番か誰にもわからない」と高里鈴代は私に語っていた。警察は逮捕しようと思えば、誰でも逮捕できると活動家たちは感じている。

マイクの男性は、車両妨害で最近逮捕されたほかのふたりは釈放されたと説明した。そして、日本政府と警察と裁判所が一緒になって抗議活動をやめさせようとしていることがだんだん明らかになってきたと続けた。

レイコと私は座りこみをする数少ない若者のひとりに出会った。琉球藍の栽培農家で働く二七歳の女性で、車で三〇分かけて西の今帰仁村から来ていた。日本のほかの都道府県とは異なり、沖縄では年間の出生数が死亡数を上回り、その割合はなだらかだが人口構成が若返りをみせている。だが、若者が基地問題について考えなければ、若者の数が増えても基地反対運動の未来は明るくならない。この女性は週に一度、父と一緒に抗議に訪れるという。その理由を訊ねると、何から始めればいいかわからなかったからという答えが返ってきた。「政治にはアレルギーがあった」。これは彼女に限ったことではなかった。直近の国政選挙の投票率は五三パーセントを下回り、過去最低。二〇代の投票率はさらに低く、三三・六パーセントだった。[*20]ところが、本土や那覇で暮らしたあと、二年前に沖縄北部へ戻った彼女は基地問題について知るようになり、物事を見る目が変わった。農家での仕事は直接基地には関係ないが、彼女は島にあるものすべてのつながりを考えるようになった。大浦湾の埋め立ては、生命の複雑な循環を断ち切るだろう。最近になって、彼女はこうした問題についてもっと多くの若者に関心を持ってもらおうと、ヒップホップのようなテーマと絡めたイベントを那覇で開いた。今のところその試みはあまり成功していない。若者は想像力に乏しく、政治のことを考える余裕がないと彼女は語った。生計を立てなければならないし、那覇の人々は基地から物理的に遠いところに住んでいる。オスプレイが自分の家の上を飛ぶこともない。それに上の世代の人より若者のほうが複雑な立場にある。彼女自身、基地の中に友達がいた。個人的なつながりを持たない年配の沖縄人のほうが、海兵隊に断固たる態度をとることができる。

農家の女性は新基地が建設されるものとあきらめていた。座りこみの意義は工事を遅らせ、人々の注目を集めることにある。そうすれば世界中の人々が日本政府のやっていることを知るようになるし、もしかしたら次の選挙で本土の人が沖縄を支持する票を投じるかもしれない。

抗議に反対する右翼の黒い大型バンが一台停まった。こうしたバンは日本中でよく見かける。その大日本帝国の旗を翻し、拡声器からは愛国的な歌と男性の声が聞こえてきた。そのメッセージで唯一聞き取れたのは「帰れ」という言葉だった。以前、その車が戦時中の空襲警報のサイレンを鳴らしたと農家の女性は教えてくれた。年配の抗議参加者にとって、それは背筋が凍るような記憶を呼び覚ます音だ。本土の右翼団体のなかには米軍基地に反対する者もいるという話を私は聞いたことがあった。日本の国家主義者として外国の軍隊に日本の土を踏んでほしくないというのがその理由だ。沖縄でも上の世代の保守団体が複数、戦争体験から基地に反対した。ところが、安倍晋三も含め本土や沖縄の右派の多くは、日本の軍事力強化を唱えながらも、米軍の駐留を支持する。この街宣車はどこかの宗教団体と関連があり、その宗教団体は基地を支持し、フェイクニュースを流しているそうだと農家の女性は語っていた。抗議に集まる人たちは中国共産党に雇われた労働者で、中国共産党は沖縄の侵略を容易にするために基地を追い出そうとしているとの噂を流す人々がいるが、この団体もそのひとつだという。

沖縄の基地に賛成・反対と意見が分かれるなか、解決に導くうえで障害になっているのが中国の存在だ。米軍の駐留を支持する人々は中国の脅威を引き合いに出し、基地が抑止力になると説明する。近年、沖縄本島の西、東シナ海にある小島群をめぐり、日中間で領有権問題が持ち上がっている。この小島群は、中国では釣魚群島、台湾では釣魚台列嶼、日本では尖閣諸島として知られ、日本政府と中国政府との間でこの無人島をめぐって攻防戦が繰り広げられてきた。沖縄の一部の人たちは、基地を閉鎖すれば、この領有権問題が沖縄に飛び火すると主張する。日本へ統合される以前、沖縄は歴史的に中国と朝貢関係にあったとして、ここ数年、中国は日本の沖縄に対する主権に疑問を呈している。米軍が撤退すれば、その空白を中国が一挙に埋めようとする事態が起こるのではないかと懸念する声がある。

一方で、基地に反対する沖縄人はおおむね中国を友好的にとらえる。県知事の翁長雄志は中国との新たな経済連携を図っており、今日、中国や台湾からの観光客が格安の直行便に乗って沖縄へどっと押し寄せ、活発な消費活動を行なっている。中国は私たちを侵略したこともなければ、犠牲にしたことも、爆弾を落としたことも、土地を奪ったこともないと、こうした人々は主張する。なぜ中国を恐れなければならないのか？（懸念があるとすれば中国や北朝鮮ではなく、むしろアメリカだと千恵は言う）。こう考える人の多くが、米軍の駐留は抑止力ではなく標的として作用することを理由に挙げる。有事の際に沖縄が標的にされやすくなるというのだ。

日米安保条約で防衛が約束されていても、紛争が起こった場合、米軍が日本のためにどこまで踏みこむか疑問視する声もある。「尖閣諸島のために米軍が中国と戦うことを、アメリカ国民が支持すると思いますか」と、ジャーナリストで、シンクタンク「新外交イニシアティブ」評議員の屋良朝博は語る。日中の領土紛争に米軍が関与してくれると、ほとんどの日本人は信じているようだが、アメリカの世論がこの問題のためにわが子をむざむざ戦死させると考えるのは「ばかげている」と彼は考えた。私とコーヒーを飲みながらこの話題になったとき、彼は笑った。「まったくおかしな話だ」

二〇年以上もの間、屋良は沖縄になぜ海兵隊がいるのか研究してきた。彼の結論は、東京にとってはＮＩＭＢＹ（ノット・イン・マイ・バックヤード。本土の人々にとって、基地は必要でも自分の家の裏庭にはほしくない）がその理由であり、ワシントンにとっては、日本の「思いやり予算」のおかげで、沖縄に置くほうが基地の維持に好都合で安上がりだから、というものだった。それに基地はソフト・パワーを生み出す。自然災害が起こった際、海兵隊は人道支援にあたる。こうした救援活動は、困っている地域社会にとっても、地域の平和維持にとっても重要だと、屋良は言う。しかし、沖縄にこれだけの海兵隊が駐留する安全保障上の真の理由はない。政治学者の佐藤学も同じ意見だ。辺野古に新基地を建設することは、中国の台頭や北朝鮮の核問題とは関係がない。日本と隣国との有事の際に出撃するのは空軍であって、海兵隊ではないだろう。海兵隊基地がひとつ増えても力にはならないはずだ。「辺野古に基地を建設しなければ、中国が［攻撃を］仕掛けてくると考える人はわかっていない」と佐藤は続けた。「そういう人たちを気の毒に思う[*21]」

活動家の間で問題にされるもうひとつのテーマに、沖縄の自負心の問題がある。本土より地位が低く、本土に依存する日本の「田舎者」であるとみなす価値観に、あまりに多くの沖縄人が染まっていると、活動家たちは考える。多くの地元住民は、経済的理由から沖縄には米軍の駐留が必要だとも考える。具体的にはアメリカ人の購買力、地元住民の基地の仕事、日本政府からの潤沢な振興費。それに一部の沖縄人が受け取る相当な額の土地使用料。冷戦時代に自分や先祖が土地を収用された結果、今日、米軍に基地用地の貸し出しを余儀なくされた地主は四万人を超える。こうした地主の一般的なイメージをある地元の男性は私にこう表現した。「毎年ただで金が入る。だから働かない。……言ってみれば、パチンコ三昧、酒浸りの生活だ。……地主が死ぬと、子供たち全員がなるべく多くの土地を自分の名義にしようとする」。たいていは長男がそっくり親の土地を相続する。「だから、長男は家族で次の飲んだくれになる」。

沖縄人のなかには、この賃貸借契約に葛藤を感じる人もいる。基地から受け取った金で家族に大学の学費などを出してもらったと言って、基地には反対意見を持ちながら、自分の人生の成功がいくぶん基地の金と結びついていると、私に打ち明けた人が複数いた。

こうした収入源であるにもかかわらず、近年、エコノミストは沖縄経済の基地への依存率は五パーセントにすぎず、ほかの分野を発展させれば将来的にはもっと繁栄できるとの見解を示している。たとえば、企業誘致や新規開発事業に土地を貸し出せば、地主はもっと多くの収益が見こめる。屋良の当時の予測では、ここ五年以内に沖縄経済は、中国との貿易と、台湾や中国、香港からの直行便でやってくる観光客で潤い、変貌を遂げる。経済的にも精神的にも沖縄がもっと強くなれば、中央政府にもっと立ち向かえるようになる。基地の終焉を要求し、独立までも模索するかもしれないと屋良は言う。

長年の間、知識人や活動家、政治家は琉球の独立の可能性を探ってきた——君主制を復活させるのではなく、日本から分離して、再び独立国になるのだ。沖縄国際大学経済学部教授の友知政樹（ともちまさき）は、琉球民族独立総合研究学会（ACSILs）の共同代表である。同学会は独立を提唱する数百人の会員からなる団体だ。私が友知と会ったとき、メンバーは自分たちの選択の道を探るため、国連［先住民族問題常設フォーラム］の支持を得ようと、会議に向けて準備を進めていた。友知はこの状況を家庭内暴力にたとえた。「この問題は家庭内では解決することができない。ドアを開けて隣の家に行き、助けを求めなければならない」。だから、ACSILsは東京にもワシントンにも行くつもりはない。国連は沖縄の人々を先住民族と認めた。他方、日本政府は沖縄人を異質なものとして扱いながら、公式には先住民族であることを認めていない。

友知は学生と一緒に行なった意識調査について話してくれた。独立に賛成した沖縄人は八パーセントにすぎなかったが、もし経済・政治・安全保障の問題が解決されれば、沖縄の独立に賛成するかという条件付きで数百人の学生に質問したところ、およそ四〇パーセントが賛成すると回答した。沖縄の世論も、ふたつの懸念が解消されれば（生計が成り立ち、攻撃からの安全が確保されれば）、独立に対し同じように支持するだろうと、彼は考えていた。

友知は、父親としての日本という考え方を否定した。「私たちが独立と言うと、多くの人は子供が親から独立するイメージを抱く」。だが、彼はむしろその逆の発想をした。実際、日本は米軍の駐留を沖縄に依存している。自立を学ぶ必要があるのは東京のほうだ。


キャンプ・シュワブの開いたゲートの外では、抗議参加者の数が二〇人近くに増えていた。そのほとんどは中年から高齢の女性たちで、日よけ帽をかぶり、顔をマスクで隠していた。アメリカ人を乗せた車が基地から出てくるたびに人々は車の前に集まった。「プリーズ・ゴー・ホーム」ひとりの女性が車内の海兵隊員に向かって大声を上げた。別の車のドライバーがほかの女性を轢きそうになった。警備員たちはその車を黄色い線の手前までバックさせた。これが決まりだ。二台の車が基地の安全地帯で待つ間、警備員が抗議する人々にその場から離れるよう命令した。車内の海兵隊員たちはにやりとしたり、笑い声を上げたり、にらみつけたり、無表情だったりした。警備員は、命令を無視する人たちをビデオカメラに収めた。ついに援軍が到着した。基地内から派遣された青い制服と白い手袋の警備の一団が隊列を組んで出てきた。若者たちはデモ隊を道路から物理的に立ち退かせた。時には抗議する者が目の前に立ちはだかることもあるが、警備員が暴力を振るうことはなかった。デモ参加者のひとりが警備員を押し返したときも、エスカレートはしなかった。警備員たちは白い手袋をはめた手を上げて前進しながら、デモ参加者を追い払い、その間に別の警備員が海兵隊員を乗せた車にゲートから出るよう合図した。「ゲット・アウト」逃げ去る車に向かって、ひとりの女性が叫んだ。車が行ってしまうと、警備員たちは大股で足早に基地の中へと戻り、一分もしないうちにすべてが終わった。

ひとりの抗議参加者が端のほうで、基地のフェンス越しに沖縄人の警備員と話をしていた。友人同士のようだ。ゲートの外のデモ参加者とゲート内の基地に雇われた警備員が、友人や隣人や家族だったりするのが現実だ。このため政府は、大浦湾のようにここでも本土からの警備員をさらに投入しているという。

海上と同様、陸上でも警備員が暴力的になったと人々は語る。機動隊に手首をつかまれ捻挫したり、指の骨を折ったり、あざができたりした。肋骨を折ったり、手に大けがをした人を救急車が搬送した。八〇代の活動家・島袋文子の話によると、彼女が工事用トラックを止めようとしたところ、警備員はいつもの手を使い、彼女のまわりに集団でぐいぐい寄ってきて、バランスを失わせてから、いっせいに退いて、彼女を転倒させた。地面に倒れた島袋は衝撃で意識を失い、その後も痛みがずっと続くようになったという。[*22] 活動家たちはこうした非人道的な行為を安倍晋三のせいだとして、首相を嫌った。二〇〇五年に当時の首相・小泉純一郎が反対運動を受けて辺野古の工事を中止したのに対し、安倍はいかなる力を行使しても貫き通すつもりのようだった。活動家のなかには何十年も続く膠着状態を終わらせる方法として極論を口にする者もいた。状況を変えるにはデモ参加者に死者が出るほかないと、屋良から初めて聞いたときにはショックを受けたが、現状を深く知るようになるにつれ、実際に死人が出ても何か変わるのだろうかと思うようになった――双方が一連の出来事に対し、自分側の解釈で言い逃れを続けることになりはしないか。

朝はいつもほぼ五分おきにキャンプ・シュワブの開いたゲート前で同じ光景が繰り返される。デモ参加者が車両を遮り、警備員がその場を離れるよう大声を出し、白手袋の一団が登場し、退場した。レイコと私はほかの抗議者にも話を訊き、活動に参加する理由を教えてもらった――子供や孫のため、大浦湾の生き物のため、広大な土地を持つアメリカは基地を本国に移設すべきだと思うから、第二次世界大戦中に犠牲となった沖縄人の心の傷がまだ癒えないから。大阪から来た中年男性は、二〇一一年の福島原発事故後の政府の対応に幻滅していたとき、辺野古の映像を観て、田舎暮らしに漠とした憧れを抱き、沖縄へ旅行したのがそもそものきっかけだったと教えてくれた。その時、目にした高江(たかえ)での抗議活動に、彼は衝撃を受けた。高江は本島北部に位置し、米軍は生物多様性の宝庫であるこの地の密林を切り開き、ヘリパッド(ヘリコプター発着場)を建設しようと動き出していた。この反対運動に参加するようになった彼はテントで寝起きして、このゲート前で何か月も過ごすという。

こうした本土からの介入者は時として、地元住民の目には恩着せがましいとか浅はかと映った。座りこみデモを研究している沖縄人大学院生・山城リンダは、歴史について沖縄人に説教を垂れる日本人がいかに「厄介な存在」か論じている。「座りこみデモで日本人の植民地主義的態度を時々感じることがある。自分だけが正しくて、寛大で親切な日本人が、おとなしくて貧しく弱い沖縄人を助けているという発想だ」[*23]。沖縄の基地反対運動に参加した日本人が本土へ帰ると、この問題に本土の人を巻きこもうとはしないことにも彼女は気づいた。彼らは状況全体を「沖縄の問題」としてとらえ、日本全体の安全保障の問題とは考えない。多くの人は沖縄人の正義のための闘いに特別な情熱を傾けてはいなかった。実のところどんな闘いであろうと、いつもこんな調子だ。沖縄は便利なのだ——日本国内にあり、飛行機に乗ればすぐ行ける距離だが、エキゾチックで心理的には遠い場所。あまり発展の進んでいない地域でボランティアをしているような感覚だ。やめたくなれば帰ればいいし、いいことをやったという気分は残る。本土へ帰って沖縄人の闘いのことは忘れても、自尊心が満たされ、いい土産話になる。山城が目撃したなかでもっとも目に余ったのは、日本人の「抗議観光」バスツアーだった。彼らは座りこみデモにどやどやと押しかけると、三〇分そこにとどまり、それからエアコンの効いたバスに乗りこんで、次の目的地を目指す。おそらくパイナップル園だろう。その結果、抗議運動のあるグループは沖縄人ではなく日本人だと判断した人物との関係を絶ち切った。

私が出会った大阪の男性は、明らかに現実から逃避したくて沖縄へやってきたが、この問題に純粋に打ちこんでいるように見えた。すぐ近くの駐車場と抗議場所の間を往復して参加者を車で送迎し、工事がこの先五年続けば、五年抗議を続けると、厳しい表情で語っていた。
レイコと私がその場を離れたのは正午頃。多くのデモ参加者は昼の休憩をとっていた。立ち去るときに三台の警備車両が基地を離れるのが見えた。あのバスは周囲を走ったあと、ふいに現われ、デモ参加者の人数が減ったときを狙って立ち退かせようとするのだという。工事車両も昼の休憩のために現場を離れるのだろうが、なぜみんなこれを阻止するために、ゲート前で食事をとらないのか不思議に思った。そして私は気がついた。デモ参加者にとって、これは必ずしもすべてを犠牲にする闘いではないのだと。人々は警備員に立ち向かい、けがや生命の危険を冒しても、やはり昼休みはほしいのだ。多くの人々が私たちに語ったように、彼らは自分たちが工事を中止させられるとは信じてはいなかった。それでも、工期を遅らせることはできる。だから日々自分の役割を果たしているのだ。今日は一〇台のトラックが入っていったが、その場に立ち会わなければその台数を知ることもない。台数を知っただけでも知らないよりはましなのだ。

多くのデモ参加者は辺野古だけでなく、島にあるほかの米軍基地前でも抗議活動をした。一種の巡行だ。辺野古の抗議活動の世話人たちは、彼らが島のもっと人口の多い地域に行って、ここで起こっている問題を広めてくれればと考えていた。私が目撃したうるま市の海兵隊基地キャンプ・コートニーでの抗議活動では、二〇人ほどの年配の人々が暴風雨のなか、平日の午後四時きっかりにゲート前に整列し、デモを行なっていた。基地建設反対の横断幕を掲げ、リーダーのあとについて、拳を突き上げながらスローガンを連呼する。数人の警備員がじっと見ていたが、気にしている様子はなかった。参加者は基地用地の返還を求める歌を歌ったあと、「五〇メートルデモ」を行なった。基本的には一列に隊列を組み、基地のゲート前の道路を横断し、また道路を渡って戻ってくる。その時、「キャンプ・コートニーはいらない」と英語で叫んだ。参加者のひとりに話を訊いた。六〇代後半のうるま市議会議員で、白髪交じりの髪を短く切り、話をすると、口の中の銀歯が一本光った。彼は毎週ここにやってきて、週に一回は嘉手納へ、週に二回は辺野古へ行く。中国に雇われてやっているのかと訊ねると、彼はくすくす笑い出し、日当二万円もらえたら、市議会議員の仕事は辞めていると言った。

抗議に参加する人々と話をして、私は彼らが金で雇われた中国の手先とは思えなかった。活動家たちはたしかに金銭や食料の寄付を受けていた。おそらくこうした寄贈者のなかには日米安保体制に揺さぶりをかけたり、安倍政権と闘うことに政治的利益がある者もいるのだろう。三〇万人近い党員を抱え、「〝軍事依存の安全保障〟から脱却」しようとしている日本共産党は、沖縄の基地反対派に対し、財政的あるいは政治的支援を行なっている。[*24] 私はある辺野古の集会に参加したが、そこにいた日本共産党の指導者は活動家たちに彼らの懸案事項を東京に持ち帰ると約束していた。

金のために活動しているらしき人物に私は会ったことがなかった。なぜ抗議活動しているのか、なぜこの問題に時間を費やし、安穏な暮らしを失ってまでも活動するのか人々が語るとき、その目は信念に満ちて輝いていた。多くの人々にとって、これは民主主義のための闘い以外の何ものでもなかった。沖縄の有権者は県知事の翁長を筆頭に基地反対派に票を投じて、新基地にはっきり反対を表明していた。ところが政府は彼らの要求を無視していた。辺野古のデモ参加者のある女性は一五年間のニューヨーク暮らしのあと、本土からやってきたという。その理由を、日本のどこよりもここ沖縄で、民主主義と正義と平和のための熱い闘いが起こっているように感じるからだと説明した。退職した今は、那覇に部屋を借りて、定期的にバスで辺野古へ通っていた。「一市民として精一杯のことをしている」。吉川秀樹は、民主主義は日本本土では当然のものかもしれないが、沖縄人にとっては市民が常に目を光らせ、勝ち取るものだと、私に語った。「民主主義はけっしてただではない」

毎年、「沖縄のガンジー」を記念するため、人々は沖縄本島の北西岸沖にある小島、伊江島を訪れる。沖縄の平和運動の父として知られる阿波根昌鴻（あはごんしょうこう）は非暴力の抗議を貫き、後世に称えられる今は亡き活動家である。二〇〇二年の没後、彼の記憶と教えを今に伝えようと、活動家や支持者が毎年集いを催すようになった。千恵はこれまで二回参加し、二〇一七年三月が三回目になる。週末は「ヌチグスイ」だから集会に参加すると彼女は告げて、「ヌチグスイ」とは「命の薬」を意味する沖縄語だと教えてくれた。「伊江島は今、過酷な状況に直面している」と続けた彼女は、駐留米軍の問題をほのめかした。「でも、阿波根昌鴻の精神が私たちに力を与えてくれる」

伊江島は東西に八・四キロ、南北に三キロの大きさで、平坦な島の中ほど近くに山がひとつそびえ立ち、それが遠目には大海原に浮かぶ麦わら帽子のように見える。本島からフェリーで三〇分ほどの伊江島にはビーチリゾートや春のゆり祭りを楽しみに観光客がやってくる。初めは気づかないかもしれないが、島の三分の一以上は米軍基地で占められている。一九五〇年代に阿波根はこうした基地の建設に反対する組織的な運動を主導した。その闘いは成功も収めたが、敗れることが多かった。

伊江島の戦中戦後の歴史は、おそらく沖縄本島を上回る苦難に満ちたものだったろう。[*25] 沖縄戦に向けて準備を進めていた大日本帝国軍は、伊江島のほとんどの土地を軍事行動のために買収し、飛行場を建設、伊江村の住民約七〇〇〇人のうち約三〇〇〇人を疎開させた。残された住民は軍に召集もしくは徴用され、一九四五年四月にアメリカ軍が上陸すると、苛酷な戦闘を強いられた。沖縄人のなかにはこん棒だけを武器に接近戦を強いられた者もいた。[*26] 日本兵から捕虜にはなるなと言われ、一家の命を絶つための短刀を手渡された者もいた。また、降伏勧告の使者にされた捕虜の島民が日本兵に斬殺されてもいる。ある壕では、村民一五〇人ほどが防衛隊員の持ちこんだ爆雷で爆死し、生存者はわずか二〇人ほどだった。

六日間の戦争で、アメリカ軍は島全体を制圧。住民約一五〇〇人が命を落とし、日本兵が約二〇〇〇人、アメリカ人が約三〇〇人戦死した。伊江島の戦いはアメリカ本土でも注目を浴びたが、それは世界的に有名な従軍記者アーニー・パイルが戦死したからだ。

アメリカ軍は本島攻略の戦略上の足がかりとして伊江島を占領し、軍指導部は住民全員の島外移住を決定した。生き残った島民は自宅を離れるよう命じられ、すでにアメリカ軍が掌握していた慶良間諸島の渡嘉敷村や座間味村へ船で移送された（千恵の祖父母が亡くなった「集団自決」もこれらの島で起こった）。伊江島はこうしてひとつの巨大な米軍基地になった。

終戦後、伊江村民は最終的に島へ帰されたが、米軍は島を離れず、破壊と混乱の後始末もしなかった。退役軍人のM・D・モリスは、一九四六年に「現地で米軍の資産を査定するために伊江島を訪れ、その報告書に「弾薬が（略）きわめてひどい状態で捨てられていた」と記録している。「ガソリンをゼリー状にしたナパーム弾などが（略）屋外に山積みにされていた。天日や風雨にさらされて、金属の筒の表面の腐食が進み（略）ゼリー状のガソリンが漏れて、あたりに流れ出していた」。この時、彼は事故が起こる前に処分するよう軍に助言したという。[*27] ところが、その二年後、伊江島で弾薬が爆発し、米兵二名とフィリピン人労働者一一名、「先住民」五〇名以上が亡くなったという記事を読み、結局自分の助言は活かされなかったと知った。[*28]

それでも伊江島の住民はなんとか家庭を再建し、以前の生活らしきものをいくぶんか取り戻したが、一九五三年に米軍は、島の北西部に空軍が訓練を行なう射爆撃場の建設を決定した。この地域には真謝区（まじゃく）の農民が家と畑を持っていた。「畑には青々とした砂糖キビ、麦、芋が実り、山林、原野あり、堆肥原料、家畜の飼料、薪が豊富」と阿波根は記している。[*29] 琉球列島米国民政府（USCAR）は底意（そこい）をごまかして、住民たちに立ち退きの合意書に捺印させた。そのうち何が起こったのか農民が気づき抵抗すると、USCARは力ずくで土地を取り上げた。抵抗する者は逮捕し、懇願する家族には銃剣を突きつけて、家から追い出した。区民の家も畑も貯水槽も畜舎も焼き払い、破壊して、ヤギを撃ち殺した。そして、恐怖に震え、呆然と立ちすくむ人々の手のなかに、わずかばかりの立ち退き料を握らせた。[*30] 伊江村民が帰島した一九四七年にはすでに米軍が島の六三パーセントを軍用地にしていたが、こうした一連の暴力を伴う土地買い上げで、米軍は軍用地のなかにさらに演習地を設けようとした。[*31]

「新たに戦争が起こったかのようだった」と、この出来事のあとに島を訪れたアメリカ人宣教師C・ハロルド・リカードは当時を回想する。「家屋も家畜小屋も破壊しつくされていた。人々は灼熱の太陽の下、テントで暮らしていた。米兵のライフル銃で負傷した六歳の少女を私たちは見舞った」。[*32] 立ち退かされた住民は米軍の張ったテントで生活したが、その土地は開墾には向かず、衛生的な飲料水もなく、人々は毒蛇のハブや、雨や日差しから身を守るのに苦労していた。やがて多くの人が病気になった。住民は抗議活動を行ない、これに対し米空軍高官は、「空軍は農民が家屋と耕地に抱いている愛着に同情し理解できる」との声明を出した。ところがその少将は、こうした個人の損失は伊江島の住民、さらには自由世界全体の安全保障の大問題に比べればさほど重要ではないと説明した。「われわれの駐留は、それらの耕地に家屋を守る目的からである。極東や沖縄に多くの委託や責任をもっており、それは13世帯に関しておこなっている比較的些細な紛争より重要である。防空強化は自由世界にとっても全琉球人にとっても重大な問題だ」[*33]

「銃剣とブルドーザー」による接収を経験したのは、むろん真謝区民だけではなかった。宜野湾村の伊佐浜という「沖縄戦の破壊を奇跡的に免れた沖縄南部の美しい田園」について、リカードは記している。彼はUSCAR民政副長官ら高官に、この村を残すよう訴えたが、彼の嘆願は無駄だった。「一九五五年七月一九日、伊佐浜が銃口を突きつけられて奪い取られ、破壊されるのを私はこの目で見た。肥沃な水田にはところ狭しと重機が投入され、米軍用地に変貌した。私は自分がアメリカ人であることを恥じた」[*34]

こうした状況のなかで、阿波根は真謝区の農民の代表として立ち上がった。伊江島のほかのメンバーと一緒に、那覇市の［USCARと同じ建物の階下にあった］琉球政府庁舎の横で座りこみの陳情を行なった。そして、街頭に出て「乞食行進」として知られる行脚を決行した。伊江島の窮状を人々に知ってもらうため、行進団は一回に二、三〇人が交代しながら七か月かけて沖縄本島を縦断した。人々は「お詫とお願い」と標記したプラカードを掲げた。その文章は「私達の生活の道は一切途ざされてしまいました」という書き出しで始まり、伊江島の区民はあらゆる選択肢を熟慮の末、「恥も外聞もなく（略）沖縄全住民の御同情と御支援により生活を続けながら（略）斗い抜く」決意をした旨が記されている。「全区民が生きるには、乞食以外にない。（略）乞食するのは恥であるが、武力で土地を取り上げ、乞食させるのは、尚恥です」[*35]。伊江島の窮状を聞いた日本各地から支援物資が届けられ、島民は有難く受け取った。

伊江島に残っていた人々の生活は危険に満ちていた。射爆撃場内だけでなく、米軍用地の外にも頻繁に爆弾が落ちた。ほかに生計を立てる道がなかった島民は男も女も、金属をスクラップにするため米軍演習地の周辺で弾丸や砲弾を集めてまわり、けがや爆死の危険を冒して、不発弾を解体しなければならなかった。爆薬や機銃掃射で一〇人以上の住民が亡くなったり重傷を負ったりした。それでも住民たちは闘いを貫き、あらゆる抵抗をした。米軍の接収した土地で耕作を強行し、キリスト教徒である米兵に訴えかけようと「十字架の看板」を立てた。「米国人以外の者の立入を禁ず」と書かれた米軍基地の看板に、島民は「地主以外の立入禁止」の看板を立てて対抗した。メディアにも米軍の暴挙を訴えた。「米軍が、毒ガスでおまえらを殺してやる、銃殺してやるなどと伊江島で暴言を吐いたときは、わしらはさっそく新聞社に行って、その暴言を報道してもらい、野蛮人のやる行為を公表して、米軍に恥をかかせてやりました」と阿波根は記している。[*36]

米軍はこの時からすでに、沖縄人の運動を外部勢力によって組織されたものとみなし、問題にしようとしなかった。軍に抵抗した島民を逮捕し、米軍中尉が尋問した記録が残っている。そのなかで「共産党に扇動されていないか」と問う中尉に対し、「そんな馬鹿じゃない」と連行された島民は答えている。「我々は人に操られる様なロボットじゃない。土地がなければ生きられないから祖先伝来の土地を守るのだ[*37]」

阿波根ら活動家は、最終的に米軍が接収した土地の半分を取り戻すことに成功したが、島の三分の一は依然、米軍の軍用地だった。農民は一致団結し、激しい不公平感に突き動かされて、たとえ勝算がなくても、降参しなかった。阿波根と親交を結んだリカードは、この指導者が「人々に示したものは、マハトマ・ガンジーやマーティン・ルーサー・キング・ジュニア、チーフ・シアトル［シアトルの地名の由来となったアメリカ先住民］、イエスの精神、つまりは愛、忍耐、許し、和平活動、良識、叡智、そして勇気ある献身的なリーダーシップである」と書いている。阿波根は人間としての島民の地位を重要視した。「自分たちを真の『人間』と呼べるだけの暮らしを伊江島で成り立たせようと私たちは頑張っている。そして私たちの土地を奪った人間に対し、人間として行動するとはどういうことか考えるよう求めるのだ」[38]。阿波根は人を殺すよう訓練された兵士とは対極にある、「命こそ宝」という信念を表わす沖縄の言葉「ヌチドゥタカラ」を世に広めた[39]。

伊江島での週末の間、千恵は蛍光ピンクの「ヌチドゥタカラ」Tシャツを着ていた。初日の午後はたばこ畑やサトウキビ畑に囲まれた公民館に集会の参加者が集まった。ほとんどが高齢の活動家で、さまざまな理由から闘っていた。有名な沖縄人彫刻家・金城実の姿もあった。反戦平和資料館を運営する「わびあいの里」理事長で、白髪の謝花悦子（じゃはなえつこ）は車椅子で出席していた。沖縄での基地反対運動にも参加していた大阪在住の在日朝鮮人の男性や、定年退職後に本土から那覇へ移り住み、「辺野古ぶるー」のメンバーになった上品な女性も顔を見せた。

頭上を米軍機がうなりを上げて飛びかうなか、日本共産党の伊江村議会議員が、米軍は依然として島全体を練習場とみなしていると報告し、島の各地でカメラに収めた米軍の実働訓練の様子を紹介した。発表が行なわれているさなかも、戦闘機の耐えがたい爆音が轟いた。機体から人影が飛び出し、パラシュート降下する様子が映し出され、三トンの機関砲を搭載したオスプレイが飛行する映像に一同は息をのんだ。村議会議員は、機体が巻き上げた土ぼこりが植物に降り積もった写真や、猛禽類の群れのように空を飛ぶオスプレイの写真を回覧した。

こうした状況にもかかわらず、多くの島民は米軍の駐留を支持するようになっていた。この議員は村議会で基地に反対するただひとりの人物だった。基地で働く者はわずかだったが、島民は辺野古のように、日本政府が支給する振興費が必要だと考えていた。このことが組織的な抵抗運動の復活を難しくしていた。

活動家たちは、伊江島が辺野古と深い関係にあると説明した。辺野古に新基地が完成すれば、伊江島と高江を結ぶ三角地帯が完成する。名護市を含むこの三角地帯を軍用機が飛びかい、ひとつの訓練地帯へと変貌するというのだ。皮肉なことに日本政府がこの地域の「やんばるの森」をユネスコの世界自然遺産に登録しようとする動きを後押ししていると、活動家は指摘する。そこにしか生息しないカエルや昆虫、鳥などさまざまな種を育む、豊かな生物多様性を有する森だからというのがその理由だが、この地域は依然米軍が管理し、「ジャングル戦闘訓練」に使っている。やがては米軍機がその上空を飛びかうことになるだろう。

議員の話のあとに、別の地元の指導者が、オスプレイが離着陸時に牧草地の草を焼いてだめにするという話をした。騒音公害について、牝牛の流産や死産について、それから住宅地付近で米軍機が発する低周波の危険性についても触れた。米軍は人家の周辺で激しい軍事訓練を行なっていた。「米軍は私たちのことを人間だと思っていない」と彼は言った。

続いて琉球大学教授が騒音公害に関する研究を発表した。伊江島は一見平和なようだが、じつはそうではないという。超低周波や超高周波は耳には聞こえてこないが、人体に有害だ。スピーカーと粒状の発泡スチロールを満たしたビーカーを使って、オスプレイの騒音実験が行なわれた。オスプレイの録音を流すと、粒が振動して跳ねまわる。こうした作用が人の心身にも起こっていると教授は説明した。長年、騒音にさらされると、子供の記憶力が悪くなり、頭痛や不眠、集中力の低下が起こり、人はいらいらするようになる。教授が話をする間も、外では飛行機の爆音が轟いていた。

多くの発表者が、アメリカ本土では軍事基地が住宅地や学校から遠い場所に建設されているのに、こうした点が沖縄では考慮されていないと語った。

プレゼンテーションが終わると、全員で寂しい田舎道を行進した。示威行進は「団結道場」に到着して終わった。このコンクリートの簡素な建物は、阿波根ら反基地活動家〔伊江島土地を守る会〕が基地の近くで米軍を見張り、行動を起こす拠点だった。建物の正面は一部白カビで汚れていたが、壁には新しいペンキで、非暴力で闘うために農民たちが作り上げた「陳情規定」が日本語で書かれていた。陳情規定は、「耳より上に手を上げないこと（米軍はわれわれが手をあげると暴力をふるったといって写真をとる）」「反米的にならないこと」「軍を恐れてはならない」「ウソ偽りは絶対語らないこと」「決っして短気をおこしたり、相手の悪口は言わないこと」「愛情をもって道理をつくし、幼な子を教え導いてゆく態度で話し合うこと」といった条文からなる。*40 千恵は日差しに目を細めながら、規定を読み上げ、感嘆のあまり溜息をついた。彼女は生きているときに阿波根に会っておきたかったのだ。

その年の六月、私は千恵と一緒に沖縄本島の南を旅した。沖縄戦の戦没者を追悼する沖縄県が定めた記念日、慰霊の日のためだ。沖縄戦の最後にして最大の激戦地だったことから、本島南部では数多くの追悼式典が営まれ、平和を祈念する慰霊碑や資料館がいくつも建てられている。その中心となるのが平和祈念公園だ——海岸を見下ろす崖の上の、手入れの行き届いた広大な敷地に資料館とさまざまなモニュメントが調和のある空間を作り出している。多くの人々が虐殺されたこの地には恒久平和を願う「平和の火」が灯り、戦没者の名前が刻まれた黒御影(くろみかげ)石(いし)の銘板が弧を描く屏風のように放射状に建ち並ぶ。この刻銘碑は「平和の礎(いしじ)」と呼ばれ、大田昌秀県知事の沖縄戦終結五〇周年記念事業として一九九五年に建立された。日本人、沖縄人だけでなく、アメリカ人、朝鮮人、その他国籍を問わず、軍人、民間人の区別なく沖縄戦で亡くなった人々の名が刻まれており、刻銘者は今日も追加されている。

　慰霊の日、初めて地味な服装の千恵を見た。その日、平和祈念公園を訪れた人々と同じ、黒の喪服。グレーの花の髪飾りだけが、いつもの彼女のスタイルをとどめている。早々と公園に到着した彼女が目にしたのは、多くの警察官の姿だった。東京ナンバーの警察のバスや大型バンが駐車場を埋めつくし、青い制服姿の隊員が通りに整列していた。千恵は怒り出した。「ここを訪れるのは私たちの権利よ」。本土の人は沖縄人をテロリストだと思っているみたいねと息巻く。いったいひとりの人間を護衛するのに、政府はいくらお金をつぎこんでいるのか。例年どおりその朝、演説をする人物は総理大臣だろう。「首相の命が大切なのは、私たちの命が大切なのとまったく同じよね」と、モットーである「ヌチドゥタカラ」に千恵はそれとなく触れた。

平和祈念公園には、沖縄人の高齢者や家族連れも大勢訪れていた。杖や車椅子で訪れた女性たちは黒っぽいブラウスとスラックスをはいていた。「車椅子でも、みんなやってくる」と千恵は言った。「そういう人たちの話を私は聞きたいの」。千恵は見知らぬ人でもすぐに話し相手にしてしまう――キャンプ・シュワブの外で会った海兵隊員や香港から伊江島に来た学生、千恵ら活動家を抑えつけるために派遣された本土の警察官であっても。だが、千恵が一番話を聞きたい相手は戦争体験者だった。だから慰霊の日には誰とでも話がしたかった。すぐに辺野古から来た知り合いの老人を見つけた。彼女は手を振ると、体験談をせがんだ。その男性は胸ポケットにペンを二本差し、目には涙を浮かべていた。戦争中、父は伊江島へ送られ、アメリカ人から逃れようと、ふたりの兵士と一緒に崖から飛び降りたと、彼は語りはじめた。この話は生き残ったひとりから聞いたのだが、それ以来父を見た者はいないという。その後、崖下で遺骨が発見された。戦後は母とふたりの妹と極貧のなかで暮らし、年に二回の運動会が楽しみだったという。当日は学校が昼ご飯を出してくれて、その時だけは弁当を食べることができたからだ。貧しかったので背が伸びず、自信も持てなかった。学生時代に好きな女の子がいたが、声をかけることもできなかった。

園内の資料館の外の日陰で、千恵と私は水をがぶ飲みした。すでに暑くなっていた。気温は摂氏三〇度近く、雲ひとつない青空で湿度が高く、息苦しいほどだ。ＮＨＫのリポーターがカメラの前で英語で中継をしていた。警備にあたる警察の物々しさもさることながら、公園にはリポーターやカメラクルーもつめかけていた。リポーターは今年の慰霊の日がいかに特別かという理由を話していた。辺野古の基地建設が進むなか、「そのことが式典に出席する多くの人々の頭から離れないにちがいない」

「平和の礎」では、祖父母や親や子が祖先の名前を見つけて、集まっていた。弁当や花束、お茶、バナナ、オレンジといった供え物を並べ、愛する人の名前に水をかけては石を撫で、埃を拭うと石碑の前にしゃがみこみ、目を閉じて手を合わせる。千恵は母方の親族の名前を見つけ、この一連の作法をすませると、戦死した伯父である幸子の兄を思って泣いた。父方の親族の名前の前では、会ったことのない彼らの、自分が聞き知っていることを思い起こした。勉強好きの少女だった叔母の文は、かの有名な従軍看護隊、ひめゆり学徒隊に動員された。女子のエリート校二校から編成された「姫百合学徒隊」は、中等学校二一校の学徒隊のなかでも、彼女たちの耐えた恐怖と献身的な働きから、世間でもっとも広く哀悼され、崇敬され、ロマンを誘う存在となり、その悪夢の日々を記録した優美な「ひめゆり平和祈念資料館」が建てられた。ほかの中等学校の生徒らと同様に、彼女たちは沖縄戦に動員され、降伏する前にみずから命を絶つよう教えこまれた。千恵の家族は文の死について詳しいことは何も知らない。

今は亡き千恵の父も、大田昌秀と同じく男子学徒隊に動員された。十代のふたりの少年は軍司令部からの情報を戦場の将兵や住民に伝える任務に従事したが、九死に一生を得て長寿を全うした。これは奇跡だ――私が生まれたのは何という幸運。千恵はこう言ってしばらく黙りこむと、指先で刻銘をなぞりながら、何人かの名前にささやきかけていた。

ふたりで公園の中央口へ向かって歩いた。そこでは安倍晋三に対する小規模なデモが行なわれていた。千恵ら活動家は、首相にこの式典には出席してもらいたくなかった。新基地建設を決定し、沖縄を抑えつけながら、その沖縄を支援するという偽りの言葉を語ってほしくない。一〇人あまりのデモ参加者のうち何人かは、キャンプ・シュワブで座りこみをしていた人たちだった。人々は、走りくる車のスモークガラスの向こうにいる首相の耳に、一瞬でも自分たちの訴えが届くことを期待していた。

次に千恵は平和祈念堂を訪れた。高くそびえる白亜の塔で、中には巨大な平和祈念像が安置されている。エアコンから吹き出す風に、私たちはほっと一息つくことができた。警備員が近づいてきて、来館者には出ていってもらわなければならないと告げた――もうすぐ首相が到着する。千恵は時間稼ぎをした。写真や動画を撮り続け、トイレにするりと逃げこんだ。出てきたときには、私たちは警察の封鎖線の中にいた。ガールスカウト沖縄県連盟の一団とその家族もそこにいて、少女たちが整列して首相を迎えるリハーサルをしていた。千恵はだんだん緊張してきたようで、もし首相がそばを通ったら、何と叫ぼうか考えていた。前年は、思いがけなくも抗議活動の現場を訪れた首相夫人に、千恵は懸念を伝えることができた。オスプレイの深夜の飛行や島袋里奈さんの殺害について話をした千恵にファーストレディは頷き礼を言うと、名刺をくれた。しばらくの間、昭恵夫人が千恵らの言い分に心を動かされることを期待していたが、その後、なんの進展もなかった。

首相は姿を現わさなかった。ほかの入り口から中へ入ったことを知らされ、千恵が首相と対面するチャンスは消えた。彼女は肩をすくめると、走って車に戻り、次の予定へ向かった。近くにあるずゐせんの塔での慰霊祭に参列するのだ。オーブンの中のような千恵の車に乗りこんだ私は今にも意識を失いそうだった。ペットボトルの水とスポーツドリンクをがぶがぶと飲みほしたが、それでも足りない。戦争末期の七二年前もこんな天気だったと、ひとりの戦争体験者が語っていた。エアコンはおろか、避難所も水もなく、この暑さに耐えながら、戦闘を生き延びることなど、私には想像もできない。

ずゐせんの塔は、従軍看護隊として任務にあたった瑞泉学徒隊の戦没者を慰霊する。そこに学徒隊のひとりだった千恵の母・幸子の姿があった。黒と白のプリント柄のブラウスに黒いパンツをはいている。いつものように温かく、ユーモアにあふれ、私が片言の日本語で話しかけるとくすくす笑う。八九歳だがかくしゃくとして、自立して暮らし、大家族の中心的存在だ。幸子と亡夫の間には五人の子供がおり、うち四人は沖縄に住み、彼女の家をよく訪れる。家は二〇世紀半ばに建てられたバンガロー式の元米軍住宅だ。幸子の家族はこの島の多様性を反映していた。息子は東京出身の女性と結婚し、娘のひとりは東南アジアの男性と結婚、娘夫婦のバイレイシャルの娘たちは米兵と結婚していた。千恵や姪の美乃をはじめ家族のうちの何人かは、米軍の駐留に抗議し、沖縄の歴史や言葉、文化を守るため熱心に活動していた。こうした違いはあるにせよ、家族仲はよさそうだった。家族が集まると、活動家の横で米兵が浮かれ騒いで笑っていた。実のところ、宮城家は私が沖縄で出会った家族のなかで、もっとも和やかで友好的な人々だった。

ずゐせんの塔は、緑の木立のなかにひっそりと建つ石碑で、その日は献花でひときわ美しく飾られていた。慰霊碑の前には、日よけの天幕の下に折り畳み椅子が並べられ、五〇名ほどの人々が慰霊祭に臨んでいた。最前列には瑞泉学徒隊で生き残った八〇〜九〇代の女性が、一〇名ほど着席していた。その数は年々、少なくなっている。スピーチ、合唱、黙禱のあと、ひとりずつ祭壇に進み出る。戦争で生き残った人々の多くがそうであるように、幸子も長い間戦争の話をしなかったという。ところが、晩年になって戦争のことを思い出すようになり、語り部となった。戦時中の話を語り、米軍の駐留反対を公言するようになった彼女はこの慰霊祭のあともメディアのインタビューをいくつかこなし、その晩の全国ニュースに出演した。

この時は知るよしもないのだが、幸子にとってこれがずゐせんの塔での最後の慰霊祭になった。二〇一八年六月、次の慰霊の日のわずか四日前、彼女は突然、九〇年の生涯を閉じた。その前の晩、幸子は自宅のリビングルームで千恵や美乃と一緒に踊りを踊り、笑いながら写真のポーズをとっていた。翌日に控えた千恵が教える高校でのイベントに備え、練習をしていたのだ。美乃が戦前の学生時代について幸子にインタビューする趣向だった。戦争のせいで短くはなったが、勉学に勤しみ、友人と過ごした屈託のない日々があった。このインタビューをきっかけに、まだチャンスのあるうちに、生徒たちが自分の祖父母や曾祖父母、高齢の隣人に昔のことを訊ねてくれればと、千恵は願った。一方、幸子にも彼女なりの使命があった——辺野古の新基地建設と日本の再軍備化、この国はまるで新たな戦争に突き進んでいるようだ。もしまた戦争が起これば、戦闘員として最初に徴兵されるのは自分たちだということを、生徒の心に刻みつけたかった。幸子の生きた時代に戦争が起こったのなら、生徒たちの生きる時代にも戦争が起こる可能性はある。だからみんなで平和を求めなければならない。

ところが、幸子は生徒の前で話をする前に、高校の駐車場で心臓発作に襲われた。まさに美乃が彼女をイベント会場に連れていこうとしていたときのことだった。そして数時間後、彼女は病院のベッドで息を引き取った。彼女の平和のメッセージが世に伝わるかどうかは、これからの若い世代の肩にかかっていた。

第11章　アイ

　玉城愛は島袋里奈さんと同じ二〇代になったばかりで、うるま市に住んでいた。こうした類似点から、殺人事件のニュースに愛は強い衝撃を受けた。行方不明の女性が殺害され、容疑者は元海兵隊員という携帯電話に表示された文字を目で追ううちに、携帯を握る手が震え出した。こんなふうに自分の意思とは無関係に体が反応するのは初めてだ。名状しがたい強烈な感情が押し寄せ、体中を駆けめぐる――小刻みに揺れる小さな画面を見つめながら、愛はそう感じるのがやっとだった。

　失踪した女性のことはソーシャルメディアを通じて知っていた。カルト集団に誘拐されたのか、交際相手の仕業なのかといった憶測が飛びかっていた。まさかアメリカ人に殺されていたなんて、愛は予想だにしていなかった。今までこの種の危険が頭に浮かんだことなどなかったのだ。愛や里奈の世代は、基地を郷土の風景の一部とみなして大きくなった。危険なもの、戦争の遺物、あるいはひどく不当な存在とは見ていなかった。有刺鉄線が張りめぐらされたフェンスの脇を車で走りすぎるのは、〈スターバックス〉の横を通りすぎるのと同じくらい普通のことだ。米軍の駐留による問題点ならこれまでも聞いていた――犯罪、それに事故。愛が通った小学校にも一九五九年に米軍のジェット機が墜落した過去があった。このF－100D戦闘機墜落事故で児童一一人を含む一七名が死亡［のちに児童ひとりも後遺症で死亡］、二〇〇名以上が重軽傷を負った。[*1] 学校では毎年、遺族や地元住民、生徒らが参列し、慰霊祭が営まれる。それでも基地問題は愛の生活とは無縁の遠い存在のように思えた。うるま市のほとんどの住民と同じように愛の両親は保守的で、基地に疑問を持たなかった。愛も同じだった。

転機が訪れたのは大学生の時。彼女は本島北部にある名桜大学の学生だった。当時の県知事・仲井眞弘多が公約を覆し、米軍の新基地建設のため辺野古埋め立てを承認、大規模な反対運動が起こったことを知った愛は、ほとんど興味本位でキャンプ・シュワブや高江の抗議活動を見に行った。これまで抗議をする人々に対し、ソーシャルメディアで目にした動画からネガティブな印象を抱いていた。動画では激高した「活動家」が基地をあとにする米兵の乗った車を叩いて、「ヤンキー・ゴー・ホーム」などと叫んでいた。こうした動画を愛の世代の多くの沖縄人は不快に思い、アメリカ人に同情した。アメリカ人のそばで成長した自分たちにとって、アメリカ人は友達だったはずだ。活動家の激しい言葉をヘイトスピーチの類とみなす者もいた。

ところが抗議参加者に会い、愛は動画に映る人々が例外であることを知った。多くの場合、基地のゲートの前にいる人々は第二次世界大戦を生き抜いた高齢者で、過去の恐怖を二度と繰り返さないという責任感と平和を希求する思いに駆られ行動しているのであって、憎悪が動機ではなかった。彼らと話をして、目から鱗が落ちる思いがした。多くの沖縄人と同じく、愛は学校で沖縄の戦中戦後の歴史をあまり学んでいない。国が定めたカリキュラムで生徒は日本の古代史は学んでも、琉球王国の歴史も沖縄の近現代史もほとんど学んでこなかった。沖縄を今の状態にした過去七〇年の歴史である、アメリカによる占領時代も本土への復帰運動も勉強していない。[*2]「彼らは何も知らない」と政治学者の佐藤学は語る。彼の言葉には裏付けがあった。「復帰運動」という言葉の意味や五月一五日がどういう日か学生に訊ねたところ、この言葉を聞いたことのある者、あるいは、復帰運動とは一九六〇年代に沖縄全体で巻き起こった大規模な市民運動で、この運動が沖縄の日本への復帰の道筋をつけたことを知っていた者は一〇〇人のうち、ひとりもいなかった。「ショックだった」。沖縄が日本へ復帰した一九七二年五月一五日については、地元紙がこの時期、毎年のように特集を組んでいるにもかかわらず、この日が「復帰の日」だと知っていた者はわずか三〇パーセントほどだった。学生は新聞を読まない。それに学校でこの時代の歴史を勉強したこともない。辺野古の新基地反対運動に若者が参加しないのは、沖縄史を知らないことが一因であると、佐藤は考えた。

座りこみを続ける人たちと話をして実情を知るうち、愛の基地に対する考えは深まっていった。基地反対運動にのめりこみ、活動する数少ない若者のひとりとして自分の役割を認識するようになった。愛は、日本の平和憲法を守るために闘う全国学生団体ＳＥＡＬＤｓ[*3]〔自由と民主主義のための学生緊急行動」の派生団体SEALDs RYUKYU（シールズ琉球）に参加した。やがて新基地建設中止を求める「オール沖縄会議」の共同代表として、知名度の高い年配の活動家とともに活動するよう求められ、メディアの顔となった。ある時、彼女は地元のテレビ番組に出演し、沖縄戦での戦闘体験を祖父にインタビューした。沖縄では珍しい世代を超えた対話だ。テレビカメラの前で、人を殺したか、ずばり祖父に質問すると、「かもしれない」と祖父はあいまいに答えたが、あとでこっそり事実を打ち明けてくれた。

里奈さん殺害のニュースは愛にとって新たな転機——自分が被害者になってもおかしくないと、身につまされる事件だった。

ニュースを観たあと最初に電話したのが、「基地・軍隊を許さない行動する女たちの会」共同代表の高里鈴代だった。鈴代はまだこのニュースを聞いていなかった。そこで愛はまたしても殺人と強姦が起こったことを彼女に伝えた。その晩、ふたりは会って作戦を練った。行動は起こしたいが、遺族の気持ちも尊重したい。そこで翌日、記者会見を開くことにし、二日後に「沈黙抗議」を行なった。記者会見で愛は、同世代が殺害されたことに対し、恐怖と怒りと悲しみで言葉にならないと述べ、基地のある沖縄で生きる者として、日米両政府に自分たちの気持ちを訴え続ける必要性を強調した。*4 米海兵隊基地キャンプ・フォスターの外で行なわれた沈黙抗議には、彼女を含め黒と白の服に身を包んだ二〇〇〇人が参加した。人々は「Don't rape Okinawa.」「You killer go home right now!」「断じて許さず」などと書かれたプラカードと、沖縄で死者の魂をあの世へ誘（いざな）うと言われる蝶の絵を掲げた。行進しながら女性たちは泣いていた。年配の参加者たちは抗議の拳を天に向かって突き上げた。白髪交じりの男性が傘で基地のフェンスを叩き、その音が小さなマーチングドラムのようなリズムを刻んだ。[*5] 米軍の撤退を求める横断幕を両手でつかみながら、愛はうつむいて悲しみに顔を歪ませていた。

その翌年、那覇市のカフェで、私は愛と初めて会った。彼女はぱりっとした白のブラウスにテーラードジーンズをはき、上品なベージュのバッグを手にしていた。赤みがかった茶色の長い髪は手入れが行き届き、化粧も丹念に施されている。愛想がよくて礼儀正しく、むしろ優しい話し方をする人だ。輝くように明るく笑う。手鏡を時々覗いて見た目を確認する様子からは、二〇代前半にありがちな自分に関心が向くところもうかがえた。愛と同じように私も活動家に対してある種のイメージを描いていた。慎み深いというよりは激しい性格の人物だろうと。だが、こうした固定観念で愛を評価するのは大間違いだった。

里奈さんの死から二か月後、焼けつくような六月の日曜日の昼下がり、愛は那覇市の抗議集会で約六万五〇〇〇人の聴衆を前に壇上に姿を現わした。気温は摂氏三五度近くに達していたが、運動公園は里奈さんを追悼し、沖縄からすべての海兵隊の撤退を求める決議案を支持する人々で埋めつくされた。「怒りは限界を超えた」、その裏面には「海兵隊は撤退を」と黄色の地に黒と赤の文字で書かれたメッセージボードを手に、日傘を差し、日よけ帽をかぶった人々がグラウンドに腰を下ろし、演説の声に耳を澄ましていた。この県民大会に呼応して、東京でも国会議事堂前の抗議デモに約一万人が参加した。

那覇では黙禱のあと、鈴代が里奈さんの父親からのメッセージを代読した――「なぜ娘なのか。なぜ殺されなければならなかったのか」。愛の登壇の番になった。彼女は壇上に着席する県知事らに一礼したあと、演台の前に立った。一瞬、怯えたような表情が走った。誰もけっして信じないが、聴衆が何人であろうと、愛は人前で演説をするのが嫌いだった。ところが、オール沖縄会議共同代表のひとりとして演説することになり、この機会を利用しようと考えた。自分の気持ちを日本全国の人に届けたい。演台の愛は、日差しに目を細めた。ほかの者と同じ黒の喪服姿で、毛先はきれいにカールされている。会場を埋める何万もの聴衆が、ぱたぱたとうちわで扇ぎながら、彼女の言葉を待っていた。

八分間のスピーチの出だしから、感情がこみ上げたのか愛はやや息が浅くなっているようで、眉根を寄せていた。まず米軍関係者から性的暴行を受けたすべての女性に向かって呼びかけ、思いを伝えた。次に里奈さんに直接語りかけた。「あなたのことを思い、多くの県民が涙し、怒り、悲しみ、言葉にならない重くのしかかるものを抱いていることを絶対に忘れないでください。あなたと面識のない私が発言することによって、あなたやあなたがこれまで大切にされてきた人々を傷つけていないかと日々葛藤しながら、しかし黙りたくない。そういう思いを持っています」

それから二分もしないうちに、愛は痛烈な言葉を発した。総理大臣の安倍晋三と日本本土の人々全員に向かって呼びかけ、「今回の事件の『第二の加害者』は」とここで少し間があり、顔を歪め、震える声を大にして言い放った。「あなたたちです」。普段なら感情を抑えている人々の息をのむ声が聞こえ、賛同の拍手がぱらぱらと起こった。悲しみと暑さで麻痺していた人々の感情を、愛は目覚めさせたようだった。そのあとは会場が一体感に包まれ、愛の声が力強くなるにつれて賛同や賞賛の声や音がますます大きくなっていった。愛は政府に、いつまで沖縄県民をばかにするのかと問いただした。再発防止のための米軍による「綱紀粛正」は「使い古された幼稚で安易な提案」で意味を持たないと言い切り、当時の大統領バラク・オバマに対してはアメリカから日本を解放するよう求めた。

スピーチ半ばで彼女は泣き出し、涙を抑えることができず、言葉を切ってはハンカチで涙を拭い、鼻をすすった。それを聴衆は指笛と喝采で励ました。愛は泣きながらも演説をやめることはなかった。「同じ世代の女性の命が奪われる」と彼女は続けた。「もしかしたら、私だったかもしれない。私の友人だったかもしれない。（略）彼女が奪われた生きる時間の分、私たちはウチナーンチュとして（略）誇り高く責任を持って生きていきませんか」

最後に愛はメッセージボードに書かれたスローガンを叫んだ。「怒りは限界を超えた」。そして、壇上の全員と一緒にボードを頭上に高々と掲げた。同じように公園に集まった何万もの人々がボードを掲げた。さながら愛は無限に広がる鏡を覗きこんでいるようだった。[*6]

里奈さんの死後、バラク・オバマと安倍晋三は日本本土での日米首脳会談でこの事件について話し合い、ともに犯罪を非難した。沖縄県議会は初めてとなる、日米両政府に海兵隊の沖縄からの撤退を求める決議を可決した。[*7] 日本政府は沖縄県内の警察官を増員して、街頭パトロールを強化した。[*8] 在沖米軍は構成員全員に対し、基地の外での飲酒を三〇日間禁止し、深夜〇時までに基地に戻るよう命じた。『星条旗新聞』は、コザゲート通りの「異様な静けさ」を報道した。[*9]その夏の七月四日（独立記念日）も静かだった。米軍が「沖縄の朋友に寄り添い、哀悼の意を表するため」花火やコンサートを自粛したためだ。[*10]

他方、多くの女性たちは不安を訴えた。ある女子大学生は「恐ろしくて夜間外出できなくなった」。[*11]うるま市の住民は川べりのその付近をウォーキングしなくなった。[*12]市内のある女性向け護身術講習会の参加者は前年の五倍に跳ね上った。[*13]女性たちは米兵との過去の体験を思い起こし、不気味なレンズを通して、「もしやあの時」と想像した。「私も暴行されていたかもしれない」と語る二一歳の会社員は嘉手納飛行場近くで米兵が彼女に近づいてきたとき、「凍りついたように動けなくなった」。別の女性は、信号で停車した際、米兵が車に近寄ってきたときのことを思い出した。「背筋が寒くなった」と語る三六歳の二児の母親はそれ以来、車の窓を開けて運転しなくなったという。[*14]

殺人罪に問われたケネス・ガドソンが妻と生後まもない子供、妻の両親と一緒に住んでいた家の近所の住民は、基地の暗部が自分たちの目と鼻の先に存在したことに衝撃を受けた。「そんな恐ろしい罪を犯す人間が近所で暮らしていたなんて、想像できない」と地域の指導者は語っている。「与那原町（よなばるちょう）は本島中部のように多くの外国人が住む地域ではない。中部で米軍がらみの事件が起こるたびに、その地域の人々を気の毒に思ってきたが、どこか対岸の火事のようにいつも考えていた」[*15]

人々が強い衝撃を受け、その恐怖が高まったのは事件の一〇か月後、その晩の詳細がついに明らかになったときだ。ガドソンは『星条旗新聞』に事件の全容を語った。[16] 強姦致死と殺人、死体遺棄の罪で那覇地裁に起訴された彼は拘置所にいた。裁判を待つ間、接見した日本の弁護士を通して彼の話が同紙に伝えられた。見出しは「元嘉手納基地従業員、沖縄人女性致死事件の陰惨な詳細を明かす」。記事には濃紺の制服を着た高校時代と思しき里奈さんの写真が掲載されていた。大写しにされたその顔は無防備で、若さと希望にあふれている。

ガドソンと高江洲歳満（たかえすとしみつ）弁護士は、ニューヨークでのガドソンの幼少期についてすでに同紙に語っていた。[17] 精神疾患や虐待、また、母親との関係により、女性との付き合いに問題を抱えていたという。彼の人生に父親の存在はなかった。ガドソンの供述によると、子供の頃、頭のなかで複数の声が聞こえ、ＡＤＨＤ（注意欠如・多動症）と「向社会的、非攻撃的な素行障害」の治療を受けていた。素行障害についてアメリカ精神医学会は、「他者の基本的人権または年齢相応の主要な社会的規範または規制を侵害することが反復し持続する行動様式」と定義し、[18] 具体的には「人および動物に対する攻撃性」「所有物の破壊」「虚偽性や窃盗」といった行動を含むとする。[19] 高校時代にガドソンは「女性を誘拐して監禁し、強姦する」妄想にふけるようになった。女性たちは「卑劣」だ。「彼にとって女性は善良か、敵か、そのどちらかだ」と高江洲は『星条旗新聞』に語っている。「中間というものが存在しない。その女性が善人かそうでないかどうしてわかるのか訊ねると、彼は『目を見ればわかる』と言った」。高江洲は、こうした問題は実母や養母との関係によるものだとほのめかした。一〇代の頃、「よく母に暴力を振るった」と語るガドソンは虐待を受けていたという養母を殺して、自分も死のうとした。その後、ガドソンは母と距離を置くために、名字を捨て、妻の姓を名乗った。[*20]

殺人の衝動は収まらなかった。二〇〇七年に海兵隊入隊を志願したとき、集団面接で海兵隊員になりたい理由を「人が殺せるからだ」と答えたが、ガドソンの言葉を面接官は警戒せず、海兵隊に採用した。その後のノースカロライナ州のキャンプ・ルジューンでの訓練中も同僚たちを攻撃することで、自殺したい衝動と闘った。〔射撃〕練習場から抜け出して、茂みの中からほかの隊員を撃てば、自分も撃たれると思った」と彼は述べている。[*21] 以後も自殺衝動は消えず、里奈さんの事件で県警の任意聴取後に睡眠薬を過剰摂取するなど、一連の自殺未遂で症状は悪化したと彼は主張している。[*22]

ガドソンが語った犯行の詳細について、『星条旗新聞』は「あまりに描写が生々しいので、公表を差し控える」と読者に伝えている。[*23] 法医学の医師は、彼の供述を立証することも反証することもできなかった。供述に基づき警察が遺体を発見したときには、沖縄の自然界の作用により、死因を特定するための証拠がほとんど残っていなかった。結局、歯型鑑定に持ちこまれ、里奈さんと特定するに至った。

ガドソンによると、事件の発端はうるま市の通りで里奈さんに目をつけたことだった。「彼女が私の車の横を通りすぎ、その姿がはっきり見えたとき、頭のなかで声がした。『あの女だ。俺の夢を叶えるのはあの女だ』」。彼の供述を高江洲は記録している。「彼女がそうだと一〇〇パーセント確信は持てなかったが、空を見上げると赤い満月が出ていた。それが合図だとわかった」。彼は車を降りると彼女を襲った。「棒で殴って意識を失わせ、スーツケースに入れてホテルに運び、強姦するつもりだった」。日本では女性がめったに強姦の被害届を出さないので、逃げおおせると思った。

殺すつもりはなかった。強姦することもできなかったという。往来の車から見えない草むらへ無理やり引きずりこんだとき、彼女が地面に頭部を打ちつけたのだと彼は語っている。口を利こうとしたので、首を絞めた。意識を失った彼女の鍵とスマートフォンを奪うと、犯行に使った棒と一緒に川へ投げ捨てる前に、彼女のスマートフォンの写真を撮った。それから彼女をスーツケースに押しこむと、北に向かって車を走らせ、雑木林に遺棄した。「捨てるとき、何かしゃべったように思った」と彼は供述している。「生きているかもしれないと思い、持っていたナイフで刺した」。彼は何度も何度も刺した。「何も言わなくなった」。気がつくともう死んでいた。

「車で家へ向かう途中考えていたのは、〔強姦の〕夢を成し遂げるには想像以上の努力が必要で、緊張してくたくたになるまでやったが、〔相手が死亡してしまい〕結果に見合わないということだった」と彼は語っている。「数日以内に警察が自分のところへやってくるかと思っていたが、来なかったので心配するのはやめた。日課をこなし、いつものように仕事に出かけた。女性のことは考えなかった」

その後の事情聴取のあと、警察は川底をさらい、棒と鍵を発見した。彼の携帯電話には里奈さんのスマートフォンを撮影した画像が残っていた。車内に付着していた血痕も里奈さんのDNA型と一致した。

当然のことながら、ガドソンの供述に対し、沖縄人の間で恐怖と怒りが湧き起こった。「不快きわまりない」と地元ジャーナリストは私に語った。「このような発言をすることで、収監や死刑宣告を免れようとしているのだ」。多くの人はガドソンが事件を精神疾患のせいにするため、先手を打って声明を出したと考えた。すでに裁判地変更の請求は棄却されており、沖縄で裁判が行なわれれば、六人の裁判員から偏った判断を下されるとガドソンは考えた。「沖縄のすべての女性が（略）被害者は自分だったかもしれないという被害感情を持っている」と高江洲は裁判の管轄移転請求書に書いている。「悲しみを共有し」「県民全てが被害者家族と同じ意識を持って」いる。供述のなかでガドソンは事件後のデモを認識していた。「裁判が始まれば沖縄の人々が裁判所を取り囲んで傍聴し、裁判員にプレッシャーをかけるだろう。（略）裁判員は冷血で極悪非道な犯行だとして、私に死刑を求刑するだろう」[24]

日本の場合、死刑判決は複数の人を殺害した者に下されるのが通例だ。しかし、里奈さんの父親は犯人に極刑を望んだ。彼女の誕生日の数日前に父は報道機関に手記を寄せた。「娘は、七月一八日に二一歳になりますが、娘の笑顔を見ることは二度と出来なくなりました。被告には、極刑を望み、娘が受けた痛み、苦しみ、恐怖を必ず受けて貰いたいと思います」[25]

周囲の同情を集めようと、『星条旗新聞』に記事を掲載したことは見当違いだったようだ。高江洲はガドソンが善悪の判断ができないことを示そうとしたのかもしれないが、弁護士を通じて明かされた供述の一部に人々は注目した。「［ガドソンは］事件の報道で自分が公平に扱われてないと感じるだけの能力はあるが、自分の行為の深刻さについて認識する能力がない。彼は被害者に対して罪の意識がまったくない。彼にしてみれば、あの時その場に居合わせた彼女が悪かった、ということになる」[*26]

ガドソンは「『彼女（被害女性）が悪かった』との認識を示している」と、地元紙は報道した。[*27]この報道について、『星条旗新聞』の記者は私に失望の念を表わした。彼女に言わせれば、同紙の記事の要点は、ガドソンが被害者を責めていることではなく、彼が正気ではないということだった。「日本の新聞を読んで、その反応にがっかりした。弁護士が伝えようとしているのは、ガドソンが異常だということだ。彼はまともではない。……いかに正気でないか［記事で］はっきり説明したつもりだ。……彼は最初から社会のなかで暮らすべきではなかった」。そして、『星条旗新聞』はガドソンの「代弁者」ではないと彼女は主張した――ただ彼が正気ではないという事実を伝えただけだ。

彼が悪い、彼女が悪い、米軍が、日本政府が、本土の人間が悪い。誰が悪いかという問題が議論を呼んだ。ガドソンと里奈さんが付き合っていたという噂を流す人もいた。里奈さんにも落ち度があるとでも言いたげに。愛は日本の首相と本土の市民を責めた。あの演説後、彼女は殺しの脅迫を複数受けた。保守層の一部は彼女を非難した。「沖縄の人だって事件を起こしてきた」「もう一回琉球処分するぞ」と、理屈に合わないことを言う者もいた。[*28]こうした反応は予想していた。思いがけなかったのは、本土のリベラルから届いた怒りのメッセージだった――自分たちは沖縄人の味方だ、沖縄のことをいつも気にかけている。非難されて裏切られた気持ちだ。彼らには愛に見えるものが見えなかった。それは自分たちも加担しているということ。沖縄の基地負担を軽減すべく、国家レベルで政治を変えようとは動いていなかった。沖縄人の力になることを望んでいたとしても、基地を本土へ移設するために闘うには十分でなかった。

「沖縄が抱えざるを得ない痛みを、本土の人にも考えてほしかった」と翌年、愛は語った。[29] しかし、本土からの反応に、本土と沖縄の間の意識のずれは、両者の間に横たわる大洋よりも大きいと痛感せざるを得なかった。

沖縄社会でも、この犯罪の責任を米軍が負うべきなのか議論が起こった。ガドソンは二年前に海兵隊を除隊し、今は民間人として日本に居住しているのだから、これは日本の問題だと主張する者もいた。ネット上で『星条旗新聞』の購読者の「ビル」という男は、「米軍を退いた彼を、日本人は自分たちの社会に受け入れた。アメリカ社会が嫌いだったから、彼はそこを離れ、日本社会に溶けこみ、その一員になった。結婚して日本人の子供までもうけた。（略）基地と米軍はこの一件とは関係がない。悪いのは彼が同地に住むことを受け入れた沖縄の行政機関だ」と主張。これに対し別の購読者は、「ビル、君は完全に間違っている」と反論した。（私が聞いた話とは異なるが）ガドソンの妻が彼のもとを去ったと主張するこの購読者は、ガドソンは「日本人や沖縄人に受け入れられたことも、日本や沖縄社会の一員となったこともない。（略）ガドソンはただのペテン師、（略）地元住民の基地の仕事を奪った流れ者で、凶悪な強姦殺人を犯し、それによって軍の功労者全員の名誉に泥を塗り、そのイメージを損なった」と述べた。[30] 日本語もできなければ高学歴でもないガドソンは、基地内で働くしか能がなかった。ガドソンが沖縄に住めたのは、基地のおかげだ。

六月の抗議集会に関連して、日本の公共放送の国際サービスであるNHKワールドの「ニュースルーム・トウキョウ」は、「沖縄の県民感情を解き明かす」と題する特集を放送した。白のパンツスーツにポニーテールの日本人リポーターが東京からやってきて、集会の参加者にアメリカ人に対しどんな感情を抱いているかインタビューする。首にタオルを巻き、麦わら帽子をかぶった中年の男性は「反米感情は持っていない」と言い、別の女性は顔にしわを寄せて考えたあと、「ここに基地がある必要はないと思うが、アメリカ人は嫌いではない」と答えた。こうしたコメントにリポーターは驚きを隠さなかった。そして、沖縄県民の半数以上が「米軍基地に否定的な感情を持っている。（略）ところが、あなたはアメリカに親近感を抱いているかと訊ねると、六〇パーセント近くの人が『はい』と回答した」という意識調査の結果に言及した。[*31]

私は驚かなかった。もちろん沖縄人はアメリカに親近感を抱いている。アメリカ人とは何十年も一緒に暮らしてきたのだ。市街地のど真ん中に外国軍の基地を望んでいないことと、その国の人が嫌いなのとは話が別だ。近年、沖縄人は民主的な選挙を通じて、基地の重い負担に反対する意思を表明してきた。県知事を筆頭に、市長、国会議員に至るまで基地反対派に票を投じ、世論調査ではほとんどの住民が辺野古の新基地建設を望んでいない。こうした声は国内外でもよく知られている。大規模な抗議集会や怒りを露わにした政治家の演説のニュースが報道されているからだ。一方、あまりよく知られていなかったのは――しかも里奈さんの死後、多くのリポーターがそれに気づいて驚いたのは――だからといって沖縄人がアメリカ人を憎んではいないということだった。それどころか――

「個人の立場から言えば、[基地が]すべて撤退してしまったら、悲しい」と長年、那覇市議会議員を務める屋良栄作は『ロサンゼルス・タイムズ』紙に語っている。「七〇年経った今では、私たちはみな家族だ」。地元住民と米軍社会との有意義な交流の機会をもっと増やすべきだと、彼は考える。たとえば、彼が中学時代に体験した異文化交流のようなものを。「米軍基地で週末にホームステイをした思い出がある。黒人の兵士と奥さん、ふたりの子供たちと一緒に過ごした。テレビや映画でしか知らない、アメリカ文化を体験するチャンスだった」[*32]

沖縄市の五一歳の男性は日本の新聞に、自分が抗議集会への参加を見送るのは、「米軍基地への反対色が強すぎる」からだと話した。同紙の英語版は、男性のいとこが米兵と結婚していると説明。彼は「複雑な表情」を浮かべながら、「今回の殺人事件は残酷きわまるものだが、すべての兵士が悪い人間ということにはならない」と続けた。[*33]

東京では、ある沖縄人の大学生がこの殺人事件を知り、裏切られたような気分だと語っている。「私たちは米兵とは良好な関係になるよう努力してきた。なのになぜ今こうした犯罪が起きたのか」。彼は続ける。「米軍の駐留のせいで犠牲になる人がいる。しかし、基地の存在しない沖縄を私は想像できない」。米軍が駐留するいい面も悪い面もわかっているので、彼はこの問題におけるみずからの立ち位置を決められなかった[*34]。

　愛は沖縄の多くの若者が抱える相反する感情に気づいていた。里奈さん殺害のような事件が起こるので基地には反対だが、それでも米軍には友達がいる。こうした現状が基地反対派の若い世代と上の世代を衝突させるのだと、愛は語った。一度、友人の米兵を辺野古の座りこみの現場に連れていったことがあった。その時、活動家の山城博治から、君がその手の女の子だとは思わなかったよと怒鳴られたという。山城にしてみれば、米兵と一緒にいる彼女を見て、いわゆるアメジョの偏見が頭をもたげたのかもしれない。米兵と交際する女性はふしだらな裏切り者にちがいないと。その手の女の子。こうした狭量な考え方が、若者が抗議運動を敬遠するひとつの理由になっているのだろう。

　相反する感情を抱きながらも、抗議集会で演説をしてから、愛の基地に対する立ち位置はより明確になった。嫌がらせや怒りのメッセージ以外に、レイプサバイバーからも連絡を受け、米兵に性的暴行を受けた過去を打ち明けられるようになった。友人がひとり、面識のない人五人が、米兵から強姦された話を愛に語った。このことで愛は基地問題が国際的な安全保障の問題ではなく、地元女性の安全保障の問題だと痛感するようになった。女性たちの安全を守るため、基地は閉鎖する必要がある。

「沖縄の県民感情を解き明かす」という特集のリポーターは、過去から現在にかけて沖縄には米兵による性的暴行の被害者が多くいることを認め、それでも、数多くの女性がアメリカ人との結婚を選択すると指摘し、こう結論づけた。「米軍にもっともつらい目に遭わされてきたのは間違いなく沖縄の女性たちだ。しかし、女性たちは日本にいる誰よりもアメリカ文化のいい面も知っている」[*35]。東京の洗練されたニュースキャスターが発した、これはじつに注目すべきコメントだった。日本自体が、戦中と戦後の占領時代から長くアメリカとねじれた関係にある。戦後、この国は、歴史学者ジョン・ダワーが述べるとおり「アメリカ人の征服者たちの、ほとんど肉体の感触を楽しむかのような抱擁に緊縛されて」しまい、その抱擁から「アメリカ人は日本を手離すことができない」「あるいは手離す気がない」のだった[*36]。NHKのリポーターのこのコメントは、この国の国民の前に大きく立ちはだかるアメリカのことを、アメリカらしさを、東京で暮らす国際派の誰よりも身をもって知っていると、沖縄人女性を持ち上げていた。

ガドソンの裁判は二〇一七年一一月に那覇地裁で開かれた[*37]。被告は強姦致死と死体遺棄の罪は認めたが、殺意は認めず、強姦するだけで殺すつもりはなかったと主張。一方、検察側は一貫して殺意があったと主張した。法廷でガドソンは拘置所で支給された白のTシャツに紺色の長ズボン、プラスチックのサンダルをはき、ほとんど言葉を発することはなく、証言を求められても「黙秘権を行使する」と繰り返し、涙にくれる里奈さんの両親への謝罪の言葉もなかった。両親は再三にわたり死刑を求めた。「娘の命を奪った殺人者は、生かしておくべきではありません」と、里奈さんの母親の意見陳述を遺族側の弁護士が代読した[*38]。ガドソンの弁護側は、事件を基地をめぐる政治問題とは切り離して判断するよう求めた。「裁かれるのは被告であり、一人の人間である」[*39]。その後の公判で、高江洲弁護士は「刑を軽くしてほしいとは言わない。

日本人の同種事件と同じように公平、公正に処罰してほしい」と述べた。[*40]「私は本来悪い人間ではない。このようなことになったのは意図したことではなかった」[*41]

この第三回公判（論告求刑）の最後にガドソンはついに口を開いた。

一週間後、那覇地裁は殺人罪が成立するとし、ガドソンに無期懲役を言い渡した。判決理由について裁判長は、「被害者は成人式を終えたばかりで命を奪われた。その遺体は雑木林に捨てられ、ほぼ白骨化した状態で発見された。被害者の無念は計り知れない。（略）無期懲役より軽い刑を科す理由はない」と説明した。[*42]入廷から判決言い渡しまで、里奈さんの両親が泣きぬれるなか、ガドソンは終始無表情だった。裁判に出席した沖縄人からは、「反省がない」との怒りの声や、米軍の駐留を非難する声が上がった。地元メディアは有罪判決を報じ、真犯人の存在があることを読者に伝えた。『琉球新報』の社説は、「繰り返される事件を防げない日米両政府に重い責任がある」と論じ、里奈さんの父の求める「一日も早い基地の撤去」に賛同した。[*43]『沖縄タイムス』の社説は基地縮小を訴え、判決は地元住民の慰めにはならないと論評した。「求刑通りの判決が出たのに、気持ちが一向に晴れないのはなぜだろうか。（略）［被害者が］直面した恐怖や痛み、絶望を思うと、気持ちを鎮めることができない。（略）事件が突きつけたのは沖縄戦から72年たっても民間地域でウォーキングさえ安心してできない現実である」[*44]

里奈さんの死後二年あまりが経った慰霊の日、木々の生い茂った遺体発見現場のふたつの大型テーブルには、花やペットボトル、動物のぬいぐるみがところ狭しと供えられていた。ハートを抱きしめたスヌーピーは屋外の生活で灰色にくすみ、へたったものの健在で、テディベアと顔の大きなハローキティを仲間に迎えていた。献花台の斜め前方、以前警察の立入禁止のテープが張られていた木の幹には千羽鶴が飾られていた。

人々は里奈さんのことを忘れなかった。それでも結局、彼女の死は多くの者が望んだ政治的影響をもたらさなかった。海兵隊は沖縄にとどまり、バラク・オバマは安保体制を見直さず、現状を維持した。皮肉にも、二〇一六年一一月のドナルド・トランプの大統領選勝利が、沖縄の基地反対派の一部に希望を抱かせた。トランプが予測できないワイルドカードで、日本政府に対し米軍駐留の経費負担が十分でないと不満を述べ、負担増に応じなければ米軍を撤退させると脅しをかけたからだ。ところが、まもなく安倍晋三とトランプは一緒にゴルフに興じ、日本政府は新基地建設を再開した。反対派のカヌーチームが阻止を試みるも、大浦湾にはコンクリートブロックが投入された。県知事の翁長雄志は再び反対闘争に乗り出し、二〇一八年七月には前県知事の辺野古埋め立て承認を撤回する意向を示した。しかしながら、それから二週間足らずのうちに県知事はすい臓がんのため六七歳で死去した。亡くなる数か月前の痩せ衰えた県知事を見て、私は辺野古で基地反対派が口にした言葉を思い出した。ライターの浦島悦子によれば、基地と闘った歴代の名護市長たちは日本政府から想像を絶する圧力を受けてきた。そのひとりは若くしてがんで亡くなり、ストレスが彼を死に追いやったのだろうと人々は考えた。「日本政府に殺されたようなものだ」と浦島は言った。

沖縄の反基地感情が消えるのは時間の問題だと考える人は少なくない。戦争を知る世代は減少し、やがていなくなる。自分たちの歴史をあまり教わっていない若い世代は、生まれたときから知っている基地を受け入れる傾向にあり、政治問題よりも日々の仕事や生活にエネルギーをそそぐ。日本政府はこれが持久戦であることがわかっていると、政治学者の佐藤学は指摘する。「二〇年かそこら経てば、沖縄社会はすっかり変わるだろう」。そしてしばらく間を置いてから「それが沖縄の若者の幸せな生活につながるなら、それでいい」と言った。だが、無知に基づく決定が幸福をもたらすのか、佐藤は懐疑的だ。

実のところ、今のままの沖縄で幸せに暮らす多くの沖縄人に私は出会った。その全員が歴史に無知だったわけではない。基地の矛盾を自分のなかに静かに抱え、葛藤する者もいた。誰かと議論するのではなく深く考えをめぐらせながら。私の出会った若者たち——玉城愛、砂川真紀、千恵の姪の美乃——もそれぞれ沖縄の歴史を勉強していた。歴史を学びながら、現状を見つめなおしたことで米軍の駐留に疑問を持ち、行動を起こした。彼女たちは少数派には違いなく、さまざまな圧力を受けて運動から引き離されやすい存在だ。現に、沖縄キリスト教学院大学の英語講師・砂川真紀はそんな境遇にあった。全国規模の学生団体SEALDsに参加し、辺野古の新基地反対運動の顔となった彼女は、自分と愛は、こうした活動に参加するわずか一〇人ほどの沖縄の若者のうちのふたりなのだと語った。「全員をよく知っている」。大学のカフェで彼女はそう言うと、悲しそうに笑った。人数が少ないので責任は感じるが、家族からのプレッシャーのせいで活動から遠ざかっていた。親族は米軍の駐留に賛成ではないが、真紀が公の場で基地問題を語ることは反対だった。「新聞で私の顔を見たくないのだ……じつに複雑な問題だから」。公に発言することで、彼女の評判や人間関係に傷がつき、それが自分たちにも及ぶと、家族は考えていた。彼らは基地問題をタブー視していた。個人として基地に反対するのはいいが、公の場、隣人や同僚の前では話題にしない。非難して誰かを不快にさせる恐れがあるからだ。活動を始めたことで友達を失い、見知らぬ誰かから怒りのメッセージが届くようになったことは受け入れられても、家族と仲違いしてまで続けられないと彼女は漏らした。その点、年配の人はもっと自由だ。退職後の残りの人生、誰に気兼ねする必要もない。

愛の場合、家族は彼女の活動を支持していた。ところが、愛も基地反対運動から身を引きはじめていた。軸足を勉学に移し、政治学の修士課程に進んだ彼女は、ジャーナリストになって基地問題を取材するという志を抱いている。ある活動家は、ほかの活動家たちが愛に期待しすぎると私に話した。カメラ映えする若く美しい愛を活動の中心に据えようと、彼女がその気にならないうちにあれこれやってもらおうとする。多くの人が愛の政界入りを望んだが、彼女は抵抗していた。全国に名が知れ渡ったことで、彼女が受けた反発は大きな打撃となったにちがいない。私が脅迫に怯えたか訊ねると、愛は小さく笑ってそれには慣れたと答えはしたが。そして、クリスマスには一見プレゼント風に包装されたバイブレーターが自家用車の上に置いてあったと冗談めかして打ち明けた。

「彼女は強い」とある沖縄人の男性ジャーナリストは私に言った。「私なら耐えられない」

翁長の死後、後任を決める県知事選に日本中が注目した。沖縄県が引き続き新基地に反対するのか、受け入れるのかを決定する選挙だ。その結果はもっと大きな問題の答えでもある。基地反対運動は少数派の運動として下火になるのか。それとも、声高に叫ばずとも大多数の沖縄人がさらなる基地建設に異を唱えるのか。両陣営の候補者は、立地に問題があるとして、いずれも普天間基地の閉鎖を支持した。誰もがそれには賛成だった。争点は「代替基地」が沖縄県内となるか、日本本土となるかだ。出馬を表明した自民党の推薦候補、前宜野湾市長の佐喜眞(さきま)淳(あつし)は、辺野古の新基地建設を支持しながら、この問題には触れない選挙戦術を採り、日本でもっとも貧しい県である沖縄県の経済力の向上を公約に掲げた。対抗馬は、辺野古の新基地反対を声高に主張する自由党の前衆議院議員・玉城デニー、五八歳。この問題に関して、選挙戦中、自分がアメリカの血を引くことが交渉でプラスになると訴えた。玉城は沖縄人女性と海兵隊員の間に生まれたが、父には会ったことがない。そうやすやすとはいくまいと承知のうえで玉城は、「民主主義である父の国が私を拒絶することはできないだろう」と冗談めかして発言し、有権者を沸かせた。[*45]

基地の外で暮らすアメリカ系沖縄人「島ハーフ」に対する世間の批判に玉城は直面した。ツイッター上で「不完全なハーフ」と呼ばれ、「だってあなたは英語を話すこともできないじゃないですか」となじられた。だが、彼の生い立ちは有利に働くと、玉城を支持する者もいた。「彼だからこそできることがあると思う」[*46]。それでも、ラジオのパーソナリティやミュージシャンとしての彼を見慣れているせいで、玉城のバックグラウンドに注目しない者もいた。「彼は超人気者。半分アメリカ人でも関係ない」と、あるうるま市の住民は言う。[*47] 玉城本人は、みずからを「戦後の沖縄のシンボル」と称し[48]、島の文化の復興の重要性を強調して、「琉球歴史文化の日」制定を提言した[49]。血筋の上で米軍基地とつながりのある同じ立場の人とは違い、玉城は沖縄人としてのアイデンティティを表明し、米軍の駐留反対を唱えても、心の葛藤は生じないようだった。半分アメリカ人だからといって、彼が沖縄人にはなれず、基地閉鎖を率先して主張することはできないということにはならない。こうした真実を彼は誇り高く胸に抱いた。

政府は玉城への攻勢を強め、本土で注目を浴びる政治家たちを沖縄へ送りこみ、佐喜眞の選挙戦を応援した。その努力は実らず、二〇一八年九月、玉城は完勝し、沖縄県知事に就任した。県民は投票で再度、島に新たな基地を建設することに反対を表明したことになる。当選から数日後、玉城はキャンプ・シュワブのゲート前で抗議活動を続ける人々を前に「辺野古の（海の）埋め立ては民主主義を破壊する行為。世界中に『私たちのデモクラシーはここから始まった』と示すため、全力で行動したい」と激励した[50]。

先日、私はシアトルで日米の指導者が集まる行事に出席した。ピュージェット湾を臨むランチの席で、私は東京から来た日本政府高官に沖縄の話題を持ち出した。彼は目を輝かせた。この問題には特別な関心があったのだ。

「もちろん私たちは沖縄の人々のことを思いやっています」と言う彼に、辺野古の闘争への支持を表明するものと期待して、私はほほえみかけた。だが、次に飛び出した言葉は「しかし、新基地に最適なのは沖縄です」というものだった。

「基地なら沖縄にもう十分にあるとお考えになりませんか」と私は訊ねた。

彼は地政学と国家の安全保障、沖縄の立地の重要性についてひとしきり話をすると、こちらがびっくりするようなことをさらっと口にした。「それに沖縄の人たちは基地のある暮らしに慣れていますから」

この言葉に私はいらだった。慣れっこになっているだろうからといって、負担を軽くしようとしないのはあまりに無情で、相手を見下した態度に思えた。ところが、話を聞くうちに彼の言葉の真意がわかった。それは私自身気づいていたことだった。基地が沖縄に根付いてしまっているがゆえに、そのまま置いておくほうが容易なのだ。何十年も経つうちに基地は地元の人々と密接に結びついてしまい、根を引き抜いて新しいコミュニティへ移植して、一からやり直すことのほうが難しくなった。実のところ、基地に「慣れている」沖縄人のこの生活スタイルに、そもそも私は惹かれたのだった。文化が融合し、矛盾に満ち、複雑さを抱え、思いがけない世界を見せてくれる沖縄に、私は恋して夢中になった。一部の沖縄人が今のままの沖縄が好きな理由も、私には理解できた。米軍の駐留が、日本のほかでは見られないここだけの空間と機会を生み出す。これが基地がとどまり続けるパワーにもなっている。

それでも、その実情や歴史を知れば知るほど、私は沖縄の基地は閉鎖する必要があると感じるようになった。第二次世界大戦を通じて沖縄人が受けた苦しみ。アメリカによる土地の収奪。自分の家の裏庭ではやめてくれと、本土は基地を沖縄に押しつけるばかり。小さな島にこれほど多くの軍を集中させる戦略上の理由のなさ。性的暴力の蔓延。再三、民主的な手続きで沖縄人が表明してきた基地反対の民意。沖縄にこれほど多くの基地が存在しつづけることが不公平であることはよくわかる。沖縄人がほかの市民と同様に声を上げる権利を持ち、個人の安全が保障されるのは当然のことだ。

玉城デニーの当選後、日本政府は新基地建設中止という沖縄の声をまたも無視したが、玉城が県知事になったことに私は希望を抱いた。日本で最初の混合人種の県知事である玉城は、沖縄の矛盾の体現者だ。米軍の駐留と密接な結びつきがありながら、基地縮小のために闘う人物。こうした類のあいまいさが、沖縄には必要なのだ。これまで対話があまりに単純化されていたので、人々はものが言えず口を閉ざすことが多かった。矛盾やどちらとも定まらないあいまいな領域を——単純化された幻想ではなく、厄介な現実を——もっと認識できるようになれば、人々は話がしやすくなるだろう。玉城が県知事になったことで対話の道が開けるかもしれない。こうしたあいまいな領域で充実した生活を送る若者が、気持ちよく対話に参加できるようになるかもしれない。玉城個人の生い立ちからも、沖縄の戦後の歴史が浮かび上がる。沖縄、日本、アメリカで、その歴史を知る人はあまりにも少ない。この歴史を知れば、基地反対運動の真に意味するところに気づくだろう。

あのシアトルのランチで、東京から訪れた政府高官に私は言い返さなかった。沖縄について、その歴史や不公平さや美しさについて、言いたいことは山ほどあったが、私たちは海に浮かぶヨットを目で追いながら、エビ料理を前に社交辞令に終始した。彼に理解してもらうためには、私はすべてを語りつくさなければならない。私が沖縄で出会った人々、世界のふたつの大国と対話を試みる女性たち、耳を塞ぎたくなるような真実を相手に伝えようとする人々――こうした人々に命を吹きこみ、蘇らせなければならない。

謝辞

本書の執筆の端緒を開いたのは今から一五年以上前に遡る。その間、私を支え、励まし、私に力を貸し、影響を与えてくれた人は数知れず、ひとりひとりの名前をここに挙げることはできないが、そのすべての方々に感謝する。

誰よりもまず、本書に何らかのかたちでかかわってくださった沖縄の人々全員にお礼を言いたい。この作品を完成できたのは、ひとえにあなたがたが率直にして寛大な心の持ち主で、私をあなたがたの生活に招き入れ、私が沖縄を理解する手助けをしてくれたからである。とりわけ個人史を書かせてくださった女性たち、ならびに宮城さんご一家、マクガワンご一家、カヨウアヤノ、高嶺朝太、マツダチエリ、小久保由紀、シャーロット・ムラカミ、ヴェラ・フライ、野入直美にはいっそうの感謝を捧げる。

教育機関にもひとかたならぬお世話になった。フルブライト・プログラムのおかげで、私は日本に留学し、沖縄に一年間滞在することができた。ブラウン大学東アジア研究学科からは研究資金を得て、沖縄での最初の夏を過ごした。京都アメリカ大学コンソーシアム（KCJS）、その後のアイオワ大学大学院創作科での勉学の日々が基礎となり、私は変化を遂げることができた。敷地内の水辺で過ごした日々は夢のようだった。

ザ・ニュー・プレスのベン・ウッドワードには、執筆および日本についての知見を頂戴し、エミリー・アルバレロ、ジェシカ・ユーをはじめ編集部の方々には本書が世に出るお力添えをいただいた。このような本の価値を信じてくださったことに、心から感謝申し上げる。

当初から本企画を支持してくれたアーシャ・パンデには、優しさと知恵と不屈の精神により数々の指導をいただいた。深謝申し上げる。

私の初期の読者ならびに執筆仲間にもお礼を言いたい——ケイティ・チェイス、エリザベス・カウアン、ジェニファー・デュボア、ソーマ・メイ・シェン・フレイジャー、マット・グリフィン、ジェームズ・ハン・マットソン、ケイジャ・パーシネン、リンク・パテル、ショーナ・ヤン・ライアン、カリナ・セイラム。私と一緒にこの世界に入った、綾部リサとナンシー・リーにも感謝を。

リリー・ウェルティ・タマイはともにフルブライト奨学生になって以来、私の寛大な友、メンター、研究パートナーである。心から感謝する。長年にわたり創造的な刺激を与えてくれたスティーヴン・マーフィ重松にも感謝申し上げたい。ブラウン大学のケリー・スミスとスティーヴ・ラブソンに私は初めて沖縄についてご指導いただいた。最近もスティーヴには有難くも時間を割いて、専門知識やフィードバックを頂戴した。お礼申し上げる。

本書にはこれまでの私の沖縄に関する書き物の一部が登場する。記事を掲載してくださった紙誌に感謝する。『ザ・ネーション』『トラベル＋レジャー』『ローズ＆キングダム』『エクスプロア・パーツ・アンノウン』『KYOTOジャーナル』『ホテル・オキナワ』『ハパ・ジャパン』『オフ・アサインメント』『アジアン・アメリカン・リテラリー・レヴュー』『ブラウン・アルムナイ・マガジン』

私の友人と家族、とりわけ私の両親にも愛と感謝を捧げる。両親のネイディーン・ナリタとニック・ジョンソンは人生で最初に私に本とノートを与えてくれた人であり、この道なき道を進む私を支えてくれた。マリ・ジョンソン、ケンジ・ジョンソン、キム・リース、ジョー・フィッツジェラルド、カトリーナ・ケリーも同様である。ジョージとメアリー・ナリタ夫妻、ボブ・ジョンソンとは愛に満ちた思い出でいっぱいだ。

最後に、レイへありがとう。あなたの愛と支えとその賢さに感謝する。この本が生まれた家庭を私と一緒に築いてくれた。それから、生まれたばかりの愛娘ニナへ、ありがとう。

訳者あとがき

『アメリカンビレッジの夜――基地の町・沖縄に生きる女たち』（原題は *Night in the American Village: Women in the Shadow of the U.S. Military Bases in Okinawa*）は、日系アメリカ人四世というみずからのアイデンティティを沖縄と重ね合わせ、沖縄に共感した、ジャーナリストで作家のアケミ・ジョンソンが、米軍基地を抱える沖縄を題材にものしたノンフィクションである。

二〇〇二年、京都アメリカ大学コンソーシアムの学生だった著者は、観光旅行で初めて沖縄を訪れたさい、授業で学んだ沖縄戦の証言と、米軍基地の町として文化も様変わりした現代の沖縄社会との落差を不思議に思い、いかなる経緯で今の姿に至ったか沖縄の歴史に興味を抱く。アメリカ人という立場から見れば、日米関係のはざまで生きる沖縄は、アメリカの神話と暗部をきわだたせる場所である。また、日系アメリカ人という視点で捉えれば、沖縄は複数のイデオロギーと文化と政治が衝突して、文化融合や矛盾に満ちた複雑なパワーを生み出すコンタクトゾーン（複数文化接触領域）として、混合人種には馴染みの領域でもあった。

著者は外国軍隊の基地という男性性と親和性の強い地元の女性に着眼し、その後もたびたび沖縄に滞在すると、おもに基地周辺のコンタクトゾーンで暮らす女性たちと一緒に過ごし、生の声を集めていく。こうした現代に生きる人々の姿に織りまぜて、その背景にある琉球王国の歴史、それに琉球併合、太平洋戦争、沖縄戦、戦後の占領時代をたどり、基地反対運動や基地に関連する事件など現代に至る沖縄の歴史について、当時の新聞や歴史書、論文に依拠し、その引用を随所に組み込みながら論じていく。そして、基地賛成・反対という二項対立では見えてこない沖縄の現実について深い考察をめぐらせる。

本書は、問題提起のテーマ（象徴）として、二〇一六年の米軍属によるうるま市女性強姦殺人事件の一年後から書き起こす。こうした性暴力事件が起こると基地反対運動が高まるが、基地賛成・反対の二項対立は、「基地に関係する生身の人間、つまりはどうとも解釈のつく、あいまいな空間で暮らす登場人物全員の重要性を奪い、口をつぐませる」ことになる。そうではなくて、「これまでの日米安保体制に影響を与え、異議を申し立て、地ならしをしている」「もっと大きな地政学的ゲームのプレイヤー」である女性たちの語る真実に耳を傾けることが、日米関係とアメリカの在外基地網の中にある沖縄の実相に迫る道であり、「単純化された幻想」ではなく矛盾やあいまいさを認めることにより、希望が見えてくるはずだと著者は考える。

女性の名前をタイトルにした各章では、基地に関わるさまざまな立場の女性を主人公にして物語が展開する——黒人兵士に親和性を抱き、恋愛結婚を夢見る現代の若い女性たち（イヴ）。

基地勤務のアメリカ人女性から伝わってくる米軍の事情（アシュリー）。沖縄戦で従軍看護隊に配属された女性の悲痛な体験（サチコ）。基地反対を女性への性暴力の立場から訴える女性活動家と、沖縄市民の基地反対運動が日米同盟へ与えた影響（スズヨ）。戦後の公認の売春制度を経た、現代の接客業における「じゃぱゆきさん」の肉声（デイジー）。偏見にさらされ、アイデンティティに苦悩する混合人種（ミヨ）。母の戦争体験に突き動かされ、基地反対運動に身を投じる女性（チエ）……。

これらの物語から明らかになるのは、問題の根底に民族や人種や性別に対する差別や偏見、それに社会幻想があって、こうしたものの見方が問題をより難しくしているということだった。

沖縄は太平洋戦争中、日本で唯一地上戦を経験し、戦後の占領時代には強制的に米軍基地が建設され、七五年経つうちに基地との共生という難題を背負うことになった。第1章で「フェンスの外側で暮らす人々と築き上げてきた複雑な関係があるがゆえに、［基地は］この土地にとどまりつづけている。沖縄の人々が基地には協力しない道を選択し、その駐留に異議申し立てをすると決断したとき、ついに人々の行動がシステム全体を崩壊させるパワーを持つというのが本当のところだろう」と著者は明察する。終章では、県民感情を探るテレビ番組のリポーターが、沖縄では米兵による性的暴行の被害者が多いにもかかわらず、多くの女性がアメリカ人との結婚を選択する事実に言及したあと、「米軍にもっともつらい目に遭わされてきたのは間違いなく沖縄の女性たちだ。しかし、女性たちは日本にいる誰よりもアメリカ文化のいい面も知っている」と述べたコメントを受けて、著者は「日本自体が、戦中と戦後の占領時代から長くアメリカとねじれた関係にある」と指摘して、歴史学者ジョン・ダワーの『敗北を抱きしめて』(岩波書店)の一節を引用する。最後に著者は、玉城デニー沖縄県知事の出現に希望を見出す。「日本で最初の混合人種の県知事である玉城は、沖縄の矛盾の体現者だ。米軍の駐留と密接な結びつきがありながら、基地縮小のために闘う人物。こうした類のあいまいさが、沖縄には必要なのだ」。「玉城個人の生い立ちからも、沖縄の戦後の歴史が浮かび上がる。沖縄、日本、アメリカで、その歴史を知る人はあまりにも少ない」。そしてあらゆる立場の人が対話に参加し、歴史を知ることを著者は切望する。

沖縄の女性たちとの交流や情景描写は小説のように、新聞などの資料に基づく史実は記録文のように語られ、知的で人間味ある考察が織り込まれていく。各章が一話完結の女性たちのライフストーリーでありながら、連作短編風に響き合い、最後に問題提起のテーマとなる事件の山場が用意されている。

ジョンソンのデビュー作となる本書は、二〇一九年にアメリカで出版されると、各紙誌から高い評価を得た。ジョン・ダワーからは「類まれな語り手が読者を複雑で穏やかならぬ話の虜にし、不意に読者の精神を高揚させる。アメリカ軍事帝国の基地の町に生きるとはどういうことかを鮮やかに描き出す」という評が、『米軍基地がやってきたこと』(原書房)の著者でアメリカン大学人類学部教授のデイヴィッド・ヴァインからは「植民地主義と帝国、ジェンダーとセクシュアリティ、人種と民族、権力と政治経済の微妙な問題など、沖縄をはじめ世界に米軍基地が与える歴史的・今日的影響を理解するうえでひとつの手本となる」という評が寄せられており、小説家サラ・バードやショーナ・ヤン・ライアンからも「必読の書」との推薦の言葉を受けている。本作は、二〇二〇年に新進作家の文学作品に贈られる、ウィリアム・サローヤン国際賞（ノンフィクション部門）にノミネートされた。

私たち日本の読者にとっては、日本にルーツを持つ日系アメリカ人の女性が、みずからのアイデンティティに沖縄を引き寄せて、日本の外から日本の中の沖縄を見たとき、その目にどのように映るのか、大きな衝撃をもって迫ってくる。これまで私たちは日本の中の沖縄について何を知っていて、何を知らなかったのか、これから沖縄にどう向き合えばいいのかを、本書は強く問いかける。

翻訳について申し上げれば、英語で書かれた日本のことを日本語に訳す作業は、外国の事柄が書かれた英書を訳すふだんの翻訳とは異なる、特有の難しさがあった。訳語の拠りどころを求めてのいつにも増して丹念な調査が必要だった。原註の出典を手がかりに日本語の初出をできるかぎり探し出し、引用させていただいたが、それができなかったものや英語で行なわれたインタビューの発言や初出が英文の論文の文言などは、訳者による英文からの日本語翻訳になっている。その訳が本書に登場する日本の方々の本意に沿うものとなっていることを切に願うばかりである。読者の方々には、日本人の登場人物の言葉が、直接日本語で発言されたのではなく、原書から翻訳された日本語の場合もあることをご理解いただければさいわいである。

このたびは紀伊國屋書店の大井由紀子さんにたいへんお世話になりました。膨大な調査をともに担ってくださったうえ、原稿の隅々にまで目を通し、さまざまな観点から助言をいただきました。ここに篤く感謝申し上げます。

二〇二一年七月　真田由美子

33 • "Okinawans Lament Murder of Woman, Ask Japan Mainlanders for Consideration," *The Mainichi* [「米軍基地への反対色が強すぎる」は『毎日新聞』2016年6月20日より引用].

34 • "Straining Under the Burden," NHK World.

35 • "Straining Under the Burden," NHK World.

36 • Dower, *Embracing Defeat*, 23[訳文は『敗北を抱きしめて』上巻より引用].

37 • ガドソンの裁判に関するおもな資料は次のとおり. Hana Kusumoto, "Gadson Pleads Not Guilty to Okinawan Woman's Murder, but Admits Other Charges," *Stars and Stripes*, November 16, 2017; Hana Kusumoto, "Gadson 'Should Not Be Allowed to Live,' Victim's Parents Say as Trial Continues," *Stars and Stripes*, November 17, 2017; Matthew M. Burke, "Gadson Attempts to Show Remorse as Murder Trial Wraps Up on Okinawa," *Stars and Stripes*, November 24, 2017; Matthew M. Burke & Hana Kusumoto, "Base Worker Sentenced to Life with Hard Labor for Slaying of Okinawan Woman," *Stars and Stripes*, December 1, 2017; "Ex-marine Kenneth Shinzato Sentenced to Life in Okinawa Rape and Murder Trial," *Ryukyu Shimpo*, December 2, 2017.

38 • [訳文は『琉球新報』2017年11月18日より引用]

39 • [訳文は『沖縄タイムス』2017年11月17日より引用]

40 • [訳文は『毎日新聞』2017年11月25日より引用]

41 • [訳文は『琉球新報』2017年11月25日より引用]

42 • [訳文は『琉球新報』2017年12月2日より引用]

43 • Burke & Kusumoto, "Base Worker Sentenced to Life with Hard Labor for Slaying of Okinawan Woman"[訳文は『琉球新報』2017年12月2日より引用].

44 • Burke & Kusumoto, "Base Worker Sentenced to Life with Hard Labor for Slaying of Okinawan Woman"[訳文は『沖縄タイムス』2017年12月2日より引用].

45 • Motoko Rich, "A Marine's Son Takes on U.S. Military Bases in Okinawa," *New York Times*, September 25, 2018[訳文は『琉球新報』2018年11月6日より引用].

46 • Rich, "A Marine's Son Takes on U.S. Military Bases in Okinawa."

47 • Yuri Kageyama, Associated Press, "New Okinawa Chief Embodies Complexity of Japan's U.S. Bases," *Stars and Stripes*, October 2, 2018.

48 • Rich, "A Marine's Son Takes on U.S. Military Bases in Okinawa."

49 • Eric Johnston, "Meet the Top Contenders Seeking to Lead Okinawa: Atsushi Sakima and Denny Tamaki," *Japan Times*, September 13, 2018.

50 • Takao Nogami, "Tamaki in Nago: U.S. Base Plan 'Destroying Democracy,'" *Asahi Shimbun*, October 4, 2018[訳文は『朝日新聞デジタル』2018年10月3日より引用].

Outside U.S. Bases on Okinawa," *Stars and Stripes,* June 21, 2016.

10• Seth Robson, "July 4 Fireworks, Live Concerts Canceled at U.S. Bases in Japan," *Stars and Stripes*, June 22, 2016.

11• "Okinawans Lament Murder of Woman, Ask Japan Mainlanders for Consideration," *The Mainichi.*

12• 2017年2月22日の角田千代美へのインタビュー.

13• "Okinawa Women Pack Selfdefense Seminar Following Murder of 20-Year-Old Local Woman," *Kyodo News*, June 2, 2017.

14• "Okinawa Women Pack Selfdefense Seminar Following Murder of 20-Year-Old Local Woman," *Kyodo News.*

15• Burke & Sumida, "Defense Attorney Says Okinawa Confession Made in a Daze."

16• Matthew M. Burke & Chiyomi Sumida, "Former Kadena Worker Reveals Gruesome Details of Okinawan Woman's Death," *Stars and Stripes*, February 13, 2017.

17• Burke & Sumida, "Attorney."

18• American Psychiatric Association, "Conduct Disorder," *DSM-5* Fact Sheet, 2013［訳文は『DSM-5 精神疾患の診断・統計マニュアル』日本精神神経学会監修, 高橋三郎&大野裕監訳, 医学書院より引用］.

19• American Academy of Child & Adolescent Psychiatry, "Conduct Disorder," August 2013. http://www.aacap.org/aacap/families_and_youth/facts_for_families/fff-guide/conduct-disorder-033.aspx［訳文は『DSM-5 精神疾患の診断・統計マニュアル』より引用］.

20• Burke & Sumida, "Attorney."

21• Burke & Sumida, "Former Kadena Worker Reveals Gruesome Details of Okinawan Woman's Death."

22• Burke & Sumida, "Defense Attorney Says Okinawa Confession Made in a Daze."

23• Burke & Sumida, "Former Kadena Worker Reveals Gruesome Details of Okinawan Woman's Death." 続く記述はこの記事と次の資料に依拠する. Burke & Sumida, "Defense Attorney Says Okinawa Confession Made in a Daze;" "Kadena Worker Admits Strangling, Stabbing Woman Found Dead in Okinawa," *Kyodo News.*

24• Matthew M. Burke & Chiyomi Sumida, "Defendant in Okinawa Slaying Seeks Change of Venue," *Stars and Stripes*, July 5, 2016［「悲しみを共有し」は『産経新聞』,「県民全てが被害者家族と同じ意識を持って」は『朝日新聞』, いずれも2016年7月4日より引用］.

25• Matthew M. Burke & Chiyomi Sumida, "Father of Okinawa Homicide Victim Wants Execution for Suspect," *Stars and Stripes*, July 15, 2016［訳文は『沖縄タイムス』2016年7月16日より引用］.

26• Burke & Sumida, "Former Kadena Worker Reveals Gruesome Details of Okinawan Woman's Death."

27•［訳文は『琉球新報』2017年2月15日より引用］

28• Keiko Yasuda, "April 28: A Day of Pain, Separation for Many Okinawans," *Asahi Shimbun*, April 28, 2017［訳文は『朝日新聞』2017年4月28日より引用］.

29• Yasuda, "April 28: A Day of Pain, Separation for Many Okinawans"［訳文は『朝日新聞』2017年4月28日より引用］.

30• このやりとりは Burke & Sumida, "Attorney" に対する読者の声として投稿された.

31• "Straining Under the Burden," NHK World.

32• Makinen, "Finding U.S.-Japanese Harmony amid the Discord of a Death in Okinawa."

32• Rickard, "Translator's Introduction," ix［『写真記録 人間の住んでいる島』］.

33• Ahagon, *The Island Where People Live*, 22［訳文は『写真記録 人間の住んでいる島』より引用］.

34• Rickard, "Translator's Introduction," ix［『写真記録 人間の住んでいる島』］.

35• Ahagon, *The Island Where People Live*, 71［訳文は『写真記録 人間の住んでいる島』より引用］.

36• Ahagon, "I Lost My Only Son in the War," 14［訳文は『米軍と農民』より引用］.

37• Ahagon, *The Island Where People Live*, 58［訳文は『写真記録 人間の住んでいる島』より引用］.

38• Rickard, "Translator's Introduction," xi, vii［『写真記録 人間の住んでいる島』］.

39• Inoue, *Okinawa and the U.S. Military*, 243n9.

40• Ahagon, *The Island Where People Live*, 23; Ahagon, "I Lost My Only Son in the War," 18［訳文は『写真記録 人間の住んでいる島』および『米軍と農民』より引用］.

第11章 アイ

1• "Okinawa School Marks 50th Year Since Deadly U.S. Fighter Crash," *Japan Times*, July 1, 2009; 玉城愛へのインタビュー.

2• ひとつの例外として Kenta Masuda, "Schools to Teach History of the Ryukyu Islands," *Ryukyu Shimpo*, March 4, 2013［増田健太『琉球報報』2013年3月4日］を参照.

3• http://sealdseng.strikingly.com を参照.

4• "Angry Okinawans Rally at Kadena Air Base Following Ex-marine's Arrest," *Japan Times*, May 20, 2016.

5• 沈黙抗議に関するおもな資料は次のとおり. "2,000 Rally in Silent Protest in Front of U.S. Base, Mourning the Death of a Woman," *Ryukyu Shimpo*, May 23, 2016［『琉球新報』2016年5月23日］; Matthew M. Burke & Chiyomi Sumida, "Okinawans Protest Slaying Outside Base Gate," *Stars and Stripes*, May 22, 2016; *Ryukyu Shimpo* video［『琉球新報』］, https://www.youtube.com/watch?v=whQR8XKfxZo.

6• この抗議集会に関するおもな資料は次のとおり. "Editorial: Okinawans at Mass Rally Protesting Base Employee Incident Say No to Marines and Bases as Their Anger Has Surpassed Tipping Point," *Ryukyu Shimpo*, June 20, 2016［『琉球新報』2016年6月20日］; "65,000 People in Rally Mourn and Demand Withdrawal of Marines from Okinawa," *Ryukyu Shimpo* Digital Edition, June 19, 2016［『琉球新報』2016年6月19日］; Dave Ornauer and Chiyomi Sumida, "Anti-US Military Protests Attract Thousands in Naha, Tokyo," *Stars and Stripes*, June 19, 2016; "Okinawans Lament Murder of Woman, Ask Japan Mainlanders for Consideration," *The Mainichi*, June 20, 2016; "Anger Directed at Japan Mainland at Anti-U.S. Base Rally in Okinawa," *Asahi Shimbun*, June 20, 2016［『朝日新聞』2016年6月20日］; "Straining Under the Burden," NHK World, June 20, 2016［なぜ娘なのか〜殺されなければならなかったのか」は『沖縄タイムス』2016年6月19日, 玉城愛の演説文は『琉球新報』2016年6月20日より引用］.

7• 屋良朝博へのインタビューおよびChiyomi Sumida, "Okinawa Lawmakers Pass Protest Resolution Against Marines," *Stars and Stripes*, May 27, 2016.

8• Ayako Mie, "Police to Step Up Patrols in Okinawa After Woman's Murder," *Japan Times*, June 3, 2016.

9• James Kimber, "Restaurants, Bars Hurting

14• Mitchell, "Injuries to Okinawa Anti-base Protesters 'Laughable,' Says U.S. Military Spokesman.'"

15• McCormack & Norimatsu, *Resistant Islands*, 32-35[『沖縄の〈怒〉』]; Field, *In the Realm of a Dying Emperor*, 62[『天皇の逝く国で』].

16• 辺野古に関する歴史はおもに次の資料に依拠する. Inoue, *Okinawa and the U.S. Military*, 14-19, 100, 102, 131; Steve Rabson, "Henoko and the U.S. Military: A History of Dependence and Resistance," *Asia-Pacific Journal / Japan Focus*, Vol. 10, Iss. 4, No. 2(January 16, 2012), 6-7; Go Katono, "Henoko Project Prolongs Pain of Woman, 89, Over Human Remains," *Asahi Shimbun*, August 23, 2018.

17• Inoue, *Okinawa and the U.S. Military*, 188.

18• Rabson, "Henoko and the U.S. Military," 13より引用.

19• Inoue, *Okinawa and the U.S. Military*, 188.

20• "Election Turnout Likely Second-Lowest in Postwar Period, Estimate Says," *Japan Times*, October 23, 2017; Reiji Yoshida & Tomohiro Osaki, "Young Voters Hope to Reform Japan's 'Silver Democracy,'" *Japan Times*, July 8, 2016.

21• Zaha, "Former Army Colonel Wilkerson Says Marine Corps in Okinawa is 'Strategically Unnecessary'"[座波幸代『琉球新報 電子版』2018年12月23日]も参照.

22• Mitchell, "Injuries to Okinawa Anti-base Protesters 'Laughable,' Says U.S. Military Spokesman.'"

23• Yamashiro, "Anti-Futenma Relocation Movement in Okinawa," 75, 88-90, 95-96.

24• "What is the JCP?," Japanese Communist Party, http://www.jcp.or.jp/english[訳文は日本共産党ホームページ(https://www.jcp.or.jp/web_policy/2012/05/post-453.html)より引用].

25• 伊江島の歴史に関するおもな資料は次のとおり. Shoko Ahagon, *The Island Where People Live*, trans. C. Harold Rickard(Hong Kong: Christian Conference of Asia, 1989), 5, 69, 100-101, 121, 167, 171n4[阿波根昌鴻『写真記録 人間の住んでいる島――沖縄・伊江島土地闘争の記録』]; *Ryukyu Shimpo, Descent into Hell*, 247[「証言 沖縄戦」]; Jon Mitchell, "Beggars' Belief: The Farmers' Resistance Movement on Iejima Island, Okinawa," *Asia-Pacific Journal: Japan Focus*, Vol. 8, Iss. 23, No. 2, June 7, 2010; Morris, *Okinawa*, 31, 71.

26• [竹槍と手投げ弾で夜襲の斬り込みを行なったという証言も多い]

27• Morris, *Okinawa*, 71.

28• Morris, *Okinawa*, 72[沖縄県公文書館のホームページ(https://www.archives.pref.okinawa.jp/news/that_day/4777)によると1948年の「伊江島米軍弾薬輸送船爆発事故」での死者は107人]. 阿波根昌鴻は, 1947年に102人が亡くなった別の米軍による爆発事故についても書いている. Ahagon, *The Island Where People Live*, 5[『写真記録 人間の住んでいる島』]を参照.

29• Shoko Ahagon, "I Lost My Only Son in the War: Prelude to the Okinawan Anti-base Movement," trans. C. Douglas Lummis, *Asia-Pacific Journal: Japan Focus*, Vol. 8, Iss. 23, No. 1(June 7, 2010), 9[訳文は阿波根昌鴻『米軍と農民――沖縄県伊江島』岩波新書より引用].

30• Ahagon, *The Island Where People Live*, 9-10, 169n16[『写真記録 人間の住んでいる島』]. 阿波根によると, 伊江島の住民が受け取った金は1~5万円だった.

31• C. Harold Rickard, "Translator's Introduction," in Ahagon, *The Island Where People Live*, xi[『写真記録 人間の住んでいる島』].

Faith," NPR's Weekend Edition Sunday, October 11, 2015; Field, *In the Realm of a Dying Emperor*, 115[『天皇の逝く国で』]; Ienaga, *The Pacific War*, 109[『太平洋戦争』].

4• Mizumura, "Reflecting [on] the Orientalist Gaze," 137.

5• この時代の写真については,「沖縄の歴史を思い出し」, http://www.rememberingokinawa.comを参照.

6• Keyso, *Women of Okinawa*, 25.

7• Keyso, *Women of Okinawa*, 25.

8• Mizumura, "Reflecting [on] the Orientalist Gaze," 95.

9• Keyso, *Women of Okinawa*, 12.

10• Obermiller, "The U.S. Military Occupation of Okinawa," 192を参照.

11• 沖縄県平和祈念資料館の展示より.

12• Kensei Yoshida, "Grievances of Okinawa Workers are a Major Issue at American Bases," *New York Times*, June 7, 1969.

13• Watanabe, "Okinawa Marks 20 Years of Freedom from U.S."

14• Yoshida, "Grievances of Okinawa Workers are a Major Issue at American Bases"; Inoue, *Okinawa and the U.S. Military*, 47; Obermiller, "U.S. Military Occupation of Okinawa," 215を参照.

15• Kozy K. Amemiya, "The Bolivian Connection: U.S. Bases and Okinawan Emigration," in *Okinawa: Cold War Island*, 58.

16• Amemiya, "The Bolivian Connection," 58.

17• Keyso, *Women of Okinawa*, 110–111.

第10章 チエ

1• Steve Rabsonとの情報交換; "Nago's Fishing Cooperative Gives Thumbs Up to Henoko Landfill," *Japan Update*, March 8, 2013.

2• Jon Mitchell, "Injuries to Okinawa Anti-base Protesters 'Laughable,' Says U.S. Military Spokesman," *Japan Times*, February 9, 2015.

3• "Don't Destroy the Beautiful Henoko Sea: 450 People Protest Against Construction of New US Base Both on Sea and Land," *Ryukyu Shimpo*, February 19, 2017[訳文は『琉球新報』2017年2月19日より引用].

4• Jon Mitchell, "How the U.S. Military Spies on Okinawans and Me," *Japan Times*, October 19, 2016.

5• Inoue, *Okinawa and the U.S. Military*, 176–177.

6• McCormack & Norimatsu, *Resistant Islands*, 92-93[『沖縄の〈怒〉』].

7• Inoue, *Okinawa and the US Military*, xxx n1. その後この試算の2倍以上となった.

8• たとえば Inoue, *Okinawa and the US Military*, xx; Martin Fackler, "Amid Image of Ire Toward U.S. Bases, Okinawans' True Views Vary," *New York Times*, February 14, 2012を参照.

9• Inoue, *Okinawa and the US Military*, 137; McCormack & Norimatsu, *Resistant Islands*, 98, 101–102[『沖縄の〈怒〉』].

10• McCormack & Norimatsu, *Resistant Islands*, 98[訳文は『沖縄の〈怒〉』より引用].

11• McCormack & Norimatsu, *Resistant Islands*, 114[『沖縄の〈怒〉』].

12• "Governor Raps Renewed Deal on Okinawa Base," *Japan Times*, April 29, 2015[翁長雄志の発言は『沖縄タイムス 電子版』2015年11月6日より引用].

13• "Osaka Police Warn 2 Officers Who Insulted Anti-base Protesters in Okinawa," *The Mainichi*, October 22, 2016[訳文は『毎日新聞デジタル』2016年10月21日より引用].

沖縄人の母とフィリピン人の父という家族の場合，父の仕事の契約期限が切れるとすぐにフィリピンに帰国するケースが多かった．日本国籍を持つ，沖縄人とフィリピン人の混合人種のなかには大人になって沖縄へ舞い戻り，働く者もいたが，たいていは米軍基地に職を得たとJohanna O. Zuluetaは述べている．Zulueta, "Living as Migrants"を参照．

21• このくだりは，学校での私自身の観察と卒業生へのインタビューをもとに書いている．Masae Yonamine, "As Parent of an Amerasian," University of the Ryukyus, http://ir.lib.u-ryukyu.ac.jp/bitstream/20.500.12000/9007/4/12871024-4.pdf, 36 も参照．

22• このくだりの一部はJohnson, "From Shima Hafu to Daburu"から翻案した．Yonamine, "As Parent of an Amerasian," 39 も参照．

23• Larimer, "Identity Crisis."

24• Sims, "A Hard Life for Amerasian Children."

25• 2009年1月22日の野入直美へのインタビュー［訳文は『朝日新聞』2015年2月21日，2019年3月10日より引用］．

26• Midori Thayer, "The Goal of the AmerAsian School," in *The Educational Rights of Amerasians in Okinawa*, ed. Naomi Noiri(Okinawa: Ryukyu Daigaku, March 2003), 49.

27• Naomi Noiri, "The Educational Rights of Amerasians," in *The Educational Rights of Amerasians in Okinawa*, 72.

28• Noiri, "Two Worlds," 218［訳文は玉城デニー『ちょっとひといき』琉球出版社より引用］．

29• Stephen Murphy-Shigematsu, *When Half is Whole: Multiethnic Asian American Identities*(Stanford, CA: Stanford University Press, 2012), 66, 72を参照．

30• Noiri, "Two Worlds," 222, 224［「南の島の優しい沖縄人」は田仲康博「メディアに表象される沖縄文化」『メディア文化の権力作用』伊藤守編，せりか書房を一部改変して引用］．

31• 本章でのアメラジアンスクール・イン・オキナワに関する記述は，2003, 08, 09年に著者自身が行なった調査とインタビューに基づくものである．それ以後，学校がどのような変貌を遂げたかは，本書の範囲外となる．

第9章　エミ

1• Jon Mitchell, "Environmental Contamination at USMC Bases on Okinawa," *Asia-Pacific Journal / Japan Focus*, Vol. 15, Iss. 4, No. 2(February 15, 2017); Jon Mitchell, "Contamination at Largest U.S. Air Force Base in Asia: Kadena, Okinawa," *Asia-Pacific Journal / Japan Focus*, Vol. 14, Iss. 9, No. 1 (May 1, 2016).

2• 2011年に沖縄で働くMLCの数は9000人を超えていた(Nashiro, "What's Going on Behind Those Blue Eyes?," 43を参照)．一方，2010年の沖縄の労働力人口はおよそ62万2000人(Nobuhiro Fujisawa, "The Okinawan Economy and Its Employment Issues," https://ci.nii.ac.jp/els/contentscinii_20180904232436.pdf?id=ART0009860876を参照)．2004年に沖縄で働くMLCおよびIHAはおよそ8900人だった(Chiyomi Sumida, "Online manual Assists U.S. Managers of Japanese Employees on Okinawa," *Stars and Stripes*, October 28, 2004を参照)．

3• キリスト教が解禁されたのは1873年で，それまで信者は国外追放，拷問，死罪に処せられた．第二次世界大戦前には，日本国はキリスト教徒を国家のプロパガンダを阻害する渡来の宗教の実践者とみなした．キリスト教の指導者は検挙され，キリスト教主義の学校も陰に陽に迫害を受けた．次を参照のこと．Anthony Kuhn, "Driven Underground Years Ago, Japan's 'Hidden Christians' Maintain

第8章 ミヨ

1 • Shimabuku, "Petitioning Subjects," 369 を参照.

2 • 本土では戦後の人口増加に対処しようと, 日本政府が家族計画政策を導入して, 中絶を合法化し避妊を奨励したのに対し, 沖縄を占領していた米軍政府は中絶を違法としていたが, 医師がヤミ中絶を始めると, それを黙認したため, 沖縄は「違法中絶天国」として知られるようになった. Kayo Sawada, "Cold War Geopolitics of Population and Reproduction in Okinawa Under U.S. Military Occupation, 1945–1972," *East Asian Science, Technology and Society: An International Journal*(2016), 402–404, 411を参照.

3 • Shimabuku, "Petitioning Subjects," 369[訳文は『沖縄タイムス』1948年8月13日より一部改変して引用].

4 • Sawada, "Cold War Geopolitics," 407.

5 • Shimabuku, "Petitioning Subjects," 370.

6 • Takushi, *Okinawa's GI Brides*, 37–38[『オキナワ・海を渡った米兵花嫁たち』].

7 • Takushi, *Okinawa's GI Brides*, 37[訳文は『オキナワ・海を渡った米兵花嫁たち』より引用].

8 • Forgash, "Negotiating Marriage," 221.

9 • Okinawa Women Act Against Military Violence, "Postwar U.S. Military Crimes Against Women in Okinawa," 3, 15[訳文は『沖縄・米兵による女性への性犯罪』第12版より引用].

10 • Takushi, *Okinawa's GI Brides*, 39[『オキナワ・海を渡った米兵花嫁たち』]を参照.

11 • Akemi Johnson, "From Shima Hafu to Daburu: Learning English at the AmerAsian School in Okinawa," in *Hapa Japan, Volume Two: Identities and Representations*, ed. Duncan Ryuken Williams(Los Angeles: USC Shinso Ito Center for Japanese Religions and Culture/Kaya Press, 2017), 111より引用.

12 • Calvin Sims, "A Hard Life for Amerasian Children," *New York Times*, July 23, 2000.

13 • Sims, "A Hard Life for Amerasian Children."

14 • Tim Larimer, "Identity Crisis," *Time*, July 24, 2000.

15 • Mitzi Uehara Carter, "Routing, Repeating, and Hacking Mixed Race in Okinawa," in *Hapa Japan, Volume Two*, 144.

16 • この法律についてのおもな資料は次のとおり. Takushi, *Okinawa's GI Brides*, 40–41[『オキナワ・海を渡った米兵花嫁たち』]; Johanna O. Zulueta, "Living as Migrants in a Place That was Once Home the Nisei, the U.S. Bases, and Okinawan Society," *Philippine Studies: Historical & Ethnographic Viewpoints*, Vol. 60, No. 3, Transnational Migration: Part 2: Imperial and Personal Histories(September 2012), 374.

17 • パール・バックおよびパール・バック財団に関するおもな資料は次のとおり. Lily Anne Yumi Welty, "Advantage Through Crisis: Multiracial American Japanese in Post-World War II Japan, Okinawa and America 1945–1972," University of California, Santa Barbara dissertation(December 2012), 20, 135; Peter Conn, *Pearl S. Buck: A Cultural Biography* (Cambridge: Cambridge University Press, 1996), 354, 359[『パール・バック伝――この大地から差別をなくすために』上下巻, 丸田浩ほか訳, 舞字社]; Angst, "In a Dark Time," 351.

18 • Oka, "Okinawa Mon Amour."

19 • Naomi Noiri, "Two Worlds: The Amerasian and the Okinawan," in *Uchinaanchu Diaspora: Memories, Continuities, and Constructions*, ed. Joyce N. Chinen, *Social Process in Hawai'i*, Vol. 42(2007), 225より引用.

20 • Shoji Kudaka, "'This Is a Family': Christ the King International School Hosts Reunion Party," *Stripes Okinawa*, November 21, 2016.

Military Prostitution in U.S.-Korea Relations (New York: Columbia University Press, 1997), 34, 177n80.

30 • Sturdevant & Stoltzfus, *Let the Good Times Roll*, 287.

31 • Berthoff, "Memories of Okinawa," 150.

32 • Ayako Mizumura, "Reflecting [on] the Orientalist Gaze: A Feminist Analysis of Japanese-U.S. GIs Intimacy in Postwar Japan and Contemporary Okinawa," University of Kansas dissertation (2009), 167.

33 • Cheng, *On the Move for Love*, 143.

34 • taka0302hg, "Mao Ishikawa Fences, OKINAWA November 2007-July 2008," July 4, 2012 [訳文は https://www.youtube.com/watch?v=aZyLJ1oA1hw, 4:36 より引用].

35 • Mao Ishikawa, *Red Flower: The Women of Okinawa*[訳文は石川真生『赤花――アカバナー沖縄の女』(New York: Session Press, 2017)より引用].

36 • Mao Ishikawa, *Fences, Okinawa*(Tokyo: Miraisha, 2010), 112-113[石川真生『FENCES, OKINAWA』仲里効&倉石信乃監修, 未來社].

37 • ヘーゼルに関するおもな情報源は高里鈴代へのインタビューと次の記事である. David Allen & Chiyomi Sumida, "Okinawa Police Call for Kadena Soldier to Be Charged with Rape of Filipina," *Stars and Stripes*, April 27, 2008; David Allen & Chiyomi Sumida, "The Toll of Trafficking?," *Stars and Stripes*, June 20, 2007; David Allen, "Testimony for Defense Disputes Rape Account," *Stars and Stripes*, October 5, 2008; David Allen, "Kadena Servicemembers Article 32 Begins with Revelations," *Stars and Stripes*, October 4, 2008; Natasha Lee, "Church Members to Rally for Rape Accuser," *Stars and Stripes*, May 23, 2008; David Allen, "Rape Case Against GI Dismissed," *Stars and Stripes*, February 26, 2009.

38 • Natasha Lee & Chiyomi Sumida, "Rape Charges Against Soldier Dropped," *Stars and Stripes*, May 18, 2008[訳文は『琉球新報』2008年5月16日より引用].

39 • David Allen, "Backers of Rape Accuser Wanted Japan to Prosecute," *Stars and Stripes*, July 21, 2008.

40 • *Trafficking in Persons Report*(U.S. Department of State, June 2004), 14.

41 • このくだりは Rhacel Salazar Parreñas, *Illicit Flirtations: Labor, Migration, and Sex Trafficking in Tokyo*(Stanford, CA: Stanford University Press, 2011), 4, 54-55, 219, 234に依拠する.

42 • *Trafficking in Persons Report*(June 2006), 149.

43 • Parreñas, *Illicit Flirtations*を参照.

44 • Angst, "In a Dark Time," 278-279より引用.

45 • Irvin Molotsky, "Admiral Has to Quit Over His Comments on Okinawa Rape," *New York Times*, November 18, 1995[訳文は『琉球新報』1995年11月18日夕刊より引用].

46 • Hiroko Tabuchi, "Women Forced into WWII Brothels Served Necessary Role, Osaka Mayor Says," *New York Times*, May 13, 2013 [訳文は2013年5月13日の大阪市長・橋下徹登庁時(https://www.youtube.com/watch?v=zMjVAaZBb0Y)および退庁時のぶらさがり取材(https://www.youtube.com/watch?v=MFLhFo-4xWk)より引用].

47 • "Table of Active Duty Females by Rank/Grade and Service," Defense Manpower Data Center(November 2017), https://www.dmdc.osd.mil/appj/dwp/dwp_reports.jsp.

第7章 デイジー

1•慰安婦に関するさらなる情報はYoshiaki Yoshimi, *Comfort Women: Sexual Slavery in the Japanese Military during World War II*, trans. Suzanne O'Brien(New York: Columbia University Press, 2002)[吉見義明『従軍慰安婦』岩波新書]を参照. 沖縄の慰安婦に関する情報は*Ryukyu Shimpo, Descent into Hell*, 433[「証言 沖縄戦」]を参照.

2•Dower, *Embracing Defeat*, 126[訳文は『敗北を抱きしめて』上巻より引用].

3•Dower, *Embracing Defeat*, 126–127[訳文は『敗北を抱きしめて』上巻より引用].

4•このテーマについては Dower, *Embracing Defeat*, 130–133を参照[訳文は『敗北を抱きしめて』上巻より引用].

5•Morris, *Okinawa*, 60–61.

6•Takushi, *Okinawa's GI Brides*, 32–33[訳文は『オキナワ·海を渡った米兵花嫁たち』より引用].

7•Takushi, *Okinawa's GI Brides*, 31–32[『オキナワ·海を渡った米兵花嫁たち』].

8•Sarantakes, *Keystone*, 104.

9•Steinberg, "Okinawa's Americans Enjoy Luxury Living."

10•Morris, *Okinawa*, 102.

11•Worden, "Rugged Bachelors of Okinawa," 88.

12•高里鈴代へのインタビューに加え, 身売り奉公の制度のおもな資料は次のとおり. Sturdevant & Stoltzfus, *Let the Good Times Roll*, 307; Angst, "In a Dark Time," 258.

13•Obermiller, "The U.S. Military Occupation of Okinawa," 192.

14•*Okinawa: The Afterburn*, dir. Junkerman, 1:32:39–1:33:32[『沖縄 うりずんの雨』].

15•Takushi, *Okinawa's GI Brides*, 33[『オキナワ·海を渡った米兵花嫁たち』].

16•Yuki Fujime, "Japanese Feminism and Commercialized Sex: The Union of Militarism and Prohibitionism," *Social Science Japan Journal*, Vol. 9, No. 1(April 2006), 45.

17•Angst, "In a Dark Time," 309.

18•Okinawa Women Act Against Military Violence, "Okinawa: Effects of Long-term U.S. Military Presence"(2007), 2.

19•Takushi, *Okinawa's GI Brides*, 25[訳文は『オキナワ·海を渡った米兵花嫁たち』より引用].

20•Angst, "Loudmouth Feminists and Unchaste Prostitutes," 119.

21•Keyso, *Women of Okinawa*, 107.

22•たとえばVine, *Base Nation*, 182[『米軍基地がやってきたこと』]を参照.

23•フィリピン人エンターテイナーの出稼ぎに関する記述はおもに次の資料に依拠する. Sturdevant & Stoltzfus, *Let the Good Times Roll*, 252, 254–255, 268, 270, 292, 294, 327; Sealing Cheng, *On the Move for Love: Migrant Entertainers and the U.S. Military in South Korea* (Philadelphia: University of Pennsylvania Press, 2010), 76–78, 81.

24•Cheng, *On the Move for Love*, 80.

25•Sturdevant & Stoltzfus, *Let the Good Times Roll*, 269.

26•デイジーの場合のように思いやりのある「ママさん」は, フィリピン人労働者を家族のように保護することを支配の手段としているのではないかと指摘する専門家もいる.「ママさん」や「パパさん」に忠誠心を抱かせたほうが, こちらの思いどおりにふるまうようになるからである. Cheng, *On the Move for Love*, 107を参照.

27•Okinawa Soba(Rob), "Girls Day Off in Okinawa—Kicked Out of Japan by Misogynist Bureaucrats," Flickr, https://www.flickr.com/photos/okinawa-soba/6676515999.

28•Cheng, *On the Move for Love*, 146.

29•Katherine H. S. Moon, *Sex Among Allies:*

on Rape," *New York Times*, December 29, 2017.

66• Takazato, "Report from Okinawa," 45. 高里鈴代によると，裁判のなかで男たちは強姦を決行した理由について詳細に証言している．「売春宿はぱっとせず，男たちに貧しさに打ちひしがれた子供時代を思い出させたのだ」と彼女は記している．しかも，地元の女性は銃を携帯せず，強姦の被害届も出さないらしいことを男たちは知っていた——仲間の兵士たちは実際に強姦して逃げおおせていた．地元住民にはアジア人以外の人間の顔かたちがみな同じに見えるだろうから，被害者は自分たちを特定できないとも考えていた．

67• Cullen, "Sex and Race in Okinawa"［訳文は『産経新聞』2001年7月5日より引用］．

68• Matthew Hernon, "Shiori Ito, the Face of the #MeToo Movement in Japan, Speaks Out," *Tokyo Weekender*, February 2, 2018.

69• このくだりのおもな資料は次のとおり．United States Department of State, Bureau of Democracy, Human Rights and Labor, *Japan 2017 Human Rights Report*, Country Reports on Human Rights Practices for 2017, https://www.state.gov/documents/organization/277329.pdf, 13; Tomohiro Osaki, "Diet Makes Historic Revision to Century-Old Sex-Crime Laws," *Japan Times*, June 16, 2017; Megha Wadhwa & Ben Stubbings, "Surviving Sexual Assault in Japan, Then Victimized Again," *Japan Times*, September 27, 2017.

70• "Interview: Why is There No End to Sexual Violence by U.S. Military Personnel in Okinawa?" *The Mainichi*［訳文は『毎日新聞』大阪版，2016年8月22日より引用］．

71• ギル，ハープ，リディットに関するこのくだりのおもな資料は次のとおり．Andrew Pollack, "March 3–9; U.S. Servicemen Sentenced in Rape on Okinawa," *New York Times*, March 10, 1996; Michael A. Lev, "3 GIs Convicted in Okinawa Rape," *Chicago Tribune*, March 7, 1996; David Allen, "Ex-marine Decries Nature of Japan Prison Work," *Stars and Stripes*, July 18, 2004; David Allen, "Former Marine Who Sparked Okinawa Furor is Dead in Suspected Murder-Suicide," *Stars and Stripes*, August 25, 2006.

72• Pollack, "3 U.S. Servicemen Convicted of Rape of Okinawa Girl," *New York Times*, March 7, 1996.

73• "Interview: Why is There No End to Sexual Violence by U.S. Military Personnel in Okinawa?" *The Mainichi*［訳文は『毎日新聞』大阪版，2016年8月22日より引用］．

74• MacLachlan, "Protesting the 1994 Okinawa Rape Incident," 153–154.

75• Forgash, *Military Transnational Marriage*, 126.

76• Nashiro, "What's Going on Behind Those Blue Eyes?," 25; Travis J. Tritten & Chiyomi Sumida, "Sailors Sentenced for Gang-Rape in Case That Sparked Curfew," *Stars and Stripes*, March 1, 2013.

77• Nashiro, "What's Going on Behind Those Blue Eyes?," 25［訳文は『朝日新聞』2012年10月18日より引用］．

78• *Okinawa: The Afterburn*, dir. Junkerman, 1:36:42–1:40:57［『沖縄 うりずんの雨』］．

79• Cynthia Enloe, *Maneuvers: The International Politics of Militarizing Women's Lives*（Berkeley: University of California Press, 2000），120［訳文は『策略——女性を軍事化する国際政治』上野千鶴子監訳，佐藤文香訳，岩波書店より引用］．

80• Ames, "Crossfire Couples," 186–187.

81• Shimabuku, "Petitioning Subjects," 371.

82• Angst, "The Rape of a Schoolgirl," 143, 152.

47 • 本土復帰運動のおもな資料は次のとおり. Inoue, *Okinawa and the U.S. Military*, 51-52; Obermiller, "U.S. Military Occupation," 405-406.

48 • この事件に関するおもな資料は次のとおり. Jon Mitchell, "Koza Remembered," *Japan Times*, December 27, 2009; Inoue, *Okinawa and the U.S. Military*, 53-54; Okinawa Historical Film Society; McCormack & Norimatsu, *Resistant Islands*, 83[『沖縄の〈怒〉』]; Ueunten, "Rising Up from a Sea of Discontent"; Okinawa-shi Gallery of Postwar Culture and History, *Watching History from the Street*, 27. これら資料の一部詳細については矛盾がある.

49 • Mitchell, "Koza Remembered."

50 • McCormack & Norimatsu, *Resistant Islands*, 59[『沖縄の〈怒〉』].

51 • McCormack & Norimatsu, *Resistant Islands*, 7, 59[『沖縄の〈怒〉』].

52 • このくだりのおもな資料は次のとおり. Teresa Watanabe, "Okinawa Marks 20 Years of Freedom from U.S.," *Los Angeles Times*, May 15, 1992; Inoue, *Okinawa and the U.S. Military*, xv, 35-36.

53 • Suzuyo Takazato, "Trials of Okinawa: A Feminist Perspective," *Race, Poverty & the Environment*, Vol. 4/5, No. 4/1(Special Military Conversion Issue: Spring-Summer 1994), 10.

54 • "Interview: Why is There No End to Sexual Violence by U.S. Military Personnel in Okinawa?" *The Mainichi*, September 15, 2016 [訳文は『毎日新聞』大阪版, 2016年8月22日より引用].

55 • Takazato,"Trials of Okinawa," 10.

56 • Okinawa Women Act Against Military Violence, "Postwar U.S. Military Crimes," 27 [訳文は『沖縄・米兵による女性への性犯罪』第12版より引用].

57 • 女子小学生強姦事件後のこのくだりのおもな追加資料は次のとおり. MacLachlan, "Protesting the 1994 Okinawa Rape Incident," 150-151; Linda Isako Angst, "Loudmouth Feminists and Unchaste Prostitutes: 'Bad Girls' Misbehaving in Postwar Okinawa," *U.S.-Japan Women's Journal*, No. 36(2009), 129; Suzuyo Takazato, "Report from Okinawa: Long-Term U.S. Military Presence," *Canadian Woman Studies/Les Cahiers De La Femme*, Vol. 19, No. 4(2000), 46-47; Angst, "The Rape of a Schoolgirl," 135, 138; Inoue, *Okinawa and the U.S. Military*, xviii, 1, 68; Angst, "In a Dark Time," 356-357; Obermiller, "U.S. Military Occupation," 14; Akibayashi & Takazato, "Okinawa: Women's Struggle for Demilitarization," 255, 264.

58 • MacLachlan, "Protesting the 1994 Okinawa Rape Incident," 154.

59 • MacLachlan, "Protesting the 1994 Okinawa Rape Incident," 155.

60 • Molasky, *The American Occupation of Japan and Okinawa*, 51[訳文は『占領の記憶 記憶の占領』より引用].

61 • たとえばInoue, *Okinawa and the U.S. Military*, 38 を参照.

62 • 「基地・軍隊を許さない行動する女たちの会」の初期の活動に関する情報の出どころは次のとおり. Carolyn Bowen Francis, "Women and Military Violence," in *Okinawa: Cold War Island*, 192-194.

63 • "U.S. Military Sexual Assaults Down as Reports Reach Record High," *Reuters*, May 1, 2017.

64 • Okinawa Women Act Against Military Violence, "Postwar U.S. Military Crimes," 30 [訳文は『沖縄・米兵による女性への性犯罪』第12版より引用].

65 • Motoko Rich, "She Broke Japan's Silence

24• Molasky, *The American Occupation of Japan and Okinawa*, 93[訳文は『占領の記憶 記憶の占領』より引用].

25• Gillem, *America Town*, 36[「精神的紐帯」は『沖縄の挑戦』より引用].

26• Gillem, *America Town*, 37.

27• 島ぐるみ闘争に関するおもな資料は次のとおり. Inoue, *Okinawa and the U.S. Military*, xii, 44–45; Takushi, *Okinawa's GI Brides*, 23[『オキナワ·海を渡った米兵花嫁たち』]; Okinawa Historical Film Society; Kerr, *Okinawa*, 553[『沖縄 島人の歴史』]; Obermiller, "U.S. Military Occupation," 405.

28• Inoue, *Okinawa and the U.S. Military*, 45[訳文は『沖縄タイムス』1956年7月29日より引用].

29• Okinawa Women Act Against Military Violence, "Postwar U.S. Military Crimes," 21[訳文は『沖縄·米兵による女性への性犯罪』第12版より引用].

30• このくだりのおもな資料は次のとおり. Calvin Sims, "3 Dead Marines and a Secret of Wartime Okinawa," *New York Times*, June 1, 2000; Fisch, *Military Government in the Ryukyu Islands*, 82[『沖縄県史 資料編14』]; *Ryukyu Shimpo, Descent into Hell*, 453[「証言 沖縄戦」]; Takushi, *Okinawa's GI Brides*, 30[『オキナワ·海を渡った米兵花嫁たち』]; Keyso, *Women of Okinawa*, 86; Obermiller, "U.S. Military Occupation," 181–183, 182n404.

31• Keyso, *Women of Okinawa*, 86.

32• Morris, *Okinawa*, 63.

33• Obermiller, "U.S. Military Occupation," 166, 182より引用.

34• Morris, *Okinawa*, 60.

35• このくだりのおもな資料は次のとおり. Fisch, *Military Government in the Ryukyu Islands*, 83–86[『沖縄県史 資料編14』].

36• Fisch, *Military Government in the Ryukyu Islands*, 83[訳文は『沖縄県史 資料編14』より引用].

37• Berthoff, "Memories of Okinawa," 150.

38• Roberts, *What Soldiers Do*, 196–197[訳文は『兵士とセックス』より引用].

39• Lisa Takeuchi Cullen, "Sex and Race in Okinawa," *Time*, August 27, 2001.

40• Sims, "3 Dead Marines"; Eric Talmadge, "Okinawa Legend Leaves Unsettling Questions About Marines' Deaths," Associated Press, May 07, 2000. http://onlineathens.com/stories/050700/new_0507000024.shtml を参照.

41• Rebecca Forgash, "Military Transnational Marriage in Okinawa: Intimacy Across Boundaries of Nation, Race, and Class," University of Arizona dissertation(2004), 149.

42• Okinawa Women Act Against Military Violence, "Postwar U.S. Military Crimes," 24[訳文は『沖縄·米兵による女性への性犯罪』第12版より引用].

43• Arthur J. Dommen, "Viet War Supplies Stored on Okinawa," *Los Angeles Times*, April 25, 1966.

44• Morris, *Okinawa*, 2, 88.

45• このくだりのおもな資料は次のとおり. Wesley Iwao Ueunten, "Rising Up from a Sea of Discontent: The 1970 Koza Uprising in U.S.-Occupied Okinawa," in *Militarized Currents: Toward a Decolonized Future in Asia and the Pacific*, ed. Setsu Shigematsu & Keith L. Camacho(Minneapolis: University of Minnesota Press, 2010), 106; McCormack & Norimatsu, *Resistant Islands*, 83[『沖縄の〈怒〉』]; Takashi Oka, "Okinawa Issue Called a 'Tumor' Afflicting Japanese- U.S. Ties," *New York Times*, February 1, 1969; Okinawa-shi Gallery of Postwar Culture and History, *Watching History from the Street*, 25.

46• Angst, "In a Dark Time," 48.

(2008), 26［訳文は『琉球新報』1995年11月8日より引用］.

5• Richard Lloyd Parry, "The Unwanted Yankees of Okinawa," *Independent*, October 19, 1995.

6• Okinawa Women Act Against Military Violence, "Postwar U.S. Military Crimes Against Women in Okinawa"(July 2016), 3［訳文は『沖縄・米兵による女性への性犯罪』第12版, 基地・軍隊を許さない行動する女たちの会より引用］.

7• このくだりに関するおもな資料は次のとおり. Kerr, *Okinawa*, 331［『沖縄 島人の歴史』］; Chris Ames, "Crossfire Couples: Marginality and Agency Among Okinawan Women in Relationships with U.S. Military Men," in *Over There: Living with the U.S. Military Empire from World War Two to the Present*, ed. Maria Höhn & Seungsook Moon(Durham, NC: Duke University Press, 2010), 199, 200n5; Steve Rabson, "Okinawa in American Literature," *Oxford Research Encyclopedia of Literature*(May 2017) [online].

8• Kerr, *Okinawa*, 331［訳文は『沖縄 島人の歴史』より引用］.

9• Obermiller, "The U.S. Military Occupation of Okinawa," iiiより引用.

10• 与那原飛行場, 1945–1946,「沖縄の歴史を思い出し」, http://www.rememberingokinawa.com/page/1945_yonabaru_nas.

11• Steve Rabson, "Introduction," in Oshiro Tatsuhiro & Higashi Mineo, *Okinawa: Two Postwar Novellas*(Berkeley, CA: Institute of East Asian Studies, 1989), 7より引用.

12• Morris, *Okinawa*, 87.

13• 少なくともひとりの専門家は, 大規模な基地反対運動はもっと前の1940年代後半に始まったと主張する. Obermiller, "U.S. Military Occupation"を参照.

14• USCARに関するおもな資料は次のとおり. Kina, "Subaltern Knowledge and Transnational American Studies," 452, 454n1; Koikari, "Cultivating Feminine Affinity," 123, 134n26; Obermiller, "U.S. Military Occupation," 2n5; Inoue, *Okinawa and the U.S. Military*, 47, 49; Bowers, "Letter from Okinawa," 142; 2018年6月5日のDustin Wrightへのインタビュー.

15• Sarantakes, *Keystone*, 61より引用.

16• Worden, "Rugged Bachelors of Okinawa," 87.

17• Dower, *Embracing Defeat*, 77［訳文は『敗北を抱きしめて』上巻より引用］.

18• Worden, "Rugged Bachelors of Okinawa," 87.

19• Hideaki Tobe, "Military Bases and Modernity: An Aspect of Americanization in Okinawa," *Transforming Anthropology*, April 2006, 91.

20• Tobe, "Military Bases and Modernity," 91.

21• Bowers, "Letter from Okinawa," 147.

22• このくだりのおもな資料は次のとおり. Dustin Wright, "The Sunagawa Struggle: A Century of Anti-base Protest in a Tokyo Suburb," UC Santa Cruz dissertation(2015), https://escholarship.org/uc/item/08g3h0wc, 255; J. Victor Koschmann, "Anti-U.S. Bases Movements," in *Encyclopedia of Contemporary Japanese Culture*, ed. Sandra Buckley(London: Routledge, 2002), 21–22; Dustin Wright, "'Sunagawa Struggle' Ignited Anti-U.S. Base Resistance Across Japan," *Japan Times*, May 3, 2015; Dower, *Embracing Defeat*, 553–554［『敗北を抱きしめて』. 伊達判決の訳文は https://worldjpn.grips.ac.jp/documents/texts/JPSC/19590330.O1J.htmlより引用］.

23• Kovner, "The Soundproofed Superpower," 96より引用.

Pollack Sturdevant and Brenda Stoltzfus (New York: The New Press, 1992), 248.

2• Takushi, *Okinawa's GI Brides*, 33–34[『オキナワ・海を渡った米兵花嫁たち』]. 比嘉初子とオハイオ州出身フランク・アンダーソンの結婚は短命に終わった.「米軍当局に問題視され, 1か月もたたないうちに引き裂かれてしまったという」

3• Cook & Cook, *Japan at War*, 359.

4• Crandell, "Surviving the Battle of Okinawa."

5• Crandell, "Surviving the Battle of Okinawa."

6• Takushi, *Okinawa's GI Brides*, 53[『オキナワ・海を渡った米兵花嫁たち』].

7• Takushi, *Okinawa's GI Brides*, 75[訳文は『オキナワ・海を渡った米兵花嫁たち』より引用].

8• Takushi, *Okinawa's GI Brides*, 34[訳文は『オキナワ・海を渡った米兵花嫁たち』より引用].

9• Takushi, *Okinawa's GI Brides*, 51[『オキナワ・海を渡った米兵花嫁たち』].

10• Oka, "Okinawa Mon Amour."

11• David Allen & Chiyomi Sumida, "Seeking a Father's Presence," *Stars and Stripes*, September 7, 2008; Chiyomi Sumida, "To the Okinawan Widow of a Fallen Marine, a Son is Born," *Stars and Stripes*, January 14, 2009を参照.

第6章 スズヨ

1• 1995年の女子小学生強姦事件に関する記述は高里鈴代へのインタビューに拠るが, ほかに依拠したおもな資料は次のとおり. Gwyn Kirk, "Women Oppose U.S. Militarism: Toward a New Definition of Security," in *Gender Camouflage: Women and the U.S. Military*, ed. Francine D'Amico & Laurie Weinstein (New York: New York University Press, 1999), 230; Elizabeth Naoko MacLachlan, "Protesting the 1994 Okinawa Rape Incident: Women, Democracy and Television News in Japan," in *Journalism and Democracy in Asia*, ed. Angela Romano & Michael Bromley (London: Routledge, 2005), 150; Teresa Watanabe, "Okinawa Rape Suspect's Lawyer Gives Dark Account: Japan: Attorney of Accused Marine Says Co-defendant Admitted Assaulting 12-Year-Old Girl 'Just for Fun,'" *Los Angeles Times*, October 28, 1995; Kevin Sullivan, "3 Servicemen Admit Roles in Rape of Okinawan Girl," *Washington Post*, November 8, 1995; Linda Isako Angst, "The Rape of a Schoolgirl: Discourses of Power and Gendered National Identity in Okinawa," in *Islands of Discontent*, 136; Inoue, *Okinawa and the U.S. Military*, 32; *Okinawa: The Afterburn*, dir. John Junkerman (Siglo, 2016), 1:38:23–27, 1:39:27–36[ジャン・ユンカーマン監督作品『沖縄 うりずんの雨』]; AP, "In Okinawa Rape Trial, a Plea from 2 Mothers," *New York Times*, December 28, 1995; Ronald Smothers, "Accused Marines' Kin Incredulous," *New York Times*, November 6, 1995; Chalmers Johnson, *Blowback: The Costs and Consequences of American Empire* (New York: Holt, 2000), 34[『アメリカ帝国への報復』鈴木主税訳, 集英社]; Andrew Pollack, "One Pleads Guilty to Okinawa Rape; 2 Others Admit Role," *New York Times*, November 8, 1995.

2• Watanabe, "Okinawa Rape Suspect's Lawyer."

3• Smothers, "Accused Marines' Kin Incredulous."

4• Rinda Yamashiro, "Anti-Futenma Relocation Movement in Okinawa: Women's Involvement and the Impact of Sit-In Protest," University of Hawaii master's thesis

Okinawa," *Stars and Stripes*, December 13, 2008を参照.

25• 沖縄戦に関する記述はおもに次の資料に依拠する. *Ryukyu Shimpo, Descent into Hell*, 219, 221, 240, 266, 394[「証言 沖縄戦」]; *Himeyuri Peace Museum: The Guidebook*, 18-19, 30[『ひめゆり平和祈念資料館ガイドブック(展示・証言)』]; Keyso, *Women of Okinawa*, 5.

26• *Ryukyu Shimpo, Descent into Hell*, 315[訳文は「証言 沖縄戦」1984年8月10日より引用].

27• *17 Short Lived*, dir. Saiki, 43:54[訳文は『17才の別れ』より引用].

28• *Ryukyu Shimpo, Descent into Hell*, 222[「証言 沖縄戦」. 訳文は防衛庁防衛研修所戦史室編『戦史叢書 沖縄方面陸軍作戦』朝雲新聞社より引用].

29• *Himeyuri Peace Museum: The Guidebook*, 47[『ひめゆり平和祈念資料館ガイドブック(展示・証言)』]; Cook & Cook, *Japan at War*, 360 を参照.

30• *Himeyuri Peace Museum: The Guidebook*, 49[『ひめゆり平和祈念資料館ガイドブック(展示・証言)』].

31• Mie Sakamoto, "Twist in Okinawa Mass Suicides Tale," *Japan Times*, June 26, 2008.

32• Cook & Cook, *Japan at War*, 360.

33• Ienaga, *The Pacific War*, 202[『太平洋戦争』]; Dower, *War Without Mercy*, 298[『容赦なき戦争』].

34• Dower, *War Without Mercy*, 298[『容赦なき戦争』]; Ota, "Introduction," *Descent into Hell*, xvii[「証言 沖縄戦」].

35• *Ryukyu Shimpo, Descent into Hell*, 217; Ota, "Introduction," *Descent into Hell*, xvii[「証言 沖縄戦」]. 太平洋戦争中, 大日本帝国軍はおそらく約50万人の朝鮮人を徴兵, 徴用として強制的に動員した. もっとも危険な労働に従事させられ, 日本兵から半端者(「半島人労務者」), 胡散臭い者として扱われたため, 朝鮮人の死傷率は高かった. なかには日本兵から公然と殺された者もいた. *Descent into Hell*, 37, 168-169, 432-433[「証言 沖縄戦」]も参照.

36• 動員された学徒の死者数の推計はまちまちだ. およそ2000人のうちの約半数が死亡したとする資料もあれば, 2000人以上の学徒が亡くなったとする資料もある. Cook & Cook, *Japan at War*, 354; *Ryukyu Shimpo, Descent into Hell*, 25-26[「証言 沖縄戦」]; *Himeyuri Peace Museum: The Guidebook*, 20[『ひめゆり平和祈念資料館ガイドブック(展示・証言)』]を参照.

37• 渡嘉敷島の「強制的集団自殺」に関する記述はおもに次の資料に依拠する. *Ryukyu Shimpo, Descent into Hell*, 33-37[「証言 沖縄戦」]; Cook & Cook, *Japan at War*, 363-366; Ienaga, *The Pacific War*, 33-34, 185[『太平洋戦争』].

38• Cook & Cook, *Japan at War*, 365[「以心伝心で〜頂点に達しました」「母親に手をかした時〜号泣しました」「地獄絵さながら〜展開していったのです」は金城重明『「集団自決」を心に刻んで――沖縄キリスト者の絶望からの精神史』高文研より引用].

39• *Ryukyu Shimpo, Descent into Hell*, 36[訳文は『証言 沖縄戦』より引用].

40• Cook & Cook, *Japan at War*, 366.

41• Norma Field, *In the Realm of a Dying Emperor: Japan at Century's End* (New York: Vintage Books, 1993), 57[『天皇の逝く国で』大島かおり訳, みすず書房].

42• *Himeyuri Peace Museum: The Guidebook*, 51[訳文は『ひめゆり平和祈念資料館ガイドブック(展示・証言)』より引用].

第5章 アリサ

1• Saundra Sturdevant, "Okinawa Then and Now," in *Let the Good Times Roll: Prostitution and the U.S. Military in Asia*, ed. Saundra

2•戦争プロパガンダに関するおもな資料は次のとおり. *Ryukyu Shimpo, Descent into Hell*, 230[「証言 沖縄戦」]; Dower, *War Without Mercy*, 61, 231–232[『容赦なき戦争』]; Ienaga, *The Pacific War*, 100–103, 114[『太平洋戦争』]; Keyso, *Women of Okinawa*, 6, 36.

3•沖縄の軍国主義化に関するおもな資料は次のとおり. Keyso, *Women of Okinawa*, 37–38; Yoshiko Sakumoto Crandell, "Surviving the Battle of Okinawa: Memories of a Schoolgirl," *Asia-Pacific Journal*, Vol. 12, Iss. 14, No. 2 (April 7, 2014); *Himeyuri Peace Museum: The Guidebook*, 11, 13, 20[『ひめゆり平和祈念資料館ガイドブック(展示・証言)』]; Ienaga, *The Pacific War*, 195[『太平洋戦争』]; *Ryukyu Shimpo, Descent into Hell*, 217, 221[「証言 沖縄戦」].

4•Christopher Nelson, *Dancing with the Dead: Memory, Performance, and Everyday Life in Postwar Okinawa* (Durham, NC: Duke University Press, 2008), 123.

5•*Ryukyu Shimpo, Descent into Hell*, 16–18[「証言 沖縄戦」]. この時期, 九州や台湾へ無事に渡ることができた者は約8万人. 約4500人が海上で命を落とし, 対馬丸をはじめ疎開船32隻がアメリカ軍に撃沈された.

6•従軍看護隊に関する記述はおもに次の資料に依拠する. *Himeyuri Peace Museum: The Guidebook*[『ひめゆり平和祈念資料館ガイドブック(展示・証言)』]; Cook & Cook, *Japan at War*; *Ryukyu Shimpo, Descent into Hell*[「証言 沖縄戦」]; *17 Short Lived*, dir. Saiki Takao, 2014[齊木貴郎監督作品『17才の別れ』]; Keyso, *Women of Okinawa*; Ienaga, *The Pacific War*[『太平洋戦争』].

7•残虐行為の描写や説明については, たとえば次を参照のこと. Ienaga, *The Pacific War*[『太平洋戦争』]; Dower, *War Without Mercy*[『容赦なき戦争』]; Cook & Cook, *Japan at War*.

8•*Ryukyu Shimpo, Descent into Hell*, 31[「証言 沖縄戦」].

9•Ienaga, *The Pacific War*, 49[『太平洋戦争』].

10•Dower, *War Without Mercy*, 232–233[訳文は『容赦なき戦争』より引用]. 著者Dowerは, 原註(323n17)で, 当時の日本の人口は実際には7000万人あまりにすぎなかったと記している. 「『一億』という言葉はいわば詩的許容であり, 古典的で英雄的な薫りを放つこのフレーズは戦時下のイデオロギーといかにも相性がよかった」

11•*Ryukyu Shimpo, Descent into Hell*, 26[訳文は「証言 沖縄戦」1985年1月17日より引用].

12•*Ryukyu Shimpo, Descent into Hell*, 40[訳文は「証言 沖縄戦」1985年3月15日より引用].

13•Cook & Cook, *Japan at War*, 355.

14•*Ryukyu Shimpo, Descent into Hell*, 254[訳文は「証言 沖縄戦」1984年2月9日より引用].

15•*Ryukyu Shimpo, Descent into Hell*, 256[訳文は「証言 沖縄戦」1984年2月13日より引用].

16•*17 Short Lived*, dir. Saiki, 28:30–29:35[『17才の別れ』].

17•Cook & Cook, *Japan at War*, 355.

18•*Ryukyu Shimpo, Descent into Hell*, 303[「証言 沖縄戦」].

19•*Himeyuri Peace Museum: The Guidebook*, 47[訳文は『ひめゆり平和祈念資料館ガイドブック(展示・証言)』より引用].

20•*Himeyuri Peace Museum: The Guidebook*, 44[訳文は『ひめゆり平和祈念資料館ガイドブック(展示・証言)』より引用].

21•*Ryukyu Shimpo, Descent into Hell*, 185[「証言 沖縄戦」].

22•"Excavation Triggers WWII Bomb Blast," *Japan Update*, January 23, 2009.

23•*Ryukyu Shimpo, Descent into Hell*, 175[「証言 沖縄戦」].

24•David Allen & Chiyomi Sumida, "More Unexploded WWII Ordnance Disposed of on

月29日より引用].

19• Jon Mitchell, "U.S. to Review Okinawa Training Procedures After Report Reveals Sessions Downplayed Military Crimes, Disparaged Locals," *Japan Times*, May 28, 2016［訳文は『毎日新聞』2016年5月29日より引用］.

20• Jon Mitchell, "Okinawa: U.S. Marines Corps Training Lectures Denigrate Local Residents, Hide Military Crimes," *Asia-Pacific Journal: Japan Focus*, Vol. 14, Iss. 13, No. 4 (July 1, 2016)を参照.

21• Vine, *Base Nation*, 257［訳文は『米軍基地がやってきたこと』より引用］.

22• Obermiller, "U.S. Military Occupation," 171.

23• David Allen & Chiyomi Sumida, "Dependents Suspected in Vandalism of Home," *Stars and Stripes*, February 13, 2009; "Chatan Woman Accuses Americans of Hurling Rocks at Her Residence," *Japan Update*, February 12, 2009; "Marines' Kids Step Forward, Admit to Throwing Rocks," *Japan Update*, February 18, 2009.

24• Erik Slavin & Chiyomi Sumida, "Politics Play Role in Tokyo's Reaction to U.S. Crime on Okinawa," *Stars and Stripes*, June 16, 2016.

25• Mitchell, "Okinawa: U.S. Marines Corps Training Lectures."

26• Mitchell, "Okinawa: U.S. Marines Corps Training Lectures."

27• たとえばMark Walker, "Military: Crime Inside Gates of Camp Pendleton," *San Diego Union-Tribune*, May 1, 2010 を参照.

28• Nika Nashiro, "What's Going on Behind Those Blue Eyes? The Perception of Okinawa Women by U.S. Military Personnel," University of Hawaii master's thesis (May 2013), 1.

29• Nashiro, "What's Going on Behind Those Blue Eyes?," 34.

30• Nashiro, "What's Going on Behind Those Blue Eyes?," 17.

31• Nashiro, "What's Going on Behind Those Blue Eyes?," 54.

32• Nashiro, "What's Going on Behind Those Blue Eyes?," 55.

33• Nashiro, "What's Going on Behind Those Blue Eyes?," 57.

34• Burke & Sumida, "Attorney."

35• Rebecca Forgash, "Negotiating Marriage: Cultural Citizenship and the Reproduction of American Empire in Okinawa," *Ethnology*, Vol. 48, No. 3 (Summer 2009), 218を参照.

36• 2000年から2年の間に, 沖縄の婚前セミナーに出席した現役兵士387名中半数以上が日本国民と結婚していると, Rebecca Forgashは記している. Forgash, "Negotiating Marriage," 227を参照.

37• Takushi, *Okinawa's GI Brides*, 36［訳文は『オキナワ・海を渡った米兵花嫁たち』より引用］.

38• Vine, *Base Nation*, 49–51［『米軍基地がやってきたこと』］を参照.

39• Worden, "Rugged Bachelors of Okinawa," 88.

第4章　サチコ

1• 当時の教育に関するおもな資料は次のとおり. Saburo Ienaga, *The Pacific War, 1931–1945* (New York: Pantheon Books, 1978), 21, 107, 124, 153［家永三郎『太平洋戦争』岩波現代文庫］; *Himeyuri Peace Museum: The Guidebook*, trans. Ikue Kina & Timothy Kelly (Himeyuri Peace Museum, 2016), 10–11［ひめゆり平和祈念資料館『ひめゆり平和祈念資料館ガイドブック（展示・証言）』財団法人沖縄県女師・一高女ひめゆり同窓会］; Dower, *War Without Mercy*［『容赦なき戦争』］.

U.S. and Japanese Empires," Washington State University dissertation (May 2010), 92-93.

51 • Arakaki, "Romancing the Occupation," 48.

第3章 アシュリー

1 • この歴史に関する資料は次のとおり. "Roads on Okinawa Built as You Wait," *New York Times*, April 3, 1945; Annmaria Shimabuku, "Petitioning Subjects: Miscegenation in Okinawa from 1945 to 1952 and the Crisis of Sovereignty," *Inter-Asia Cultural Studies*, Vol. 11, No. 3 (2010), 360, 362; John Dower, *Embracing Defeat: Japan in the Wake of World War II* (New York: W.W. Norton & Co., 1999), 224, 624n60 [『敗北を抱きしめて――第二次大戦後の日本人』増補版, 上下巻, 三浦陽一ほか訳, 岩波書店]; Gibney, "Okinawa"; Robert Trumbull, "Okinawa's Charm and Comforts Make Troops Vie for Duty There," *New York Times*, April 24, 1956; M.D. Morris, *Okinawa: A Tiger by the Tail* (New York: Hawthorn Books, Inc., 1968), 81, 91-92; Obermiller, "The U.S. Military Occupation of Okinawa," 165; Annmaria Shimabuku, "Transpacific Colonialism: An Intimate View of Transnational Activism in Okinawa," *CR: The New Centennial Review*, Vol. 12, No. 1 (Spring 2012), 132-133; Kensei Yoshida, *Democracy Betrayed: Okinawa Under U.S. Occupation* (Bellingham, WA: East Asian Studies Press, 2001), xi-xii, 117; William L. Worden, "Rugged Bachelors of Okinawa," *Saturday Evening Post*, March 30, 1957, 86; Steinberg, "Okinawa's Americans Enjoy Luxury Living"; Molasky, *The American Occupation of Japan and Okinawa*, 25 [『占領の記憶 記憶の占領』].

2 • "Okinawa Glitters as Military Prize," *New York Times*, April 6, 1945.

3 • Obermiller, "The U.S. Military Occupation of Okinawa," 161.

4 • Gibney, "Okinawa."

5 • Gibney, "Okinawa."

6 • Morris, *Okinawa*, 81.

7 • Fisch, *Military Government in the Ryukyu Islands*, 81 [訳文は『沖縄県史　資料編14』より引用].

8 • Gibney, "Okinawa."

9 • Doris Fleeson, "2000 American Women and Children Live on Okinawa," *Daily Boston Globe (1928-1960)*, November 4, 1949 (ProQuest Historical Newspapers: *Boston Globe*), 26.

10 • Morris, *Okinawa*, 81.

11 • Faubion Bowers, "Letter from Okinawa," *New Yorker*, October 23, 1954, 139.

12 • Morris, *Okinawa*, 103 より引用.

13 • Morris, *Okinawa*, 104.

14 • "Rosemead Girl Finds Okinawa No Paradise," *Los Angeles Times*, November 18, 1956.

15 • Sarantakes, *Keystone*, 71.

16 • Mark L. Gillem, *America Town: Building the Outposts of Empire* (Minneapolis: University of Minnesota Press, 2007), 241.

17 • 2017年5月29日の高嶺朝太へのインタビュー. Colin Joyce, "Japanese Get a Taste for Western Food and Fall Victim to Obesity and Early Death," *The Telegraph*, September 4, 2006も参照.

18 • Jon Mitchell, "U.S. Marines Briefing Links Crimes to 'Gaijin Power'; for Okinawans, 'It Pays to Complain,'" *Japan Times*, May 25, 2016 [訳文は『毎日新聞』2016年5

Scholars Publishing, 2013), 43.

31• Arakaki, "Romancing the Occupation," 39.

32• 世界経済フォーラム, 世界ジェンダー・ギャップ報告書, http://reports.weforum.org/global-gender-gap-report-2017.

33• この歴史に関するおもな資料は次のとおり. Dower, *War Without Mercy*, 209-210[『容赦なき戦争』]; John G. Russell, "Historically, Japan is No Stranger to Blacks, Nor to Blackface," *Japan Times*, April 19, 2015; Susan Chira, "2 Papers Quote Japanese Leader on Abilities of Minorities in U.S.," *New York Times*, September 24, 1986; Bruce Wallace, "Once Shunned as Racist, Storybook Bestseller in Japan," *Los Angeles Times*, June 12, 2005; John G. Russell, "Playing with Race/Authenticating Alterity: Authenticity, Mimesis, and Racial Performance in the Transcultural Diaspora," *CR: The New Centennial Review*, Vol. 12, No. 1(Spring 2012), 44, 48-49; Nina Cornyetz, "Fetishized Blackness: Hip Hop and Racial Desire in Contemporary Japan," *Social Text*, No. 41 (Winter 1994), 122.

34•[訳文は『朝日新聞』1986年9月27日より引用]

35• John G. Russell, "Narratives of Denial: Racial Chauvinism and the Black Other in Japan," *Japan Quarterly*(October 1991), 419. 「くろんぼ」をラッセルのようにniggerと訳すべきか疑問視する向きもある. 日本には黒人に対してアメリカと同様の人種の／人種差別の歴史がないからだ. Mitzi Carter & Aina Hunter, "A Critical Review of Academic Perspectives of Blackness in Japan," in *Multiculturalism in the New Japan: Crossing the Boundaries Within*, ed. Nelson H. Graburn, John Ertl and R. Kenji Tierney(New York: Berghahn Books, 2008), 196-197を参照.

36• たとえば次を参照のこと. *Struggle and Success: The African-American Experience in Japan*, dir. Regge Life, 1993; "Reel Life & Real Life," interview by Stewart Wachs, *Kyoto Journal*, October 26, 2011. 本書の後述も参照のこと.

37• Carter & Hunter, "A Critical Review," 194.

38• Carter & Hunter, "A Critical Review," 190.

39• Amy Yamada, *Bedtime Eyes*, trans. Yumi Gunji & Marc Jardine(New York: St. Martin's Press, 2006), 4, 6, 23, 63[訳文は山田詠美『ベッドタイムアイズ』河出文庫より引用].

40• Russell, "Narratives of Denial," 424.

41• Russell, "Playing with Race/Authenticating Alterity," 50-51.

42• Inoue, *Okinawa and the U.S. Military*, 54-55.

43• たとえばCook & Cook, *Japan at War*, 366の金城重明の話を参照.

44• Angst, "In a Dark Time," 74-76.

45• Arakaki, "Romancing the Occupation," 39.

46• Arakaki, "Romancing the Occupation," 35.

47• Mary Louise Roberts, *What Soldiers Do: Sex and the American GI in World War II France*(Chicago: University of Chicago Press, 2013), 9, 87[訳文は『兵士とセックス――第二次世界大戦下のフランスで米兵は何をしたのか?』佐藤文香監訳, 西川美樹訳, 明石書店より引用].

48• Arakaki, "Romancing the Occupation," 44.

49• Roberts, *What Soldiers Do*, 79-80[訳文は『兵士とセックス』より引用].

50• Ayano Ginoza, "Articulations of Okinawan Indigeneities, Activism, and Militourism: A Study of Interdependencies of

Resistance to Militarization and Maldevelopment," in *Islands of Disconten*, 228より引用.

20• Eilco, 229.

21• Kozue Akibayashi and Suzuyo Takazato, "Okinawa: Women's Struggle for Demilitarization," in *Bases of Empire: The Global Struggle Against U.S. Military Posts*, ed. Catherine Lutz(New York: NYU Press, 2009), 251; Gavan McCormack & Satoko Oka Norimatsu, *Resistant Islands: Okinawa Confronts Japan and the United States* (Lanham, MD: Rowman & Littlefield, 2012), 78 [『沖縄の〈怒〉』].

22• Obermiller, "U.S. Military Occupation," 333.

23• Gibney, "Okinawa."

24• USCARの活動に関するおもな資料は次のとおり. Rabson, "Assimilation Policy in Okinawa," 145; Obermiller, "U.S. Military Occupation;" Mire Koikari, "Cultivating Feminine Affinity: Women, Domesticity, and Cold War Transnationality in the U.S. Military Occupation of Okinawa," *Journal of Women's History*, Vol. 27, No. 4(Winter 2015), 122.

25• Sarah Kovner, "The Soundproofed Superpower: American Bases and Japanese Communities, 1945–1972," *Journal of Asian Studies*, Vol. 75, No. 1(February 2016), 91.

26• たとえば次を参照のこと. Stephen Murphy-Shigematsu, "Multiethnic Japan and the Monoethnic Myth," *MELUS* Vol. 18, No. 4 (Winter 1993), 63–80.

27• コザの歴史に関するおもな資料は次のとおり. Okinawa-shi Gallery of Postwar Culture and History, *Watching History from the Street*, 3; Linda Angst, "In a Dark Time: Community, Memory, and the Making of Ethnic Selves in Okinawan Women's Narratives," Yale University dissertation(2001), 276, 289; Molasky, *The American Occupation of Japan and Okinawa*, 53, 55[『占領の記憶 記憶の占領』]; Ikue Kina, "Subaltern Knowledge and Transnational American Studies: Postwar Japan and Okinawa under U.S. Rule," *American Quarterly*, Vol. 68, No. 2(June 2016), 450; Emerson Chapin, "Negro G.I. Area on Okinawa Typifies Unofficial Segregation," *New York Times*, March 29, 1964; Rafael Steinberg, "Okinawa's Americans Enjoy Luxury Living," *Washington Post*, May 4, 1964.

28• 1964年2月の白人憲兵による黒人海兵隊員逮捕が, 一連の報復事件の発端のようだ.『ワシントン・ポスト』紙によると, 逮捕に抗議して, 黒人海兵隊員の一団が白人憲兵のいる交番を「襲撃」し,「投石」を行なった. その数週間後, 基地内の貯水場にひとりの黒人海兵隊員の死体が発見された. 水に入る前にすでに死亡していた証拠があったにもかかわらず, 警察は事故死と判断した. ある晩, 今度は白人海兵隊員ひとりが兵舎の外で撲殺された. 警察は4人の黒人海兵隊員を被疑者とした. ある兵士は, 5月までには次の襲撃が企てられると言った. アメリカ南部出身の白人海兵隊員は記者に「何かが起ころうとしている. 今はひたすらぼろを出さないようにするだけだ. 何も言わず, 見て見ぬふりをして. だが, 騒ぎが起こるのは, 確実だ」と語っている. Steinberg, "Okinawa's Americans Enjoy Luxury Living" を参照.

29• Gloria Anzaldúa, *Borderlands/La Frontera* (San Francisco: Aunt Lute Books, 1999), 25.

30• Makoto Arakaki, "Romancing the Occupation: Concepts of 'Internationalisation' Among Female University Students in Okinawa," in *Under Occupation: Resistance and Struggle in a Militarized Asia-Pacific*, ed. Daniel Broudy, Peter Simpson and Makoto Arakaki(Newcastle upon Tyne: Cambridge

Ota, "Introduction," in *Ryukyu Shimpo, Descent into Hell: Civilian Memories of the Battle of Okinawa*, trans. Mark Ealey & Alastair McLauchlan(Portland, ME: MerwinAsia, 2014), xvii[「証言 沖縄戦——戦禍を掘る」『琉球新報』1983年8月〜85年4月. 連載記事は2部構成で, 第1部については『証言 沖縄戦——戦禍を掘る』という書名で1995年, 琉球新報社から刊行された].

7• Haruko Taya Cook & Theodore F. Cook, *Japan at War: An Oral History*(New York: The New Press, 1992), 372.

8• David John Obermiller, "The U.S. Military Occupation of Okinawa: Politicizing and Contesting Okinawan Identity 1945-1955," University of Iowa dissertation(2006), 31.

9• Arnold G. Fisch, Jr., *Military Government in the Ryukyu Islands: 1945-1950* (Washington, D.C.: Center of Military History, 1988), 42[『沖縄県史 資料編14 琉球列島の軍政 1945-1950(現代2)』沖縄県文化振興会公文書管理部史料編集室編, 沖縄県教育委員会].

10• Obermiller, "U.S. Military Occupation," 159-160.

11• Frank Gibney, "Okinawa: Forgotten Island," *Time*, November 28, 1949[『タイム』誌のこの記事の概要が『うるま新報(現『琉球新報』)』1949年12月3日に翻訳・転載された].

12• たとえば次を参照のこと. John W. Dower, *War Without Mercy: Race and Power in the Pacific War*(New York: Pantheon Books, 1986)[『容赦なき戦争——太平洋戦争における人種差別』猿谷要監修, 斎藤元一訳, 平凡社ライブラリー].

13• Takushi, *Okinawa's GI Brides*, 21[『オキナワ・海を渡った米兵花嫁たち』].

14• Masahide Ota, "Re- Examining the History of the Battle of Okinawa," in *Okinawa: Cold War Island*, 18[訳文は大田昌秀「沖縄戦史を読みかえす」『世界』1985年6月号より引用].

15• Takushi, *Okinawa's GI Brides*, 19[『オキナワ・海を渡った米兵花嫁たち』, 訳文は大田昌秀『沖縄の挑戦』恒文社より引用].

16• Glassmeyer, "'The Wisdom of Gracious Acceptance,'" 414.

17• 民間人収容所に関するおもな資料は次のとおり. Chris Ames, "*Amkerikamun*: Consuming America and Ambivalence Toward the U.S. Presence in Postwar Okinawa," *Journal of Asian Studies* Vol. 75, No. 1(February 2016), 41; Michael S. Molasky, *The American Occupation of Japan and Okinawa: Literature and Memory*(London: Routledge, 1999), 19[『占領の記憶 記憶の占領——戦後沖縄・日本とアメリカ』新版, 鈴木直子訳, 岩波現代文庫]; Fisch, *Military Government in the Ryukyu Islands*, 48-49[『沖縄県史 資料編14』]; Nicholas Evan Sarantakes, *Keystone: The American Occupation of Okinawa and U.S.-Japanese Relations*(College Station: Texas A&M University Press, 2000), 30; *Ryukyu Shimpo, Descent into Hell*, 401, 404[「証言 沖縄戦」]; Okinawa-shi Gallery of Postwar Culture and History, *Watching History from the Street: Histreet*(Okinawa City Hall, 2011), 9, 12; 沖縄県平和祈念資料館および沖縄市戦後文化資料展示館の展示; Ruth Ann Keyso, *Women of Okinawa: Nine Voices from a Garrison Island* (Ithaca, NY: Cornell University Press, 2000), 22; Warner Berthoff, "Memories of Okinawa," *Sewanee Review*, Vol. 12, No. 1(Winter 2013), 145.

18• [「証言 沖縄戦」およびガバン・マコーマック&乗松聡子『沖縄の〈怒〉——日米への抵抗』(法律文化社)には, 有刺鉄線を張りめぐらせた土地に連行された人々が各自掘っ立て小屋を建てたり, 民家にすし詰めで住まわせられたりしたとある]

19• Asato Eilco, "Okinawan Identity and

Matthew M. Burke & Chiyomi Sumida, "Attorney: Former Marine Charged with Rape, Murder Suffered Mental Illness," *Stars and Stripes*, September 4, 2016; Matthew M. Burke & Chiyomi Sumida, "Defense Attorney Says Okinawa Confession Made in a Daze," *Stars and Stripes*, May 20, 2016; "Kadena Worker Admits Strangling, Stabbing Woman Found Dead in Okinawa," *Kyodo News*, May 20, 2016.

9•日本の司法制度では「自白は証拠の女王」であると，東京でホステスをしていたイギリス人女性，ルーシー・ブラックマンが殺害された2000年の事件に関する著書のなかで，リチャード・ロイド・パリーが説明している．警察は被疑者を弁護士に接見させず，その身柄を何日も拘束し，時には食事や水，睡眠も与えず，暴力を振るうこともあり，あの手この手で自白させようとして，たいていは被疑者の自白に至る．今後立証可能な犯罪に関する情報であれば，自白時に警察が知らなくてもいかなる情報もきわめて価値が高い．Richard Lloyd Parry, *People Who Eat Darkness: The True Story of a Young Woman Who Vanished from the Streets of Tokyo—and the Evil that Swallowed Her Up* (New York: Farrar, Straus and Giroux, 2011), 254-255［『黒い迷宮——ルーシー・ブラックマン事件の真実』濱野大道訳，ハヤカワ文庫］を参照．

10•Julie Makinen, "Finding US-Japanese Harmony amid the Discord of a Death in Okinawa," *Los Angeles Times*, June 6, 2016.

11•Jon Mitchell, "U.S. Marines Official Dismissed over Okinawa Protest Video Leak," *Japan Times*, March 23, 2015.

12•報道によると，ドナルド・ラムズフェルドの発言とされている［訳文は『沖縄タイムス』2019年2月13日より引用］．

第2章　イヴ

1•Takashi Oka, "Okinawa Mon Amour," *New York Times*, April 6, 1969.

2•琉球王国に関する記述は次の資料に基づく．George Kerr, *Okinawa: The History of an Island People* (Boston, MA: Tuttle Publishing, 2000), 90, 94-96, 99, 109［『沖縄 島人の歴史』山口栄鉄訳，勉誠出版］．

3•このくだりのおもな資料は次のとおり．Inoue, *Okinawa and the U.S. Military*, 57-58; Mark Brazil, "Cycads: 'Living Fossils' with a Deadly Twist," *Japan Times*, June 16, 2013; Laura Hein & Mark Seldon, "Culture, Power, and Identity in Contemporary Okinawa," in *Islands of Discontent: Okinawan Responses to Japanese and American Power*, ed. Laura Hein & Mark Seldon (Lanham, MD: Rowman & Littlefield, 2003), 5; Steve Rabson, "Assimilation Policy in Okinawa: Promotion, Resistance, and 'Reconstruction,'" in *Okinawa: Cold War Island*, ed. Chalmers Johnson (Cardiff, CA: Japan Policy Research Institute, 1999), 140.

4•［訳文は『琉球教育』第55号（1900年）より引用］

5•Etsuko Takushi Crissey, *Okinawa's GI Brides: Their Lives in America*, trans. Steve Rabson (Honolulu: University of Hawaii Press, 2017), 34［澤岻悦子『オキナワ・海を渡った米兵花嫁たち』高文研］．

6•1945年4月1日に沖縄本島の海岸に上陸する前，3月下旬にアメリカ軍は本島の沖合，南西に位置する慶良間諸島に侵攻した．沖縄戦に関する記述のおもな資料は次のとおり．Danielle Glassmeyer, "'The Wisdom of Gracious Acceptance:' Okinawa, Mass Suicide, and the Cultural Work of *Teahouse of the August Moon*," *Soundings*, Vol. 96, No. 4 (2013), 406; Inoue, *Okinawa and the U.S. Military*, 62; Masahide

原註

本書は，取材と私自身の観察，また，下記に挙げる資料に基づくものである．
一部の個人名はプライバシー保護のため仮名にしてある．
沖縄の人々の多くは，日本人など別のアイデンティティを抱いていたり，
ひとつのレッテルを貼られるのは好まないと考えたりするだろうが，
本書では彼らを指してたびたび「沖縄人」という言葉を用いている．

第1章 リナ

1● Masamichi S. Inoue, *Okinawa and the U.S. Military: Identity Making in the Age of Globalization*（New York: Columbia University Press, 2017），63より引用．

2● 公式の数字が存在しないため，日本の支出額は算出方法により異なる．たとえば次を参照のこと．Ayako Mie, "How Much Does Japan Pay to Host U.S. Forces? Depends on Who You Ask," *Japan Times*, January 31, 2017; Taoka Shunji, "Trump's Threat to Charge Japan More for U.S. Forces: Taoka Shunji Says 'Let Them Leave,'" *Asia-Pacific Journal: Japan Focus*, Vol. 15, Iss. 1, No. 5（January 1, 2017）．

3● Kent E. Calder, *Embattled Garrisons Comparative Base Politics and American Globalism*（Princeton, NJ: Princeton University Press, 2007），190, 195, 200［訳文は『米軍再編の政治学――駐留米軍と海外基地のゆくえ』武井楊一訳，日本経済新聞出版社より引用］．

4● 新赴任者オリエンテーション（NOWA），キャンプ・フォスター，2017年6月7日．

5● ジョージ・W・ブッシュ政権でコリン・パウエル国務長官の首席補佐官を務めたローレンス・ウィルカーソン元陸軍大佐が，朝鮮半島の有事の際，在沖海兵隊が有用でない理由を近頃明らかにした．「つねづね言ってきたことだが，在沖海兵隊員は戦闘が終わってからしか現地に到着しないだろう．到着しても，60万人の韓国軍にとって微小な追加でしかない」．アメリカが海兵隊基地を沖縄に存続させる理由は，日本政府の思いやり予算で経費が安くすむからだと，ウィルカーソンは述べた．「沖縄の海兵隊駐留に正当な戦略上の必要性はなかった．すべてはお金と兵力維持のためだった」．Yukiyo Zaha, "Former Army Colonel Wilkerson Says Marine Corps in Okinawa is 'Strategically Unnecessary,'" *Ryukyu Shimpo*, December 23, 2018［訳文は座波幸代『琉球新報 電子版』2018年12月23日を一部改変して引用］を参照．

6● David Vine, *Base Nation: How U.S. Military Bases Abroad Harm America and the World*（New York: Metropolitan Books, 2015），211［『米軍基地がやってきたこと』西村金一監修，市中芳江ほか訳，原書房］．在外基地反対論に関する詳細についてもこの資料を参照のこと．

7● Naobumi Okamoto, *A Night in America*（Tokyo: Life Goes On, 2016）［訳文は岡本尚文写真集『沖縄02 アメリカの夜 A NIGHT IN AMERICA』ライフ・ゴーズ・オンより引用］．

8● この事件に関する私の記述は，取材や現地で得たメディアの報道，警察の行方不明者のビラおよび次の資料に依拠する．Matthew M. Burke & Chiyomi Sumida, "Okinawans Shaken by News Marine Veteran May Have Killed Woman," *Stars and Stripes*, May 21, 2016;

著者
アケミ・ジョンソン　Akemi Johnson
ブラウン大学東アジア研究学科卒、アイオワ大学大学院創作科修了。
フルブライト奨学金を得て日本に留学中、沖縄に滞在したほか、
京都アメリカ大学コンソーシアムでも学んだ。
現在は沖縄について各紙誌に寄稿するほか、ジョージ・ワシントン大学、ハワイ大学などで
教鞭をとる。初の著書となる本書でウィリアム・サローヤン国際賞にノミネートされた。

訳者
真田由美子　さなだ・ゆみこ
翻訳家。ノンフィクションの主な訳書にカーギル『聖書の成り立ちを語る都市』(白水社)、
リンジー『まっくらやみで見えたもの』、ウィルソン『キッチンの歴史』(以上、河出書房新社)、
コーエン『あなたはあなたのままでいい』(イースト・プレス)ほか、
小説ではピアースの短篇集『小型哺乳類館』(早川書房)がある。

アメリカンビレッジの夜(よる)
基地(きち)の町(まち)・沖縄(おきなわ)に生きる女(おんな)たち

2021年9月10日　第1刷発行

著者　アケミ・ジョンソン
訳者　真田由美子
発行所　株式会社 紀伊國屋書店
東京都新宿区新宿3-17-7
出版部（編集）電話03（6910）0508
ホールセール部（営業）電話03（6910）0519
〒153-8504
東京都目黒区下目黒3-7-10
本文組版　明昌堂
印刷・製本　シナノ パブリッシング プレス

ISBN978-4-314-01182-2　C0036
Printed in Japan
定価は外装に表示してあります